高等职业教育教材

化工产品质量控制技术

刘 红 任晓燕 主编
郭红彦 金齐武 副主编

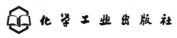

·北京·

内容简介

《化工产品质量控制技术》是化工、生物、药学类专业一门重要的专业课。本书包括课程导论和 8 个学习项目，涵盖了化工产品质量控制的常见应用技术，如酸碱滴定技术、配位滴定技术、氧化还原滴定技术、沉淀滴定和重量分析技术、电化学分析技术、光谱分析技术、色谱及其他分析技术等。本书在内容编排上，由浅入深，实现学习和实践能力的递进，同时将国家标准、行业标准、化学检验员职业标准及职业技能大赛要求、职业素养、操作安全及环保意识等融入课程的日常教学。

本书适合高等职业院校生物及化工大类、医药卫生大类等专业学生选用。学生在掌握分析操作技术和分析方法的同时，可以参加化学检验员中（高）级证书考试，为成为一名优秀的化学检验员奠定坚实的基础。

图书在版编目（CIP）数据

化工产品质量控制技术/刘红，任晓燕主编；郭红彦，金齐武副主编．—北京：化学工业出版社，2023.11
ISBN 978-7-122-44015-0

Ⅰ.①化… Ⅱ.①刘…②任…③郭…④金… Ⅲ.①化工产品-质量管理 Ⅳ.①TQ075

中国国家版本馆 CIP 数据核字（2023）第 153152 号

责任编辑：王 芳 蔡洪伟　　　文字编辑：邢苗苗
责任校对：李雨晴　　　　　　　装帧设计：关 飞

出版发行：化学工业出版社
　　　　　（北京市东城区青年湖南街 13 号　邮政编码 100011）
印　　装：高教社（天津）印务有限公司
787mm×1092mm　1/16　印张 13½　字数 333 千字
2024 年 2 月北京第 1 版第 1 次印刷

购书咨询：010-64518888　　　　售后服务：010-64518899
网　　址：http://www.cip.com.cn

凡购买本书，如有缺损质量问题，本社销售中心负责调换。

定　　价：39.50 元　　　　　　版权所有　违者必究

前言

面临"十四五"时期我国化工产业结构战略性调整，化工行业正处于"由大变强"的升级跨越关键期，全面提升化工产品的质量标准是化工企业高质量发展的首要目标。

本教材针对化工生产企业的化学分析检验工作领域的工作任务，基于典型工作任务分析，按照项目信息链接真实生产工作任务目标，共开发了8个学习项目，涵盖了化工产品质量控制的常见应用领域。每个项目均采用行动导向的教学模式，将教学过程与工作过程有机融合，通过"任务导入——任务准备——任务实施——数据处理——任务反思——任务评价"等步骤，使学生的学习过程与真实工作过程相吻合，突出学生主体地位和中心地位。本教材是对传统专业教学中的分析化学和仪器分析课程的融合与改革，有效解决学生对化学检验员岗位的理论认知和操作、技能的培养问题，更符合现代职业教育要求。同时，本教材还深入贯彻《国家职业教育改革实施方案》，将教材内容与岗位职业标准对接，将素质要求与专业技能巧妙融合，落实好立德树人根本任务。

本教材由淮南联合大学刘红、任晓燕任主编，淮南联合大学郭红彦、淮南职业技术学院金齐武任副主编，全书具体编写分工如下：课程导论、项目一、项目二、附录等内容由任晓燕编写，项目三由芜湖职业技术学院王贵云编写，项目四由郭红彦编写，项目五、项目六由刘红编写，项目七由安徽职业技术学院陈松林编写，项目八由金齐武编写。全书由刘红统稿，湖南永州职业技术学院王文渊教授、海南科技职业大学靳学远教授主审。安徽泉盛化工有限公司王小龙负责企业调研。本教材的编写工作得到安徽省教育厅、安徽晋煤中能化工有限公司、安徽泉盛化工有限公司、中安联合煤化工有限责任公司、安徽金轩科技有限公司、安徽山河药用辅料有限公司、国药集团国瑞药业有限公司等企业以及各位编者所在学校的大力支持和帮助，在此一并表示衷心感谢。

由于编者受学术水平和经验所限，书中不足之处在所难免，欢迎读者不吝赐教。

编者

2023年8月

目录

课程导论 / 001

一、课程目标 ·· 003
二、化工产品质量控制的任务和作用 ··· 004
三、分析方法的分类 ··· 004
四、化工产品质量控制的一般程序 ·· 005
五、化学检验员职业素质要求 ··· 006
六、化学检验员职业标准 ··· 006
任务　调查化学检验员的工作内容、设计安徽某化工有限公司产品（如尿素、
　　　液氨、甲醇、双氧水）分析检测方案大致流程 ··· 008

项目一　化工产品质量控制技术基本技能 / 010

【项目简介】 ·· 012
【相关知识】 ·· 012
一、实验室安全管理与制度 ·· 012
二、常用分析仪器的使用、洗涤和干燥 ·· 013
三、试样采取与处理 ··· 016
四、分析用水及溶液的配制 ·· 017
五、滴定分析术语及基本操作技术 ·· 023
六、出具检验报告 ·· 030
七、化工产品质量控制中的质量保证与标准化 ··· 036
【项目实施】 ·· 038
任务 1-1　做好实验室安全和仪器认领、洗涤 ··· 038
任务 1-2　分析天平基本操作练习 ·· 039
任务 1-3　一般溶液配制 ··· 041

  任务 1-4 滴定分析基本操作及终点判断练习 ·················· 042

  任务 1-5 滴定分析仪器的校准 ································· 044

  任务 1-6 分析检验数据记录及处理 ··························· 046

【项目检测】 ·· 047

项目二 酸碱滴定技术 / 049

【项目简介】 ·· 051

【相关知识】 ·· 051

  一、认识酸碱、酸碱反应、缓冲溶液 ·· 051

  二、认识酸碱指示剂 ·· 055

  三、酸碱滴定技术及指示剂的选择 ··· 058

  四、非水溶液酸碱滴定 ··· 067

【项目实施】 ·· 068

  任务 2-1 酸碱溶液的配制及溶液 pH 测定值与计算值比较 ········· 068

  任务 2-2 制备 NaOH 标准溶液 ································· 069

  任务 2-3 制备 HCl 标准溶液 ···································· 072

  任务 2-4 食醋总酸度测定 ······································· 073

  任务 2-5 铵盐类化肥中含氮量测定 ··························· 075

  任务 2-6 阿司匹林原料药含量测定 ··························· 076

【项目检测】 ·· 078

项目三 配位滴定技术 / 080

【项目简介】 ·· 082

【相关知识】 ·· 083

  一、配位滴定法 ·· 083

  二、配位滴定中的副反应与配位平衡常数 ·· 085

  三、金属指示剂 ·· 093

  四、滴定曲线及滴定条件的选择 ·· 096

  五、配位滴定法的应用 ··· 097

【项目实施】 ·· 100

  任务 3-1 EDTA 标准溶液的配制与标定 ······················ 100

  任务 3-2 水的总硬度的测定 ···································· 102

  任务 3-3 葡萄糖酸钙口服溶液含量的测定 ··················· 104

【项目检测】 ·· 106

项目四　氧化还原滴定技术 / 108

【项目简介】 ·· 110
【相关知识】 ·· 110
　　一、概述 ··· 110
　　二、高锰酸钾法 ··· 117
　　三、重铬酸钾法 ··· 118
　　四、碘量法 ·· 119
【项目实施】 ·· 121
　　任务 4-1　$KMnO_4$ 标准溶液的配制和标定 ··· 121
　　任务 4-2　过氧化氢（双氧水）含量的测定（$KMnO_4$ 法） ··· 123
　　任务 4-3　$K_2Cr_2O_7$ 标准滴定溶液的制备 ··· 124
　　任务 4-4　$Na_2S_2O_3$ 标准滴定溶液的制备 ··· 125
【项目检测】 ·· 127

项目五　沉淀滴定和重量分析技术 / 129

【项目简介】 ·· 131
　　一、沉淀滴定法 ··· 131
　　二、重量分析法 ··· 137
【项目实施】 ·· 143
　　任务 5-1　硝酸银标准溶液的配制和标定 ·· 143
　　任务 5-2　氯化钠注射液中氯化钠含量的测定 ·· 144
　　任务 5-3　中药芒硝中 Na_2SO_4 的含量测定 ··· 146
【项目检测】 ·· 147

项目六　电化学分析技术 / 149

【项目简介】 ·· 151
【相关知识】 ·· 152
　　一、电位分析法 ··· 152

二、pH 计 ·· 155
　　三、电位滴定法 ··· 157
【项目实施】 ·· 158
　任务 6-1　常用水质的 pH 值的测定 ················ 158
　任务 6-2　盐酸普鲁卡因的含量测定（永停滴定法） ·············· 161
【项目检测】 ·· 162

项目七　光谱分析技术 / 164

【项目简介】 ·· 166
【相关知识】 ·· 166
　　一、光的本质与电磁波谱 ··························· 166
　　二、紫外-可见分光光度法 ·························· 167
　　三、红外吸收光谱法 ································· 171
【项目实施】 ·· 174
　任务　水中微量铁的含量测定 ························ 174
【项目检测】 ·· 178

项目八　色谱及其他分析技术 / 179

【项目简介】 ·· 181
【相关知识】 ·· 181
　　一、色谱法概论 ·· 181
　　二、薄层色谱法 ·· 185
　　三、气相色谱法 ·· 186
　　四、高效液相色谱法 ································· 189
【项目实施】 ·· 191
　任务　水果蔬菜中乙烯利残留量的测定（气相色谱法） ············ 191
【项目检测】 ·· 193

附录 / 195

附录1　常用的量及其单位的名称和符号 ············ 195

附录2 常用酸碱试剂的密度和浓度 ………………………………………………… 195

附录3 原子量表 ……………………………………………………………………… 196

附录4 一些化合物的分子量 ………………………………………………………… 197

附录5 弱酸、弱碱在水中的离解常数（25℃）…………………………………… 199

附录6 金属-无机配位体配合物的稳定常数 ……………………………………… 201

附录7 标准电极电势 ………………………………………………………………… 204

附录8 不同温度下标准滴定溶液的体积的补正值（GB/T 601—2016）………… 206

参考文献 …………………………………………………………………………………… 208

项目检测参考答案

课程导论

【导论目标】▶▶▶

知识目标：

  1. 掌握化工产品质量控制的任务和作用。
  2. 掌握分析方法的分类、化工产品质量控制的一般程序。
  3. 理解化学检验员职业素质要求。

技能目标：

  1. 学会化工产品质量控制的一般程序。
  2. 学会用化学检验员的标准规范自己的学习。

素质目标：

  1. 培养学生"实践是检验真理的唯一标准"的思维方式。
  2. 建立严谨的科学态度，树立良好的职业道德标准。
  3. 在化学检验员职业岗位中培养学生的创新精神、职业精神、工匠精神、劳模精神。

【思维导图】 ▶▶▶

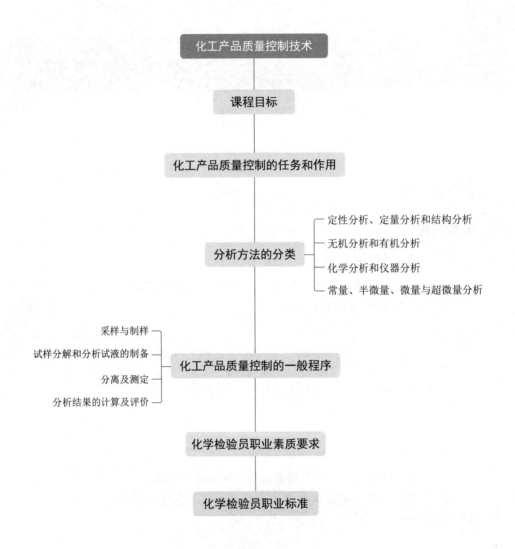

课程导论

"绿水青山就是金山银山"是新时代生态文明理念,大学生要会结合《水污染防治行动计划》(简称"水十条")、"蓝天保卫战"和"碳达峰""碳中和"目标等一系列国家政策,牢固树立企业安全意识和环境保护意识。

生态环境是人类生存和发展的根基,保持良好生态环境是各国人民的共同心愿。党的十八大以来,我国把生态文明建设作为关系中华民族永续发展的根本大计,坚持"绿水青山就是金山银山"的理念,开展了一系列根本性、开创性、长远性的工作,美丽中国建设迈出重要步伐,推动我国生态环境保护发生历史性、转折性、全局性变化。

在全面建设社会主义现代化国家新征程上,全党全国要保持加强生态文明建设的战略定力,着力推动经济社会发展全面绿色转型,统筹污染治理、生态保护、应对气候变化,努力建设人与自然和谐共生的美丽中国,为共建清洁美丽世界作出更大贡献。

作为当代大学生,更要行动起来,做生态文明理念的积极传播者和模范践行者,为天蓝、地绿、水清的美丽家园做出自己的贡献。

《化工产品质量控制技术》以化学检验员职业标准为基础,使学生能认识并理解化学检验员岗位的工作性质和工作意义,能用化学分析法及常见的仪器对化工产品的成品、半成品、原材料及中间过程、"三废"处理及利用等进行检验、检测、化验、监测和分析。通过课程中具体方案的练习,能形成良好的职业素养、实事求是的工作作风,能建立职业安全意识和环境保护意识。其中的基本原理和方法不仅是分析科学的基础,也是从事生物、环境、医药、化学其它分支学科以及化学教育等相关工作的基础;本课程是培养化工企业化验员岗位能力的核心专业领域课程,并为后续课程打下基础;主要培养学生化工产品分析的基本知识与技能,提升分析方法的选择、设计等专业能力,同时注重培养学生的实践能力和素质能力。

一、课程目标

通过本课程的学习,使学生掌握以下的专业能力、方法能力和素质能力。

1. 专业能力

明确化工产品质量控制在化工、药品、食品等行业生产中的重要作用和意义,了解化工产品检验中的国家标准、行业标准、地方标准、企业标准等,熟悉各类化学品的检验方法及检验程序,掌握化工、药品、食品等行业企业质量部门的结构、作用及工作程序,能够正确出具产品检验报告单。

2. 实践能力

对接国家标准,学习国内外先进的检查原理与方法,具有良好学习新知识和新技能的能力;具有查找相关资料和获取信息进而解决相关问题的能力;具有制定相关工作计划的能力与解决工作中实际任务的能力。

3. 素质能力

具有严谨求实的职业道德和"实事求是"的职业精神,提高分析问题和解决问题的能力;具有良好的工作习惯与清晰的思维;具有沟通和交流的团队协作能力;树立正确的世界观、人生观和价值观。

二、化工产品质量控制的任务和作用

《化工产品质量控制技术》是以化学分析和仪器分析的基础原理和方法为基础，完成化工产品生产过程中原材料、中间体、成品、"三废"等的成分检测和化工产品质量检验任务的一门学科。化工产品质量控制主要任务是对原材料、中间产物和最终产品进行定性、定量分析，以评定原料和产品的质量，监控生产工艺过程是否正常，以及处理及利用"三废"等，从而最经济地使用原料和燃料、减免废品和次品、避免生产事故发生和保护环境，因此我们常将化工产品质量控制称为化学工业生产中的"眼睛"。可以说，任何一种科学研究中凡涉及化学现象的，分析检验往往都是它们所不可缺少的研究手段。化工产品质量控制不仅为化学的各个分支提供有关物质的组成和结构信息，而且还促进了生命科学、材料科学、能源科学、环境科学的发展，在化工、医药卫生、国防建设、资源开发、科技进步等各个方面都发挥着重要的作用。

三、分析方法的分类

根据化工产品分析任务、分析对象、方法原理以及试样用量的不同，分析方法有各种各样的分类。

1. 定性分析、定量分析和结构分析

定性分析是解决"是什么"的问题，其任务是鉴定物质由哪些元素、原子团或化合物所组成；定量分析是解决"含多少"的问题，其任务是测定物质中有关成分的含量；结构分析的任务是研究物质的分子结构或晶体结构。

2. 无机分析和有机分析

无机分析的对象是无机物，有机分析的对象是有机物。在无机分析中，因为组成无机物的元素种类较多，所以通常要求鉴定物质的组成和测定各成分的含量。在有机分析中，组成有机物的元素种类较少，但结构复杂，分析的重点是官能团和结构分析。

3. 化学分析和仪器分析

以物质的化学反应为基础的分析方法称为化学分析法。化学分析法历史悠久，是分析化学的基础，又称经典分析法，主要分为滴定分析法和重量分析法。其中，滴定分析法依据化学反应类型的不同一般可以分为四大滴定：酸碱滴定法、配位滴定法、氧化还原滴定法以及沉淀滴定法。

以物质的物理和物理化学性质为基础的分析方法称为物理和物理化学分析法。因为这类方法都需要较特殊的仪器，所以通常称为仪器分析法。主要分为电化学分析法、光学分析法、色谱分析法等。

在进行仪器分析之前常需对试样进行预处理（如溶解样品、除去干扰杂质等），这是化学分析的基本步骤和实验技能，需要用化学分析方法来完成。因此，化学分析法和仪器分析法是相辅相成、互相配合的。

4. 常量、半微量、微量与超微量分析

按试样用量的多少，分析方法可分为常量分析、半微量分析、微量分析和超微量分析。

各种方法所需样品的量如表 0-1 所示。

表 0-1　常量、半微量、微量与超微量分析所需样品的量

方法	试样质量	试液体积
常量分析	>0.1g	>10mL
半微量分析	0.01~0.1g	1~10mL
微量分析	0.1~10mg	0.01~1mL
超微量分析	<0.1mg	<0.01mL

 知识拓展

例行分析与仲裁分析

例行分析是指一般化验室配合生产的日常分析，也称常规分析，为控制生产正常进行需要迅速报出分析结果，这种例行分析称为快速分析也称为中控分析。仲裁分析是在不同单位对分析结果有争议时，要求有关单位用指定的方法进行准确的分析，以判断原分析结果的可靠性。

四、化工产品质量控制的一般程序

如对化工产品进行定量分析，首先需要从批量的物料中采出少量具有代表性的试样，并将试样处理成可供分析的状态。固体样品通常需要溶解制成溶液。若试样中含有影响测定的干扰物质，还需要预先分离，然后才能对待测组分进行分析。因此，化工产品质量控制的一般程序包括采样与制样、试样分解和分析试液的制备、分离及测定、分析结果的计算及评价等四个步骤。但是实际的分析是一个复杂的过程，试样的多样性导致分析过程不可能一成不变，因此，某一试样的具体分析过程还要视具体情况而定。

1. 采样与制样

采样的基本原则是分析试样要有代表性。对于固体试样，一般经过粉碎、过筛、混匀、缩分，得到少量试样，烘干保存于干燥器中备用。

2. 试样分解和分析试液的制备

定量分析常采用湿法分析，即采用适当的溶剂，将试样溶解后制成溶液的方法，又称为溶解法。对于可溶性的无机盐，可直接用蒸馏水溶解制成溶液。对于水不溶性的固体试样，可以采用酸溶法、碱溶法。酸溶法常用多种无机酸及混合酸作溶解试样的溶剂，利用这些酸的酸性、氧化性及配位性，使被测组分转入溶液。碱溶法的主要溶剂为 NaOH 溶液、KOH 溶液等，常用来溶解两性金属，如铝、锌及其合金以及它们的氢氧化物或氧化物。

此外还有加热熔融法，熔融法指将试样与酸性或碱性固体熔剂混合，在高温下让其进行反应，使待测组分转变为可溶于水或酸的化合物，如钠盐、钾盐、硫酸盐或氯化物等。不溶于水、酸和碱的无机试样一般可采用这种方法分解。常见固体试样的制备方法如下：

$$\text{固体试样}\begin{cases}\text{溶解}\begin{cases}\text{酸溶试剂：HCl、HNO}_3\text{、H}_2\text{SO}_4\text{、HClO}_4\text{、HF、混合酸}\\\text{碱溶试剂：NaOH、KOH}\end{cases}\\\text{熔融}\begin{cases}\text{酸性熔剂：K}_2\text{Cr}_2\text{O}_7\\\text{碱性熔剂：Na}_2\text{CO}_3\text{、NaOH、Na}_2\text{O}_2\end{cases}\end{cases}$$

3. 分离及测定

常用的分离方法有沉淀分离、萃取分离、离子交换、色谱分离等。要求分离过程中被测组分不丢失。分离干扰组分之后得到的溶液，就可以按预先设计的分析方法测定待测组分的含量。分离或掩蔽是消除干扰的重要方法。

4. 分析结果的计算及评价

根据分析过程中有关反应的计量关系及分析测量所得数据，计算试样中待测组分的含量，用规定的形式表示出来，并对分析结果的可靠性进行评价。

五、化学检验员职业素质要求

化学检验员不负责具体的产品生产，不能直接创造效益。化学检验员的工作是在分析结果中展示的，没有这些数字和结果，生产和科研就是盲目的。如果报出的分析结果存在错误，将会造成重大经济损失和严重生产后果，乃至使生产和科研走向歧途。可见，分析工作者必须具备良好的素质，才能胜任这一工作，满足生产和科研提出的各种要求。

分析工作者需具备以下基本素质：认真负责，实事求是，坚持原则，一丝不苟地依据标准进行检验和判定；努力学习，不断提高基础理论水平和操作技能，同时要有不断创新的开拓精神。

化工产品质量控制技术是一门实践性很强的专业课程，因此，学习过程中必须注意理论与实践的结合，在加强基本操作技术的培养和锻炼的同时注重理论知识学习。通过任务实施中的动手实践，提高操作技能，并加深对理论知识的理解和掌握，具备化学检验员中、高级水平，为今后在分析检验岗位工作奠定坚实的基础。

六、化学检验员职业标准

化学检验员的理论知识及技能操作评价表见表0-2及表0-3。

表0-2 理论知识

项目		初级/%	中级/%	高级/%	技师/%	高级技师/%
基本要求	职业道德	5	5	3	2	2
	基础知识	40	35	22	23	23
相关知识	样品交接	5	2	2	—	—
	检验准备	14	17	13	—	—
	采样	10	7	—	—	—
	检测与测定	13	22	25	20	20
	测后工作	3	5	5	—	—

续表

	项目	初级/%	中级/%	高级/%	技师/%	高级技师/%
相关知识	安全实验	5	5	—	—	—
	养护设备	5	—	—	—	—
	验修仪器设备	—	2	10	10	10
	技术管理与创新	—	—	15	15	10
	培训与指导	—	—	5	5	5
	实验室管理	—	—	—	25	—
	实验室规划设计	—	—	—	—	15
	技术交流	—	—	—	—	2
	制定标准	—	—	—	—	3
	技术总结	—	—	—	—	10
	合计	100	100	100	100	100

表 0-3 技能操作

	项目	初级/%	中级/%	高级/%	技师/%	高级技师/%
技能要求	样品交接	8	5	5	—	—
	检验准备	20	18	10	—	—
	采样	15	10	—	—	—
	检测与测定	30	42	45	35	30
	测后工作	7	9	8	—	—
	安全实验	10	10	—	—	—
	养护设备	10	—	—	—	—
	验修仪器设备	—	6	12	15	—
	技术管理与创新	—	—	15	15	15
	培训与指导	—	—	5	10	15
	实验室管理	—	—	—	25	—
	实验室规划设计	—	—	—	—	10
	技术交流	—	—	—	—	10
	制定标准	—	—	—	—	10
	技术总结	—	—	—	—	10
	合计	100	100	100	100	100

【任务链接】 任务 调查化学检验员的工作内容、设计安徽某化工有限公司产品（如尿素、液氨、甲醇、双氧水）分析检测方案大致流程

任务　调查化学检验员的工作内容、设计安徽某化工有限公司产品（如尿素、液氨、甲醇、双氧水）分析检测方案大致流程

【任务导入】调查化学检验员的工作内容、任职资格、岗位职能等：

1. 主要负责原材料、中间体、成品等相关化验工作，并撰写检测报告；

2. 遵守化验室各项规章制度和技术法规，按照有关的质量标准和检验操作规程及时准确地完成检验任务；

3. 按相关国家及公司规定定期做好各种试剂、试液的配制和仪器及器具的维护、校正等工作。

【任务分析】化工产品质量控制的一般程序包括：采样与制样、试样分解和分析试液的制备、分离及测定、分析结果的计算及评价等四个步骤，设计安徽某化工有限公司产品（如尿素、液氨、甲醇、双氧水）分析检测方案流程。

【任务计划】安徽某化工有限公司产品（如尿素、液氨、甲醇、双氧水）分析检测方案大致流程。

【任务准备】

采样与制样：

试样分解和分析试液的制备：

分离及测定：

分析结果的计算及评价：

【任务实施】

【任务反思】

1. 如何进行取样？

2. 常见分析检测项目包含哪些内容？

【任务评价】

考核点	考核内容	分值	得分
化学检验员工作内容认识	化学检验员工作内容、任职资格、岗位职能等	40	
分析检测方案	分析检测流程	30	
分析任务实施	检测流程正确,方案合理	30	
总得分			

简答题 ▶▶▶

1. 简述化工产品质量控制的任务和作用。
2. 简述分析方法的分类。
3. 简述化工产品质量控制的一般程序。
4. 简述化学检验员职业素质要求。

项目一
化工产品质量控制技术基本技能

【项目目标】▶▶▶

知识目标：

1. 了解实验室规则与安全管理制度、仪器设备。
2. 掌握样品采取与处理原理。
3. 掌握滴定分析基本原理。
4. 理解误差、偏差概念，了解化工产品质量控制中的质量保证与标准化。

技能目标：

1. 学会常用分析仪器的认领、洗涤、干燥和使用。
2. 学会试样采取与处理。
3. 学会滴定分析基本操作技术。
4. 能够出具检验报告。

素质目标：

1. 牢记"生命高于一切,安全重于泰山"，强化"人人负有安全生产责任"意识。
2. 牢固树立"量"的概念，培养严谨求实的科学态度，提高分析问题和解决问题的能力。
3. 准确把握化工及相关企业安全质量标准化建设的工作内容和基本内涵。自觉贯彻执行相关安全生产法律、法规、规程、规章。

【思维导图】▶▶▶

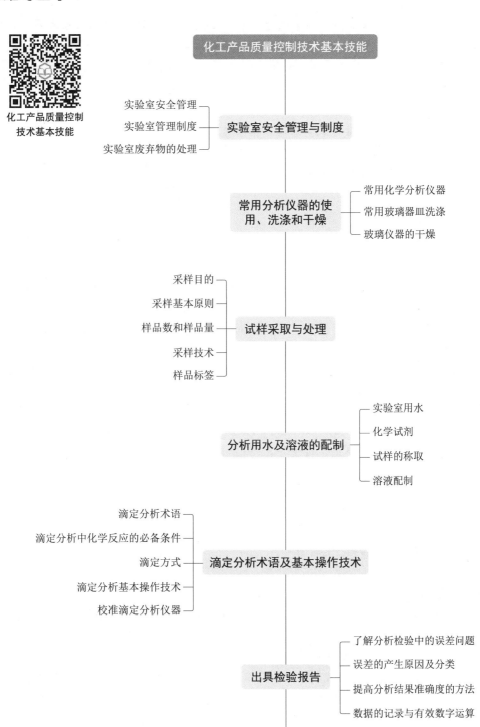

> **安全提示**
>
> 关于安全，我国一直都是"生命高于一切，安全重于泰山"。化工行业存在一定的危险性，面对复杂的危险化学品，提高自身专业技能的同时，牢记"生命高于一切，安全重于泰山"，强化"人人负有安全生产责任"意识。
>
> 安全生产是安全与生产的统一，其宗旨是安全促进生产，生产必须安全。搞好安全工作，可以改善劳动条件，调动职工的生产积极性；可以减少职工伤亡，减少劳动力的损失；可以减少财产损失，增加企业效益，促进生产发展。而生产必须安全，则是因为安全是生产的前提条件，没有安全就无法生产。我们要树立安全意识，学习查阅、了解安全生产相关法律法规，为以后安全工作奠定基础。

【项目简介】

作为一名化学检验员，要完成一项测定任务，必须具备一些基本理论知识和操作技能。化学检验员的工作很难得到直接的产品，但是得出的数据和报告是得到合格产品的指引，是全部生产过程的"眼睛"。想要得到可信的数据，仅靠最后一步的分析运算是做不到的，还需要了解化工产品质量控制中的质量保证与标准化体系。本项目以化工产品质量控制技术基本技能为行动导向，将化学检验员应具备的理论和技能结合在一起，以任务带动理论知识的学习，在技能训练中强化理论知识，从而更好地螺旋式提升学生综合技能。

本项目任务包括：任务 1-1 做好实验室安全和仪器认领、洗涤；任务 1-2 分析天平基本操作练习；任务 1-3 一般溶液配制；任务 1-4 滴定分析基本操作及终点判断练习；任务 1-5 滴定分析仪器的校准；任务 1-6 分析检验数据记录及处理。

【相关知识】

一、实验室安全管理与制度

1. 实验室安全管理

为保证实验室工作有序进行，不同学科的实验室都有自己安全管理的内容和要求。

为使实验室安全管理有章可循，且安全监管有法可依，应依据国际国内法律、技术标准和操作规范，制定适合本实验室实际情况的《实验室安全管理规则》《实验室物品管理规定》《化学试剂安全使用管理办法》《生物安全工作细则》等系列的实验室安全管理制度。其中包括实验室人员安全教育、实验过程安全管理、实验环境安全管理、实验室物品安全管理、实验室生物安全管理、实验室意外事故处置、督查机制、安全防护设施建设、信息化管理等。

2. 实验室管理制度

为了营造一个安全有效、秩序良好的实验室环境，达到"科学、规范、安全、高效"的目的，应制定相应的实验室管理制度。如非实验室工作人员不得随便出入实验室，实验室仪器、设备非经允许，一律不准搬动和使用等。

3. 实验室废弃物的处理

（1）实验室废气的处理　在实验室从事日常检测活动时，常伴有有毒有害气体产生的操作（如浓氨水、浓硝酸、浓盐酸、氢氟酸等试剂的取用和配制）。能产生有毒有害气体的实验均必须在通风橱内进行。实验室的设置应便于有害气体扩散和实验室自净。

（2）实验室废液的处理

① 低危害无机盐类化合物的处理。低危害酸、碱性无机盐溶液需分别集中后，通过酸碱中和反应调整溶液 pH 值至中性，或通过沉淀反应进行沉淀过滤，以降低无机盐类浓度，然后排放。

② 有毒废液（物）进行化学处理，专桶收集后送委托单位处理。

（3）实验室废物的处理

① 分析检验产生的一般废渣（如纸屑、碎玻璃、废塑料等）可直接排往工业垃圾桶。

② 没有被污染的分析剩余固体产品（如各种固体产品、各种固体原材料）送回生产厂，燃料如焦炭等送往煤场回收。

③ 过期变质的有毒有害固体试剂应经处理解毒后回收。

④ 废液通过集中处理后得到的固体废弃物，应按危险物品进行安全处置或统一妥善保管。

二、常用分析仪器的使用、洗涤和干燥

1. 常用化学分析仪器

常用化学分析仪器见表 1-1。

表 1-1　常用化学分析仪器

仪器名称	实例图片	仪器名称	实例图片
烧杯		聚四氟乙烯滴定管	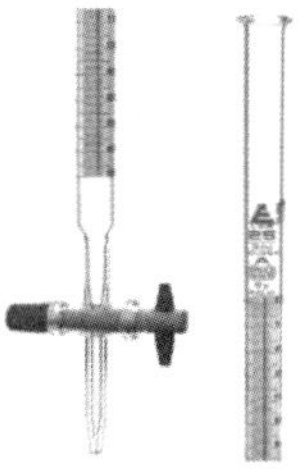
碘量瓶		移液管	
称量瓶		量筒、量杯	

续表

仪器名称	实例图片	仪器名称	实例图片
吸量管	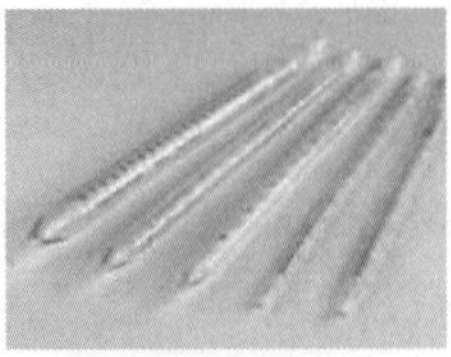	容量瓶	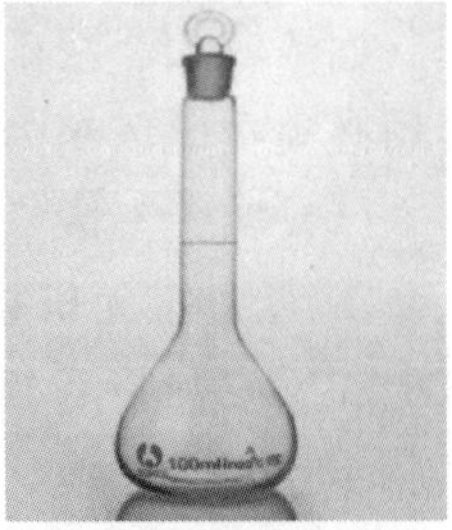
锥形瓶		滴管	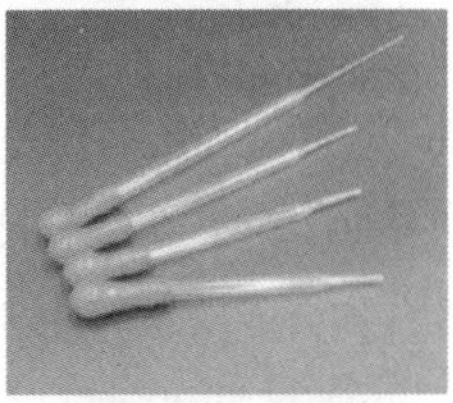
试剂瓶		洗瓶	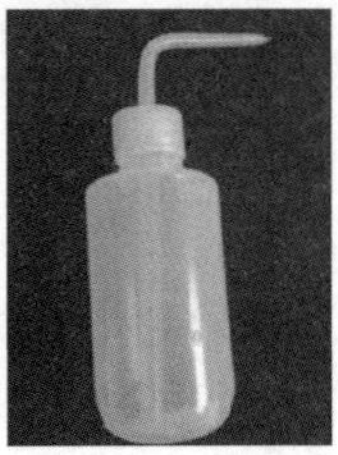

2. 常用玻璃器皿的洗涤

分析化学实验中使用的玻璃器皿应洁净透明，其内外壁能被水均匀地润湿且不挂水珠。

洗涤分析化学实验用的玻璃器皿时，一般要先洗去污物，用自来水冲净洗涤液，至内壁不挂水珠后，再用纯水（蒸馏水或去离子水）淋洗三次。去除油污的方法视器皿而异，烧杯、锥形瓶、量筒等可用毛刷蘸合成洗涤剂刷洗。滴定管、移液管、吸量管和容量瓶等具有精密刻度的玻璃量器，不宜用刷子刷洗，可以用合成洗涤剂浸泡一段时间。若仍不能洗净，可用铬酸洗液洗涤。洗涤时先尽量将水沥干，再倒入适量铬酸洗液洗涤，注意用完的洗液要倒回原瓶，切勿倒入水池。

常用洗液的配制和应用如表1-2。

表1-2 常用洗液的配制和应用

名称	配制方法	应用
合成洗涤液	将洗衣粉等合成洗涤剂配成热溶液	用于一般洗涤
铬酸洗液	20g $K_2Cr_2O_7$（工业纯）溶于40mL热水中，冷却后在搅拌下缓慢加入360mL浓的工业硫酸。冷却后移入试剂瓶中	用于洗涤油污及有机物，使用时防止被水稀释。用后倒回原瓶，可反复使用，直至变为绿色。可用$KMnO_4$再生
纯酸洗液	1+1盐酸、1+1硫酸、1+1硝酸或等体积浓硝酸、浓硫酸均可配制	用于清洗碱性物质沾污或无机物沾污
碱性乙醇洗液	120g NaOH溶于150mL水中，再用95%乙醇稀释至1000mL	用于去油污及某些有机物沾污

续表

名称	配制方法	应用
$KMnO_4$ 碱性洗液	4g $KMnO_4$ 溶于 80mL 水，加入 40% NaOH 溶液至 100mL	可清洗油污及有机物。析出的 MnO_2 可用草酸、浓盐酸、盐酸羟胺等还原剂除去
I_2-KI 洗液	1g I_2 和 2g KI 溶于水中，稀释至 100mL	用于洗涤 $AgNO_3$ 沾污的器皿和白瓷水槽

3. 玻璃仪器的干燥

仪器的干燥就是把沾附在仪器表面的水分除去。仪器干燥的方法很多，见表 1-3。但要根据具体情况选用具体的方法，分析用的玻璃仪器最常用的干燥方法有晾干法、烘干法、吹干法和有机溶剂法等。

表 1-3　仪器的干燥

方法	操作	所用仪器
晾干法	又叫风干法，是最简单易行的干燥方法，只要将仪器在空气中放置一段时间即可。	
烘干法	将仪器放入烘箱中，控制温度在 105℃ 左右烘干。待烘干的仪器在放入烘箱前应尽量将水倒净并放在金属托盘上。此法不能用于精密度高的容量仪器	
吹干法	用电吹风吹干或是加入有机溶剂后吹干	
有机溶剂法	先用少量丙酮或无水乙醇使内壁均匀润湿后倒出，再用乙醚使内壁均匀润湿后倒出	

【任务链接】 任务 1-1　做好实验室安全和仪器认领、洗涤

三、试样采取与处理

工业生产的物料往往是大批量的,虽然原料供应方在供货时一般都附有化验报告或证明,但为了保证正常生产、核算成本和经济效益,几乎所有的生产厂家都对进厂的物料(原料及辅助材料等)进行再分析。如何在如此大量的物料中采集有代表性的物料送到化验室作为试样,是分析测试工作的首要问题。依据《化工产品采样总则》(GB/T 6678—2003),下面对化工产品的采样进行简单介绍。

1. 采样目的

采样的基本目的为:从被检的总体物料中取得有代表性的样品,通过对样品的检测,得到在允许误差范围内的数据,从而求得被检物料的某一或某些特性的平均值及其变异性。

采样的具体目的可分为:技术方面的目的、商业方面的目的、法律方面的目的、安全方面的目的。目的不同,要求各异,在设计具体采样方案之前,必须明确具体的采样目的和要求。

2. 采样基本原则

采样的基本原则是使采得的样品具有充分的代表性。若采样的费用(如物料费用、作业费用等)较高,在设计采样方案时可以适当兼顾采样误差和费用,但应满足对采样误差的要求。

3. 样品数和样品量

在满足需要的前提下,能给出所需信息的最少样品数和最少样品量为最佳样品数和最佳样品量。

总体物料的单元数小于500的,采样单元的选取数,推荐按表1-4的规定确定。总体物料的单元数大于500的,采样单元数的确定,推荐按总体单元数立方根的三倍数,即$3\times\sqrt[3]{N}$(N为总体的单元数,如遇有小数时,则进为整数)。如单元数为538,则$3\times\sqrt[3]{538}=24.4$,将24.4进为25,即选用25个单元数。

表1-4 化工产品单元数小于500的选取采样单元数

总体物料的单元数	选取的最少单元数	总体物料的单元数	选取的最少单元数
1~10	全部单元	182~216	18
11~49	11	217~254	19
50~64	12	255~296	20
65~81	13	297~343	21
82~101	14	344~394	22
102~125	15	395~450	23
126~151	16	451~512	24
152~181	17		

采集样品的量应满足下列要求:至少应满足三次重复测定的要求;如需留存备考样品,应满足备考样品的要求;如需对样品进行制样处理时,应满足加工处理的要求。

4. 采样技术

一般情况下,经常使用随机采样和计数采样的方法。不同行业的分析对象是各不相同的，按物料的形态可分为固态、液态和气态三种，而从各组分在试样中的分布情况看则不外乎有分布比较均匀和分布不均匀两种。

在国家标准中，《固体化工产品采样通则》（GB/T 6679—2003），《液体化工产品采样通则》（GB/T 6680—2003），《气体化工产品采样通则》（GB/T 6681—2003），对分析对象的采样和样品的制备等都有明确的规定和具体的操作方法，可按标准要求进行。

5. 样品标签

样品标签如表1-5所示。

表1-5 样品标签

样品名称及样品编号		样品量	
总体物料批号及数量		采样日期	
生产单位		采样者	
采样部位		其他	

四、分析用水及溶液的配制

进行分析检验之前，首先必须会配制溶液，而要完成这项任务需要先了解有关分析实验室用水、化学试剂的知识以及溶液的配制及浓度的计算方法。

（一）实验室用水

实验室用水分三个级别：一级水、二级水、三级水。《分析实验室用水规格和试验方法》（GB/T 6682—2008）规定分析实验室用水的规格如下表1-6。

表1-6 分析实验室用水的规格

名称	pH值范围（25℃）	电导率(25℃)/(mS/m)	可氧化物质含量（以O计）/(mg/L)	吸光度（254nm，1cm光程）	蒸发残渣（105℃±2℃）含量/(mg/L)	可溶性硅（以SiO_2计）含量/(mg/L)
一级水	—	≤0.01	—	≤0.001	—	≤0.01
二级水	—	≤0.01	≤0.08	≤0.01	≤1.0	≤0.02
三级水	5.0～7.5	≤0.50	≤0.4	—	≤2.0	—

（二）化学试剂

一般试剂的分级标准和适用范围见表1-7。

表1-7 一般试剂的分级标准和适用范围

级别	纯度分类	英文符号	适用范围	标签颜色
一级品	优级纯试剂	GR	适用于精确分析和研究工作	绿色
二级品	分析纯试剂	AR	适用于一般分析及科研用	红色
三级品	化学纯试剂	CP	适用于工业分析与化学试验	蓝色
四级品	实验试剂	LR	只适用于一般化学实验辅助用	棕色或其他

选择试剂的原则：在满足实验要求的前提下，选择试剂的级别应首选最低级别，就低不

就高。在化工产品质量控制的试验所用化学试剂中，除特殊说明均指分析纯试剂。

（三）试样的称取

称取试样可以使用托盘天平或分析天平，在辅助溶液的配制或是精确度要求不高的溶液配制时可以采用托盘天平。如果要求准确称量一定质量的物质，则需要用分析天平。分析天平是定量分析中最主要、最常用的称量仪器之一，正确熟练地使用分析天平是做好分析工作的基本保证。熟练使用差减法、固定质量称量法、直接称量法进行样品的称量，养成正确、及时、简明记录实验原始数据的习惯。

1. 托盘天平的使用

① 放水平。把天平放在水平台，用镊子将游码拨到标尺左端的零刻线处。

② 调平衡。调节横梁右端的平衡螺母（若指针指在分度盘的左侧，应将平衡螺母向右调，反之，平衡螺母向左调），使指针指在分度盘中线处，此时横梁平衡。

③ 称量。将被测量的物体放在左盘，估计被测物体的质量后，用镊子向右盘按由大到小的顺序加减适当的砝码，并适当移动标尺上游码的位置，直到横梁恢复平衡。

④ 读数。天平平衡时，左盘被测物体的质量等于右盘中所有砝码的质量加上游码对应的刻度值。

⑤ 整理。测量结束要用镊子将砝码夹回砝码盒，并整理器材，恢复到原状。

2. 分析天平的使用

分析天平（图1-1）具有结构简单、方便实用、称量速度快等特点，广泛应用于企业和实验室，用来测定物体的质量。目前国内使用的分析天平种类繁多，其基本构造原理都基本相同。正确使用和维护分析天平，并获得正确的称量结果，是保证分析结果准确度的有效方法之一。

电子分析天平的使用

图1-1 分析天平

操作分析天平的主要步骤如下：

① 接通电源并预热使天平处于备用状态。

② 打开天平开关键，使天平处于零位，否则按去皮键。

③ 放上器皿，读取数值并记录，用手按去皮键清零，使天平重新显示为零。

④ 在器皿内加入样品至显示所需质量时为止，记录读数，如有打印机可按打印键完成。

⑤ 将器皿连同样品一起拿出。

⑥ 按天平去皮键清零，以备再用。

3. 天平的称量方法

（1）直接称量法　天平零点调定后，将被称物直接放在称量盘上，所得读数即被称物的质量。这种称量方法适用于称量洁净干燥的器皿、棒状或块状的金属等。注意，不得用手直接取放被称物，可采用戴细纱手套、垫纸条、用镊子或钳子夹取等适宜的办法。

（2）差减称量法　取适量待称样品置于一洁净干燥的容器（称固体、粉状样品用称量瓶，称液体可用小滴瓶）中，在天平上准确称量后，转移出称量的样品置于实验器皿中，再次准确称量,两次称量读数之差,即所称样品的质量。这种称量方法适用于一般的颗粒状、粉状及液态样品。一般放在称量瓶中称量,而称量瓶通常放在干燥器中备用。

干燥器是具有磨口盖子的密闭厚壁玻璃器皿,干燥器的使用见图1-2。称量瓶是用于分析天平准确称量固体物质质量的具盖小玻璃器具,其方便称量,便于物质保存,防止被称量的固体物质吸收水分。称量瓶的分类见图1-3,称量瓶的使用及敲样方法见图1-4。

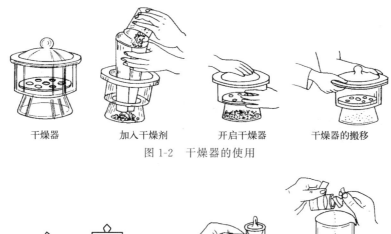

图1-2 干燥器的使用

图1-3 扁形和高形称量瓶

图1-4 称量瓶的使用及敲样方法

【任务链接】 任务1-2 分析天平基本操作练习

(3)固定质量称量法 这种方法用于称取固定质量的物质,又称增量法。如称量基准物质,来配制一定浓度和体积的标准溶液。此法只能用来称取不易吸湿且不与空气作用、性质稳定的粉末状物质。操作见图1-5。

(四)溶液配制

溶液分为一般溶液和标准溶液。

1. 一般溶液

一般溶液也称为辅助试剂溶液,这类溶液的浓度不需严格准确,质量用托盘天平称量,体积可用量筒或是量杯量取。

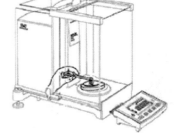

图1-5 固定质量称量法

常用的浓度表示方法见表1-8。此外,比例浓度也是一种常用的浓度表示方法,指各组分的体积比,如HCl(1:2)或(1+2)。

表1-8 溶液浓度的表示方法

表示方法	公式	表示方法	公式
质量分数 ω	$\omega_B = m_B/m_S$	体积分数 ϕ	$\phi_B = V_B/V_S$
质量浓度 ρ	$\rho_B = m_B/V_S$	物质的量浓度 c	$c_B = n_B/V_S$

【课堂练习】

配制质量分数为 0.9% NaCl 溶液 100g，应称取 NaCl 多少克？加水多少克？如何配制？

$$\underset{0.9g\,(托盘天平)}{\xrightarrow{\text{NaCl}}} 烧杯 \xrightarrow[99.1\text{mL}]{H_2O} \xrightarrow{\text{搅拌}} 溶解 \xrightarrow{\text{转移}} 试剂瓶 \longrightarrow 贴标签$$

名称：氯化钠溶液
配制浓度：0.9%
配制日期：××××年××月××日
配制人：×××

【课堂练习】

配制质量分数为 10% HNO_3（$\rho_1=1.11$g/mL）溶液 1000mL，需质量分数为 67% 的浓硝酸（$\rho_2=1.40$g/mL）多少毫升？加水多少毫升？如何配制？

$$烧杯 \xrightarrow[108\text{mL}(量筒)]{\text{浓硝酸}} \xrightarrow[\text{加水至}1000\text{mL}]{\text{混合均匀}} 棕色试剂瓶 \longrightarrow 贴标签$$

名称：HNO_3 溶液
配制浓度：10%
配制日期：
配制人：

【课堂练习】

配制质量浓度为 0.1g/L Cu^{2+} 溶液 1L，应称取 $CuSO_4 \cdot 5H_2O$ 多少克？如何配制？

$$\underset{(\quad)g}{\xrightarrow{CuSO_4 \cdot 5H_2O}} 烧杯 \xrightarrow[溶解]{H_2O} \xrightarrow{\text{转移}} \underset{(\quad)\text{mL}}{容量瓶} \xrightarrow[定容]{\text{稀释}} 贴标签$$

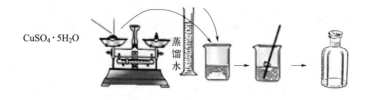

名称：
配制浓度：
配制日期：
配制人：

【任务链接】任务1-3　一般溶液配制

2. 标准溶液

在滴定分析中，标准溶液在滴定分析中起着重要作用，标准滴定溶液的浓度和消耗体积是计算待测组分含量的主要依据。因此，对于标准滴定溶液，正确配制、准确确定其浓度和妥善保存，将直接关系到滴定分析结果的准确度。标准溶液的配制方法有直接法和标定法两种。

 知识拓展

《中华人民共和国药典》（2020版）四部（8002试液）

稀乙醇：取乙醇 529mL，加水稀释至 1000mL，即得。本液在 20℃时含 C_2H_5OH 应为 49.5%～50.5%（mL/mL）。

> 稀盐酸：取盐酸234mL，加水稀释至1000mL，即得。本液含HCl应为9.5%～10.5%。
> 稀硝酸：取硝酸105mL，加水稀释至1000mL，即得。本液含HNO_3应为9.5%～10.5%。
> 稀硫酸：取硫酸57mL，加水稀释至1000mL，即得。本液含H_2SO_4应为9.5%～10.5%。
> 稀乙酸：取冰乙酸60mL，加水稀释至1000mL，即得。

(1) **直接法** 有的标准溶液可以用基准物质直接配制而成。在这种情况下，准确称取一定量的基准物质，溶解后移至容量瓶中，定容。根据基准物质的质量和溶液体积计算该标准溶液的浓度。这种标准溶液浓度的确定方法或者标准溶液的配制方法通常称为直接法。

可用于直接配制标准溶液或标定溶液浓度的物质称为基准物质。作为基准物质必须具备以下条件：

① 物质的组成与化学式相符。若含结晶水，结晶水含量也应符合化学式。
② 纯度高。一般情况下纯度应在99.9%以上。
③ 性质稳定。不易吸收空气中的水分，不易与空气中的O_2及CO_2反应，不易分解。
④ 有较大的摩尔质量，以减少称量时相对误差。
⑤ 试剂参加滴定反应时，应严格按反应式定量进行，没有副反应。

常用于标准溶液标定的基准物质见表1-9。

表1-9 常用的基准物质

滴定方法	标准溶液	基准物质		优缺点
		名称	化学式	
酸碱滴定	HCl	无水碳酸钠	Na_2CO_3	便宜，易得纯品，易吸湿
		硼砂	$Na_2B_4O_7 \cdot 10H_2O$	易得纯品，不易吸湿，摩尔质量大，湿度小时会失结晶水
	NaOH	二水合草酸	$H_2C_2O_4 \cdot 2H_2O$	便宜，结晶水不稳定，纯度不理想
		邻苯二甲酸氢钾	$KHC_8H_4O_4$	易得纯品，不吸湿，摩尔质量大
配位滴定	EDTA（乙二胺四乙酸）	氧化锌	ZnO	纯度高，稳定，既可在pH=5～6又可在pH=9～10应用
		碳酸钙	$CaCO_3$	便宜，易得纯品，稳定，无显著吸湿
氧化还原滴定	$K_2Cr_2O_7$	重铬酸钾	$K_2Cr_2O_7$	易得纯品，非常稳定，可直接配制标准溶液
	$Na_2S_2O_3$	重铬酸钾	$K_2Cr_2O_7$	易得纯品，非常稳定，可直接配制标准溶液
	$KMnO_4$	草酸钠	$Na_2C_2O_4$	易得纯品，稳定，无显著吸湿
沉淀滴定	$AgNO_3$	氯化钠	NaCl	易得纯品，易吸湿
		硝酸银	$AgNO_3$	易得纯品，防止光照及有机物沾污

(2) **标定法** 很多物质不能满足作为基准物质的要求。例如NaOH易吸收空气中的水分和CO_2；一般市售盐酸的HCl含量不准确，且易挥发；$KMnO_4$、$Na_2S_2O_3$试剂一般纯

度不够，而且在空气中不稳定，这些物质的标准溶液的浓度需要通过标定法（又称间接法）确定。

欲配制非基准物质的标准溶液，可先称取一定量试剂配成近似所需浓度的溶液，然后以其他基准物质为标准，用滴定方法测定它的准确浓度。通过滴定确定标准溶液准确浓度的操作称为标定。标准溶液除用基准物质标定之外，还可用其他标准溶液标定。

一般而言，标定法确定的标准溶液浓度的准确度不及直接法，而在标定法中，使用非基准物质的标准溶液又不如使用基准物质准确。

3. 标准溶液浓度的表示方法

（1）物质的量浓度 标准溶液的浓度通常用物质的量浓度（简称浓度）表示。物质 A 的浓度 c_A 指单位体积溶液所含溶质 A 的物质的量，即

$$c_A = \frac{n_A}{V}$$

式中　n_A——溶液中溶质 A 的物质的量，mol；

　　　V——溶液的体积，dm^3 或 cm^3 等。

在分析化学中，常用的体积单位为 L 或 mL，浓度单位为 mol/L。

物质的量和该物质的质量的关系为

$$n = \frac{m}{M}$$

式中　M——该物质的摩尔质量。

【课堂练习】

称取 $H_2C_2O_4 \cdot 2H_2O$ 1.5762g，溶解后移至 250mL 容量瓶中，用水稀释到刻度，求此标准溶液的浓度。

解：查表知 $H_2C_2O_4 \cdot 2H_2O$ 的摩尔质量为 126.07g/mol。

$$c = \frac{n}{V} = \frac{m}{MV} = \frac{1.5762}{126.07 \times 0.250} = 0.05001(mol/L)$$

【课堂练习】

欲配制 0.1000mol/L Na_2CO_3 标准溶液 500mL，应称取 Na_2CO_3 多少克？

解：已知 Na_2CO_3 的摩尔质量为 106.0g/mol。

$$m = cVM = 0.1000 \times 0.500 \times 106.0 = 5.300(g)$$

在生产单位，经常要测定大批量试样中同一组分的含量。在这种情况下，标准溶液的浓度用滴定度表示比较方便。

（2）滴定度 滴定度指每毫升滴定剂相当于被测物质的质量（g），以 $T_{待测物/滴定剂}$ 表示，是企业中常见的浓度表示方法。

例如 $T_{Fe/K_2Cr_2O_7} = 0.003351$g/mL，表示 1mL $K_2Cr_2O_7$ 标准溶液相当于 0.003351g Fe。若用此标准溶液滴定某试液中的 Fe^{2+}，消耗滴定剂 23.05mL，则试液中 Fe 的含量为

$$m = TV = 0.003351 \times 23.05 = 0.07724(g)$$

> **知识拓展**
>
> **GB/T 601—2016 中对标准滴定溶液制备的一般规定**
>
> （1）除另有规定外，本标准所有试剂的级别在分析纯（含分析纯）以上，所用制剂及制品应按 GB/T 603 的规定制备，实验用水应符合 GB/T 6682 中三级水的规格。
>
> （2）标准中制备的标准滴定溶液的浓度，除高氯酸等以外，均指 20℃ 时的浓度。在标准滴定溶液标定、直接制备和使用时若温度有差异，应按该标准附录 A 补正。标准滴定溶液标定、直接制备和使用时所用分析天平、砝码、滴定管、容量瓶及移液管均需定期校正。
>
> （3）在标定和使用标准滴定溶液时，滴定速度一般保持在 6～8mL/min。
>
> （4）称量工作基准试剂的质量小于或等于 0.5g 时，按精确至 0.01mg 称量；大于 0.5g 时，按精确至 0.1mg 称量。
>
> （5）制备标准滴定溶液的浓度应在规定浓度的 ±5% 范围以内。
>
> （6）除另有规定外，标定标准滴定溶液的浓度时，需两人进行实验，分别各做四平行，每人四平行标定结果相对极差不得大于重复性临界极差 $[CR_{95}(4)_r=0.15\%]$，两人共八平行测定结果极差的相对值不得大于重复性临界极差 $[CR_{95}(8)_r=0.18\%]$。在运算过程中保留 5 位有效数字，取两人八平行标定结果的平均值为标定结果，报出结果取四位有效数字。
>
> （7）本标准中标准滴定溶液浓度的相对扩展不确定度一般不应大于 0.2%（$k=2$）。
>
> （8）本标准使用工作基准试剂标定标准滴定溶液的浓度。当对标准滴定溶液浓度的准确度有更高要求时，可使用标准物质代替工作基准试剂进行标定或直接制备，并在计算标准滴定溶液浓度值时，将其质量分数代入计算式中。
>
> （9）标准滴定溶液的浓度小于或等于 0.02mol/L 时（除 0.02mol/L 乙二胺四乙酸二钠、氯化锌标准滴定溶液外），应于临用前将浓度高的标准溶液用煮沸并冷却的水稀释，必要时重新标定。
>
> （10）除另有规定外，标准滴定溶液在 10～30℃ 下，密闭保存时间一般不得超过 6 个月。标准滴定溶液在 10～30℃ 下，开封使用过的标准滴定溶液保存时间一般不超过 2 个月（倾出溶液后立即盖紧）。当标准溶液出现浑浊、沉淀、颜色变化等现象时，应重新制备。
>
> （11）贮存标准滴定溶液的容器，其材料不应与溶液起理化作用，壁厚最薄处不小于 0.5mm。
>
> （12）本标准中所用溶液以（%）表示的均为质量分数 ["乙醇（95%）"中的（%）为体积分数]。

五、滴定分析术语及基本操作技术

（一）滴定分析术语

滴定分析又称容量分析。它是通过滴定的操作方式，将已知准确浓度的标准溶液滴加到待测物质的溶液中,直至所加溶液与待测溶液按一定的化学计量关系恰好反应完全,再根据所加滴定剂的浓度和所消耗的体积,计算出试样中待测组分含量的分析方法。滴定分析仪器及操作见图1-6。

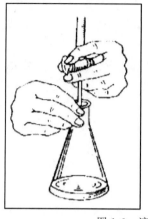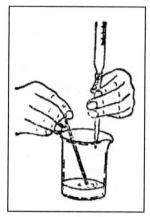

图1-6 滴定分析操作

(1) **标准溶液** 又称为滴定剂,是在滴定分析过程中,已经确定了准确浓度的试剂溶液。

(2) **滴定** 是指滴定液从滴定管滴加到被测物质中的过程。

(3) **化学计量点** 当加入的标准溶液的量与被测物的量恰好符合化学反应式所表示的化学计量关系时,称反应到达化学计量点。

(4) **滴定终点** 滴定时指示剂突然改变颜色的那一点称为滴定终点。

(5) **终点误差** 指示剂并不一定恰好在化学计量点时变色,即滴定终点与化学计量点之间存在很小的差别,由此造成的误差称为终点误差(或称滴定误差)。

(6) **指示剂** 在化学计量点时,反应的外部特征往往不容易被人察觉,因此,通常是加入某种辅助试剂,利用该试剂的颜色突变来判断。这种能改变颜色的试剂称为指示剂。

(7) **滴定方法** 根据不同的化学反应类型,滴定分析方法一般可分为酸碱滴定法、配位滴定法、氧化还原滴定法以及沉淀滴定法四大滴定。

> 【课堂活动】化学计量点与滴定终点有何异同点?怎么理解终点误差?

(二)滴定分析中化学反应的必备条件

滴定分析虽然能利用各种类型的反应,但不是所有反应都可以用于滴定分析。适用于滴定分析的化学反应必须具备下列条件:

① 反应按一定的化学反应式进行,具有确定的化学计量关系,不发生副反应。
② 反应的平衡常数足够大。通常要求反应完全程度≥99.9%。
③ 反应速率要大。可通过加热或加入催化剂的方法来加快反应速度。
④ 有合适的方法确定滴定终点,如指示剂或其他物理化学方法。

(三)滴定方式

直接滴定法是用滴定液直接滴定被测物质的一种方法。凡能满足滴定分析要求的反应都可用标准滴定溶液直接滴定被测物质,如果反应不能完全符合上述要求时,则可选择采用其他方式进行滴定。滴定方式分为四类:直接滴定法、返滴定法、置换滴定法和间接滴定法。具体见表1-10。

表1-10 滴定方式分类

滴定方式	操作过程
直接滴定法	直接滴定法是最常用和最基本的滴定方式,简便、快速,引入的误差较小。只有一种标准溶液
返滴定法	又称为回滴法。在待测试液中准确加入适当过量的标准溶液,待反应完全后,再用另一种标准溶液返滴定剩余的第一种标准溶液,从而测定待测组分的含量
置换滴定法	先加入适当的试剂与待测组分定量反应,生成另一种可滴定的物质,再利用标准滴定溶液滴定反应产物,由滴定剂的消耗量、反应生成的物质与待测组分等物质的量的关系计算出待测组分的含量
间接滴定法	某些待测组分不能直接与滴定剂反应,但可通过其他的化学反应间接测定其含量

返滴定法、置换滴定法和间接滴定法的应用,使滴定分析法的应用更加广泛。

滴定分析是化工产品质量控制技术中重要的分析方法。通常适用于常量组分(被测组分含量在1%以上)的测定,滴定分析方法准确度高,分析的相对误差可在0.1%左右。仪器设备主要为:滴定管、移液管、容量瓶和锥形瓶等。仪器简单,操作简便、快速。

(四)滴定分析基本操作技术

1. 容量瓶的使用(遵照 GB/T 12806—2011 实验室玻璃仪器 单标线容量瓶)

容量瓶主要用于准确地配制一定物质的量浓度的溶液。它是一种细长颈、梨形的平底玻璃瓶,配有磨口塞。瓶颈上刻有标线,当瓶内液体在所指定温度下达到标线处时,其体积即为瓶上所注明的容积。一种规格的容量瓶只能量取一个量。常用的容量瓶有100mL、250mL、500mL等多种规格。

容量瓶的使用

使用容量瓶配制溶液的步骤是:洗涤→试漏→转移→稀释→定容→摇匀→保存。具体步骤见图1-7。

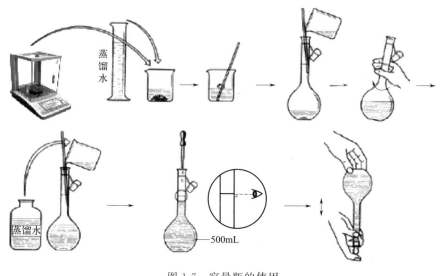

图1-7 容量瓶的使用

2. 移液管（吸量管）的使用（遵照 GB/T 12808—2015 实验室玻璃仪器　单标线吸量管；GB/T 12807—2021 实验室玻璃仪器　分度吸量管）

移液管的使用

移液管是用来准确移取一定体积的溶液的量器。移液管是一种量出式仪器，只用来测量它所放出溶液的体积。常用的移液管有5mL、10mL、25mL、50mL等规格。通常把具有刻度的直形玻璃管称为吸量管。常用的吸量管有1mL、2mL、5mL、10mL等规格。移液管和吸量管所移取的体积通常可准确到0.01mL。

移液管（吸量管）的使用步骤：检查→洗涤→吸液→调零→放液。移液管（吸量管）的润洗及使用见图1-8和图1-9。

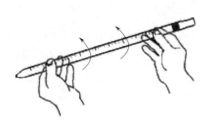

图1-8　移液管（吸量管）的润洗

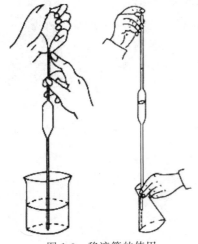

图1-9　移液管的使用

3. 滴定管的使用（遵照 GB/T 12805—2011 实验室玻璃仪器　滴定管）

滴定管是滴定时用来准确测量流出标准溶液体积的量器。它的主要部分即管身是用细长而且内径均匀的玻璃管制成，上面刻有均匀的分度线，下端的流液口为一尖嘴，中间通过聚四氟乙烯旋塞、玻璃旋塞或乳胶管连接以控制滴定速度。常量分析用的滴定管容量为50mL和25mL，最小刻度为0.1mL，读数可估计到0.01mL。

滴定管一般分为两种：一种是酸式滴定管，另一种是碱式滴定管。酸式滴定管的下端有玻璃活塞，可盛放酸液、中性液及氧化剂，不宜盛放碱液。碱式滴定管的下端连接一橡皮管，内放一玻璃珠，以控制溶液的流出，下面再连一尖嘴玻璃管，这种滴定管可盛放碱液，而不能盛放酸或氧化剂等腐蚀橡皮管的溶液。

滴定管的使用

目前使用较为广泛的是聚四氟乙烯酸式滴定管，由于不怕碱的聚四氟乙烯活塞的使用，克服了普通酸式滴定管怕碱的缺点，使酸式滴定管可以做到酸碱通用。

滴定管的使用步骤：试漏→洗涤→装液→排气→调零→滴定→读数。碱式滴定管排气泡操作见图1-10。滴定管的读数及滴定操作分别见图1-11及图1-12。

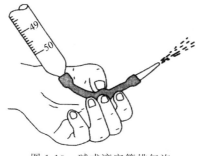
图 1-10 碱式滴定管排气泡

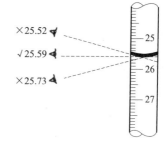
图 1-11 滴定管读数

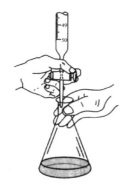 

图 1-12 滴定操作

【任务链接】 任务 1-4 滴定分析基本操作及终点判断练习

4. 校准滴定分析仪器

校准是技术性强的工作，操作要正确规范。容量仪器的校准在实际工作中通常采用绝对校准和相对校准两种方法。

（1）绝对校准法（称量法） 在分析工作中，滴定管一般采用绝对校准法，用作取样的移液管，也必须采用绝对校准法。绝对校准法准确，但操作比较麻烦。

原理：称量量入式或量出式玻璃量器中水的表观质量，并根据该温度下水的密度，计算出该玻璃量器在 20℃ 时的实际容量。

① 容量瓶容积的校准。

a. 将待校准容量瓶清洗干净，并自然干燥，准确称其重量（分析天平）。

b. 加入已测过温度的蒸馏水至刻度线处，再称其重量，前后两次重量差即为瓶中水重量，根据该温度时蒸馏水重量及相对密度，根据表 1-11 求出容量瓶准确的容量。

c. 重复三次求得平均值。

表 1-11 不同温度下水的相对密度表

温度/℃	相对密度	温度/℃	相对密度	温度/℃	相对密度
10	0.99839	12	0.99823	14	0.99804
11	0.99831	13	0.99814	15	0.99793

续表

温度/℃	相对密度	温度/℃	相对密度	温度/℃	相对密度
16	0.99780	21	0.99700	26	0.99594
17	0.99765	22	0.99680	27	0.99570
18	0.99750	23	0.99661	28	0.99545
19	0.99734	24	0.99639	29	0.99519
20	0.99718	25	0.99618	30	0.99492

② 移液管容积的校准。洗净的移液管吸入蒸馏水并使水凹液面恰在标线处，然后把水放入预先精确称量的具塞小锥形瓶中，塞好后称取瓶和水总重量，根据蒸馏水的重量、水的温度以及该温度水的相对密度计算出移液管的准确容积，做三次取平均值。

校准时应注意：

a. 带塞小锥形瓶必须洗净并烘干，移液管只需洗净即可。

b. 开始放水前，管尖不能挂水珠，外壁不能有水。

c. 移液管放完水后，等15s后拿出，尖嘴处残留最后一滴水不可吹出（注有吹字的则要吹出）。

③ 滴定管容积的校准。

a. 将滴定管清洗干净，内外壁都不挂水珠。

b. 注入蒸馏水，排出尖嘴气泡，使之充满水，并使水的凹液面最低处与零刻度线重合，除去尖嘴外的水。

c. 由滴定管中放5mL到已称过重量的且清洁干燥的具塞锥形瓶中，要控制流速在3～4滴/s，5mL约用半分钟，读数时的液面应与视线在同一水平面上。由称得水的重量及操作温度下水的相对密度即算得滴定管中部分管柱的实际容积。

d. 在方格纸上以滴定管的校正值为横坐标，滴定管读数为纵坐标，画出整个曲线，这样滴定时任何体积的校正值都可以从曲线上查出，计算结果时应将校准值加入得到的体积中。

【课堂练习】

现有一在17℃校正的25mL滴定管的数据，计算该滴定管各段的校正容积，填写下表中各空项，说明校正时应注意什么问题。如果此滴定管在实际使用中，滴定液的读数正好是22.73mL，则其校正体积是多少？

滴定管容积校正表（17℃水相对密度为 0.99765）

观察容积/mL	瓶+水质量/g	水质量/g	滴定管的实际容积/mL	校正值/mL	平均校正值/mL
0 刻度	空瓶(1)质量 54.2043				
	空瓶(2)质量 56.5671				
0～5	空瓶(1)59.2096				
	空瓶(2)61.5525				
0～10	空瓶(1)64.1989				
	空瓶(2)66.5811				
0～15	空瓶(1)69.3112				
	空瓶(2)71.4534				

续表

观察容积/mL	瓶＋水质量/g	水质量/g	滴定管的实际容积/mL	校正值/mL	平均校正值/mL
0 刻度	空瓶(1)质量 54.2043				
	空瓶(2)质量 56.5671				
0～20	空瓶(1)74.1980				
	空瓶(2)76.7617				
0～25	空瓶(1)79.3563				
	空瓶(2)81.9673				

【课堂练习】

24℃时，称得 25mL 移液管中至刻度线时放出水的质量为 24.902g，计算该移液管在 20℃时的真实容积及校准值各是多少？

解：查表 1-11 得，24℃时 $\rho_{24}=0.99639\text{g/mL}$

$$V_{20}=\frac{24.902}{0.99639}=24.99(\text{mL})$$

$$\Delta V=V_{20}-V_{标称}=24.99-25.00=-0.01(\text{mL})$$

该移液管在 20℃时真实容积为 24.99mL。容积校准值 ΔV 为 -0.01mL。

【课堂练习】

校准滴定管时，在 22℃时由滴定管中放出 0.00～9.99mL 水，称得其质量为 9.981g，计算该段滴定管在 20℃时的实际容积及校准值各是多少？

解：查表 1-11 得，22℃时 $\rho_{22}=0.99680\text{g/mL}$

$$V_{20}=\frac{9.981}{0.99680}=10.01(\text{mL})$$

$$\Delta V=V_{20}-V_{标称}=10.01-9.99=0.02(\text{mL})$$

该段滴定管在 20℃时实际容积为 10.01mL。容积校准值 ΔV 为 0.02mL。

（2）相对校准法　在实际分析工作中，移液管和容量瓶经常是配套使用，共同完成溶液的配制、稀释和转移。特别是在液体的稀释过程中，有时并不需要知道它们各自的绝对容积，只要明确移液管和容量瓶的相对容积倍数关系，就不影响准确的稀释倍数。所以，有时只要校准两种玻璃仪器的相对容积关系即可。如在做 5mL 移液管和 25mL 容量瓶的相对校正时，精密吸取 5mL 水 5 次，分别放入容量瓶中，记下容量瓶的凹液面最低点位置，做出标记，即可对移液管和容量瓶进行相对校正。

滴定分析仪器都是以 20℃为标准温度来标定和校准的，但是使用时则往往不是在 20℃，温度变化会引起仪器容积和溶液体积的改变。如果在不同的温度下使用，则需要校准。当温度变化不大时，玻璃仪器容积变化的数值很小，可忽略不计，但溶液体积的变化则不能忽略。溶液体积的改变是由于溶液密度的改变所致，稀溶液密度的变化和水相近。附录 8 列出了不同温度下标准滴定溶液的体积的补正值。

【课堂练习】

在 10℃时，滴定用去 26.00mL 0.1mol/L NaOH 标准滴定溶液，计算在 20℃时该溶液的体积应为多少？

解： 由附录 8 可知，10℃时 1L 0.1mol/L 溶液的补正值为＋1.5，则在 20℃时该溶液的体积为：

$$26.00+\frac{1.5}{1000}\times 26.00=26.04(\text{mL})$$

【任务链接】 任务 1-5　滴定分析仪器的校准

六、出具检验报告

作为化学检验员，我们没有实际的产品，但科学的数据和检验报告便是我们的产品。做完前几项任务的工作仅仅是完成实验的一半，同样重要的是进行数据整理和结果分析，把感性认识提高到理性认识，提供科学的、有说服力的检验报告，才是我们最终的目的。

分析检验中的误差是客观存在的，存在于一切实验中，但是作为分析工作者，能够采取措施减免误差，从而得到较可靠的分析结果。

（一）了解分析检验中的误差问题

定量分析的目的是准确测定试样中各组分的含量，从而报出可靠的分析结果，用于指导生产实践。误差是客观存在的，并且自始至终存在于一切科学实验过程中。作为分析工作者，必须了解误差的来源，能够采取措施减免误差，从而得到可靠的分析结果。同时，还要能正确地记录实验数据，正确地处理实验数据，判断分析实验数据的可靠性，以满足生产和科研等工作的要求。

1. 准确度与误差

分析结果的准确度是指测得值（X）与真实值（X_T）之间相符合的程度，可用绝对误差（E_a）与相对误差（E_r）两种方法表示。

$$E_a = X - X_T$$

$$E_r = \frac{X - X_T}{X_T} \times 100\%$$

绝对误差越小，测定结果越准确。相对误差表示误差在测定结果中所占的百分率，更具有实际意义。绝对误差和相对误差都有正值和负值。当误差为正值时，表示测定结果偏高；误差为负值时，表示测定结果偏低。

如分析天平称量两物体重量为 2.1750g 和 0.2175g，设二者 X_T 各为 2.1751g 和 0.2176g，绝对误差都是－0.0001g。

而相对误差分别为－0.0001/2.1751×100％＝－0.005％

－0.0001/0.2176×100％＝－0.05％

相对误差能反映误差在真实结果中所占的比例，因而更具实际意义。

绝对误差通常用于说明一些分析仪器测量的准确度，如表 1-12。

表 1-12　常用仪器的准确度

常用仪器	绝对误差	常用仪器	绝对误差
分析天平	±0.0001g	常量滴定管	±0.01mL
托盘天平	±0.1g	25mL量筒	±0.1mL

2. 精密度与偏差

精密度是指在相同条件下，多次重复测定（平行测定）结果彼此相符合的程度。精密度的高低用偏差表示。精密度又可以用绝对偏差（d_i）和相对偏差（d_r）表示。

$$绝对偏差 \quad d_i = X_i - \overline{X}$$

$$相对偏差 \quad d_r = \frac{d_i}{\overline{X}} \times 100\%$$

绝对偏差和相对偏差有正负之分，它们都是表示单次测定值与平均值的偏离程度。由于平行测定次数不止一次，所以绝对偏差有好几个数值，通常用平均偏差或相对平均偏差来反映多次测量数据的精密度。

$$平均偏差 \quad \overline{d} = \frac{|d_1| + |d_2| + |d_3| + \cdots + |d_n|}{n} = \frac{\sum |d_i|}{n}$$

$$相对平均偏差 \quad \overline{d}_r = \frac{\overline{d}}{\overline{X}} \times 100\%$$

3. 极差与相对极差

因为在测定时理论值是不可知的，常用极差和相对极差表示测量结果的集中性，用于表示数值的离散（集中）程度，技能大赛中常用此法。

极差是指一组数据中最大值（X_{max}）与最小值（X_{min}）之差，用 R 表示。

$$R = X_{max} - X_{min}$$

相对极差指极差占平均值的百分比，用 RR 表示

$$RR = \frac{R}{\overline{X}} \times 100\%$$

4. 允许误差（公差）

在生产部门并不强调误差与偏差两个概念的区别，一般均称为"误差"。并用"公差"范围来表示允许误差的大小。

公差是生产部门对于分析结果允许误差的一种表示方法。如果分析结果超出允许的公差范围，称为"超差"，遇到这种情况，该项分析应该重做。公差范围一般是根据实际情况和生产需要对测定结果的准确度的要求而确定的。各种分析方法所能达到的准确度不同，其允许公差范围也不同。

【课堂练习】

按国标规定，检测工业硫酸中硫酸质量分数，公差（允许误差）为≤±0.20%。今有一批硫酸，甲的测定结果为98.25%，98.37%，乙的测定结果为98.10%，98.51%，问甲、乙二人的测定结果中，哪一位合格？由合格者报出确定的硫酸质量分数是多少？

5. 准确度与精密度的关系

某实验室有 A、B、C、D 四名分析人员同时对同一试样在相同条件下，测定试样中铜

含量，各测定 4 次，其测定结果如图 1-13。

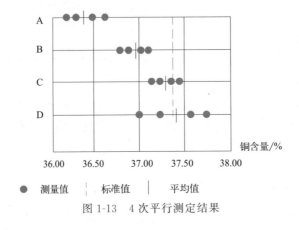

图 1-13　4 次平行测定结果

由图 1-13 可知：A、B、C 测定结果的精密度高，但 A、B 平均值与真实值相差较远，准确度低；D 测定结果精密度不高，准确度不高；C 测定结果的精密度和准确度都比较高。

精密度高是保证准确度高的前提条件，但精密度高准确度不一定高。精密度高表示分析测定条件稳定，测定结果的重现性好。只有精密度好、准确度高的测定结果，才是可靠的。如果一组数据的精密度很差，就失去了衡量准确度的意义。

（二）误差的产生原因及分类

产生误差的原因很多，一般分为三类：系统误差、随机误差、过失误差。

1. 系统误差

在一定条件下，由某些经常的固定原因引起的误差称为系统误差，其决定了分析结果的准确度。其特点是：在多次重复测定时反复出现，具有单向性，总是产生正误差或负误差，系统误差是可测的，并且可以校正。系统误差按其产生的原因，可分为方法误差、仪器误差、试剂误差、操作误差，如表 1-13。

表 1-13　系统误差分类

系统误差	产生原因	举例
方法误差	由于分析方法本身不完善所造成的误差	在重量分析中,由于选择了错误的沉淀剂,致使沉淀溶解度较大,共沉淀严重等原因导致结果误差增大
仪器误差	由于仪器、量器精度不够或未经校正而引起的误差	分析天平砝码未经校正,滴定管、移液管等容量仪器的刻度不准等
试剂误差	由于试剂不纯或带入杂质引起的误差	试剂的纯度不够或蒸馏水含有微量的待测组分等
操作误差	在正常操作下,由于操作者的主观因素造成的误差	滴定管的读数经常偏高或偏低,滴定终点颜色的判断经常偏深或偏浅等

2. 随机误差

随机误差又叫偶然误差，决定了分析结果的精密度，是由于各种因素的随机波动引起的误差。这些因素包括：温度、压力、湿度、仪器的微小变化、分析人员对各份试样处理时的微小差别等。其特点是：随机误差数值不恒定，有时大，有时小；随机误差不可测量；性质服从一般的统计规律。

3. 过失误差

过失误差不是误差，在工作上属于责任事故。过失误差是由于分析人员的粗心、不遵守操作规程、责任心不强引起的，如仪器洗涤不干净、样品损失、加错试剂、看错读数、溶液溅失、计算错误等。

（三）提高分析结果准确度的方法

定量分析的目的就是要得到准确可靠的分析结果。要提高分析结果的准确度，必须针对误差产生的原因，采取相应的措施，以减小分析过程的误差。

1. 选择合适的分析方法

为了使测定结果达到一定的准确度，满足实际分析工作的需要，先要选择合适的分析方法。例如对于高含量组分的测定，宜采用化学分析法来获得比较准确的结果；但对于低含量的样品，若用化学分析法无法实现，应该采用仪器分析法。

2. 减小测量误差

在测定方法选定后，为了保证分析结果的准确度（$E_r \leqslant 0.1\%$），必须尽量减小测量误差。测量准确度体现在称量和体积上。应该指出，对不同测定方法，测量的准确度只要与该方法的准确度相适就可以了。

3. 增加平行测定次数，减小随机误差

在消除系统误差的前提下，平行测定次数愈多，平均值愈接近真实值。因此，增加测定次数可以减小随机误差。一般分析测定，平行测定 4～6 次即可。

4. 消除测量过程中的系统误差

造成系统误差的原因很多，应根据具体情况，采用不同的方法来检验和消除系统误差。

（1）对照试验　对照试验是检验系统误差的有效方法。进行对照试验时，常用已知准确结果的标准试样与被测试样一起进行对照试验，或用其他可靠的分析方法进行对照试验，也可由不同人员、不同单位进行对照试验。

（2）空白试验　所谓空白试验就是在不加试样的情况下，按照试样分析同样的操作和条件进行试验。试验所得结果称为空白值。从试样分析结果中扣除空白值后，就得到比较可靠的分析结果。

空白值一般不应很大，否则扣除空白时会引起较大的误差。当空白值较大时，就只能采用重新提纯试剂和改用其他适当器皿的方法来解决问题。

（3）校准仪器　当允许的相对误差大于 1% 时，一般可不必校准仪器，在准确度要求较高的分析中，对所用的仪器如滴定管、移液管、容量瓶、天平砝码等，必须进行校准，求出校正值，并在计算结果时采用，以消除由仪器带来的误差。

（4）可疑数据的取舍　分析过程中的系统误差，有时可采用适当的方法进行校正，而可疑数据的取舍是消除系统误差最有效的方法。

在平行测定的过程中往往有个别数据与其他数据相差特大，这类数据被称为可疑数据。对于已知原因的可疑数据，如称量时样品的洒落、滴定时滴定管漏液、原始数据的记录有误等，都必须要舍去。对于不知原因的可疑数据往往不能随意舍去，必须要根据随机误差的分布规律进行取舍。常用的方法有 $4\overline{d}$ 检验法、Q 检验法等。

$4\overline{d}$ 检验法由于不需要查表所以较常使用，计算步骤如下：
① 除去可疑值外，求出其余测定值的平均值和平均偏差；
② 求出可疑值与平均值的差值的绝对值；
③ 将该绝对值与 4 倍的平均偏差相比较。即

$$|X_{可疑} - \overline{X}_{n-1}| > 4\overline{d}_{n-1}$$

如果满足则舍去可疑值，否则应保留。该方法用于 3 次以上测定值的检验。

【课堂练习】

用 Na_2CO_3 作基准试剂对 HCl 溶液的浓度进行标定，共做 6 次，其结果为 0.5050mol/L、0.5042mol/L、0.5086mol/L、0.5063mol/L、0.5051mol/L 和 0.5064mol/L。试问 0.5086mol/L 这个数据是否应舍去？

解： 除去 0.5086mol/L，其余数据的平均值和平均偏差：

$$\overline{X}_{n-1} = 0.5054 \qquad \overline{d}_{n-1} = 0.00076$$

根据 $|X_{可疑} - \overline{X}_{n-1}| = \dfrac{|0.5086 - 0.5054|}{0.00076} = 4.21 > 4$

因此 0.5086mol/L 应该舍去。

（四）数据的记录与有效数字运算

1. 数据的记录

实验中所记录的测量值，不仅要表示出数量的大小，而且要正确地反映出测量的精确程度。例如用精确度为万分之一的分析天平（其称量误差为 ±0.0001g）称得某份试样的质量为 0.5780g，则该数值中 0.578 是准确的，其最后一位数字"0"是可疑的，可能有正负一个单位的误差，即该试样的实际质量是在（0.5780±0.0001）g 范围内的某一数值。此时称量的绝对误差为 ±0.0001g，相对误差为：

$$\frac{\pm 0.0001}{0.5780} \times 100\% = \pm 0.02\%$$

2. 有效数字

第一位不为零的数起至第一位不确定的数止，之间的所有数字称为有效数字。正确记录的数据应该是除最末一位数字为可疑的外，其余数字都是准确的，这样的数字称为有效数字。

应当注意，"0"在数字中有几种意义：数字前面的"0"只起定位作用，不记作有效数字；数字之间的"0"和小数点末位的"0"都是有效数字，如用分析天平称量 0.2030g，为四位有效数字；以"0"结尾的整数，最好用 10 的幂指数表示，这时前面的系数代表有效数字，如解离常数 1.8×10^5 为两位有效数字；对数值的有效数字只取决于小数点后的位数，由于 pH 为氢离子浓度的负对数值，所以 pH 的小数部分才是有效数字，如 pH=10.1 为一位有效数字。

3. 有效数字修约

需要弃去多余数字时，按"四舍六入五留双"原则进行修约，即当尾数≤4 时，舍去；

当尾数≥6时，进位。当尾数为5后面还有不为0的任何数，进位。当尾数为5且后面无数或都为0时，5前为奇数时5进位；5前为偶数（包括0）时5舍去。

可归纳如下口诀："四舍六入五留双；五后非零就进一；五后皆零视奇偶，五前为偶五要舍，五前为奇五要入。"

应注意，若拟舍去的数值为两位以上时，不得逐级多次修约，只能对原始数据进行一次修约到所需位数。

4. 有效数字运算

（1）有效数字加减　几个数字相加、减时，应以各数字中小数点后位数最少（即绝对误差最大）的数字为依据来决定结果的有效位数。

（2）有效数字乘除　几个数字相乘、除时，应以各数字中有效数字位数最少（即相对误差最大）的数字为依据来决定结果的有效位数。最后要注意，结果应修约到同等有效数字位数。

（3）对数计算　所取对数的小数点后的位数（不包括整数部分）应与原数据的有效数字的位数相等。

有效数字运算规则应用时的注意事项如下：

① 对数值的有效数字取决于小数点后的位数，如 pH＝10.02 的有效数字为2位。

② 有效数字第一位大于等于8时，可多记一位有效数字。如标准滴定溶液的浓度为 0.0894mol/L，可以认为它是4位有效数字。

③ 在混合计算中，有效数字的保留以最后一步计算的规则执行。

【课堂练习】

对下列计算数据进行判断及处理：

（1）$0.124 + 6.3370 - 0.01 \xrightarrow{修约} 0.12 + 6.34 - 0.01 = 6.45$

（2）$\dfrac{3.15 \times 6.3570}{1.1024} \xrightarrow{修约} \dfrac{3.15 \times 6.36}{1.10} = 18.2$

（3）$\lg 105.2 = 2.02201574 \xrightarrow{修约} 2.0220$

【任务链接】 任务1-6　分析检验数据记录及处理

知识拓展

药品检验工作依据

《中华人民共和国药品管理法》第二章第二十八条规定："药品应当符合国家药品标准。"为了保证药物治疗，药物检验工作者必须按照规定的质量标准对药物进行质量检测与质量控制。

药品质量标准可分为国家药品标准和企业内控标准。

（一）国家药品标准

国务院药品监督管理部门颁布的《中华人民共和国药典》（以下简称《中国药典》）和药品标准称为国家药品标准。

1. 《中国药典》

《中国药典》2020年版为第十一版药典。按照第十一届药典委员会成立大会暨全体委员大会审议通过的药典编制大纲要求,以建立"最严谨的标准"为指导,以提升药品质量、保障用药安全、服务药品监管为宗旨,在国家药品监督管理局的领导下,在相关药品检验机构、科研院校的大力支持和国内外药品生产企业及学会协会积极参与下,国家药典委员会组织完成了《中国药典》2020年版编制各项工作。2020年4月9日,第十一届药典委员会执行委员会审议通过了《中国药典》(2020年版)。经国家药品监督管理局会同国家卫生健康委员会审核批准颁布后施行。

2. 局(部)颁药品标准

中华人民共和国原卫生部药品标准或国家食品药品监督管理局药品标准,简称局(部)颁药品标准,是指由原卫生部颁布的药品标准、国家食品药品监督管理局和国家药品监督管理局颁布的药品标准。其与《中国药典》同属国家标准,也是全国各有关单位必须遵照执行的法定药品标准。

(二)企业内控标准

药品企业内控标准是企业内部控制药品质量的标准。这是根据企业的实际需要制定的高于法定标准的产品质量标准,目的是保证出厂产品的质量。除成品标准外,还包括中间产品和部分原料的质量标准。与国家药品标准相比,企业内控标准并不是法定药品标准,不具有强制约束力。

企业内控标准每隔3~5年复审一次,分别予以确认、修订或废止。当国家药品标准新版颁布实施后,应及时复审并确定原定企业内控标准是否继续有效,是否修订或废止。

七、化工产品质量控制中的质量保证与标准化

化工产品质量控制的主要目的就是出具样品的分析检验数据,如某一药品的有效成分含量、某一化工品的杂质含量等,这些数据可能在生产、科研、技术安全、法律等方面有重要的应用。怎样衡量数据的质量?如检验数据的分析误差小于方法允许误差要求,则说明检验工作的质量是合格的;反之,若检验数据的分析误差大于方法所要求的准确度,就认为检验工作的质量是不合格的。简单来说质量保证就是"确认测量数据达到预定目标的步骤",因此,质量保证的任务就是把检验过程中的所有误差减小到预期的水平。质量保证的内容包括质量控制和质量评定两个方面。

(一)化工产品质量控制中的质量控制

质量控制是指为达到质量要求所采取的作业技术和活动。就化工产品分析检验过程的质量控制来说,包括从试样的采集、预处理、分析测试到数据处理的全过程为达到质量要求的测量所遵循的程序。质量控制的基本要素有人员、仪器、方法、试样、试剂和环境等。

(二)标准化的含义

为了发展社会主义商品经济,促进技术进步,改进产品质量,提高社会经济效益,维护

国家和人民的利益，使标准化工作适应社会主义现代化建设和发展对外经济关系的需要，我国于1988年颁布了《中华人民共和国标准化法》，并于1989年4月1日施行。

1. 国家标准

国家标准为对全国经济技术发展有重大意义，需要在全国范围内统一的技术要求而制定的标准，分为强制性国家标准和推荐性国家标准。强制性国家标准，代号为GB；推荐性国家标准，代号为GB/T。

例如，"GB 437—2009 硫酸铜（农用）"，代替"GB 437—1993 硫酸铜"。GB为我国国家标准代号，即"国标"二字汉语拼音的第一个字母。2009年中华人民共和国国家质量监督检验检疫总局及中国国家标准化管理委员会发布的这份新国标制定了硫酸铜产品的技术要求和分析检验方法。其中规定用间接碘量法测定硫酸铜含量；用酸碱滴定法测定酸度；用称量法测定水不溶物含量。所用试剂的规格、定量分析的步骤和分析结果的计算等都作了具体、规范的说明。按此标准分析方法即可进行硫酸铜产品质量检验。硫酸铜控制项目指标见表1-14。

表1-14 硫酸铜控制项目指标

项目		指标
硫酸铜($CuSO_4 \cdot 5H_2O$)质量分数/%	≥	98.0
砷质量分数/(mg/kg)	≤	25
铅质量分数/(mg/kg)	≤	125
镉质量分数/(mg/kg)	≤	25
水不溶物/%	≤	0.2
酸度(以H_2SO_4计)/%	≤	0.2

注：正常生产时，砷质量分数、镉质量分数和铅质量分数，至少每3个月测定一次。

2. 行业标准

药典标准是指药品生产、使用和检测的法定标准。药典收载的药品标准，是国家药品标准，具有法律效力，药典每五年修订一次，现行的为2020版《中国药典》。行业标准是对无国家标准而又需要对全国某一个行业内统一的技术要求而制定的标准，也分为强制性标准和推荐性标准。由国务院标准化行政管理部门规定28个行业代号，其中化工行业为HG。编号方式和国家标准相同，将GB换成行业代号，如化工行业换成HG。推荐性标准加T，例如HG/T表示化工行业推荐性标准。

3. 地方标准

地方标准是对无国家标准又无行业标准的需要对省、自治区、直辖市范围内统一的技术要求而制定的标准，也分为强制性标准和推荐性标准。

代号为DB，加上各省（市、区）一级的行政区划代码的前两位数字再加斜线组成。例如，DB34/为安徽省地方标准代号，推荐性标准加T。编号也是由代号、顺序号、年号三部分组成。

4. 企业标准

企业标准是对本企业范围内需要统一的技术要求而制定的标准。代号为 Q/XXX，XXX 为某企业标准代号，可取汉语拼音字母或数字组成。编号和上面相似，也由三部分组成，即企业代号、顺序号、年号。

综上，实验室的分析测试工作所涉及的标准包括质量控制和技术管理标准。例如：《标准化工作导则　第 1 部分：标准化文件的结构和起草规则》(GB/T 1.1—2020)；《数值修约规则与极限数值的表示和判定》(GB/T 8170—2008)；《分析实验室用水规格和试验方法》(GB/T 6682—2008)；《检测和校准实验室能力的通用要求》(GB/T 27025—2019)；《化学试剂　标准滴定溶液的制备》(GB/T 601—2016) 等。

标准方法并不一定是技术上最先进、准确度最高的方法，而是在一定条件下简便易行，又具有一定可靠性、经济实用的成熟方法。标准方法的发展总是落后于实际需要，标准化组织每隔几年对已有的标准进行修订，颁布一些新的标准。因此使用标准方法要注意是否有新的标准替代了旧标准。

5. 国际标准和国外先进标准

采用国际标准和国外先进标准是我国一项重大技术经济政策。

【项目实施】

任务 1-1　　做好实验室安全和仪器认领、洗涤

【任务导入】做好实验室安全，常用分析仪器的认领和洗涤。
【任务分析】了解实验室安全规章制度，认识分析试验中常用的仪器。
【任务准备】仪器认领、摆放、洗涤、干燥，文明实验。
【任务计划】实验室放置一批玻璃仪器，请认出仪器的名称，并掌握如何洗涤和使用。
【任务实施】

_____

_____

_____

_____

【任务反思】

1. 如何做好实验室安全？

2. 实验室常用的仪器设备有哪些？洗涤和使用要注意哪些细节？

【任务评价】

考核点	考核内容	分值	得分
实验室安全、管理制度和"三废"处理（30分）	实验室安全	10	
	实验室管理制度	10	
	实验室"三废"处理	10	
仪器的认领（10分）	认识各种仪器	5	
	仪器摆放整齐	5	
仪器的洗涤（20分）	洗涤剂的选择正确	5	
	洗涤原则	5	
	洗涤程序正确	5	
	仪器清洗干净	5	
仪器干燥（30分）	自然控干容量瓶正确	10	
	用烘箱将烧杯、称量瓶烘干正确	10	
	用酒精干燥小具塞锥形瓶正确，且回收废弃酒精	10	
文明实验（10分）	穿实验服，文明操作	5	
	实验结束后物品归位，摆放整齐	5	
总得分			

任务 1-2　分析天平基本操作练习

【任务导入】 分析天平操作——直接称量法、差减称量法、固定质量称量法。

【任务分析】 准确称量物质的质量是获得准确分析结果的第一步。分析天平是定量分析中最主要、最常用的称量仪器之一，正确熟练地使用分析天平是做好分析工作的基本保证。

1. 电子天平的构造原理及特点

利用电磁力平衡原理直接称量。特点：性能稳定、操作简便、称量速度快、灵敏度高。能进行自动校正、去皮及质量电信号输出。

2. 电子天平的使用方法

（1）水平调节，水泡应位于水平仪中心。

（2）接通电源，预热 30min。

（3）打开开关 ON，使显示器亮，并显示称量模式 0.0000g。

（4）称量。按 TAR 键，显示为零后。将称量物放入盘中央，待读数稳定后，该数字即为称量物体的质量。

（5）去皮称量。按 TAR 键清零，将空容器放在盘中央，按 TAR 键显示零，即去皮。将称量物放入空容器中，待读数稳定后，此时天平所示读数即为所称物体的质量。

3. 称量方法

（1）直接称量法练习　将被称物直接放在天平盘上，按天平使用方法进行称量，所得读数即为被称物的质量。

（2）固定质量称量法练习　先称出器皿的质量（用直接称量法），再于右盘中添加指定质量的砝码，在左盘器皿中逐渐加入被称样品，直至两边等重平衡。

（3）差减称量法练习　将较多的样品先装于干燥的称量瓶中，按直接称量法称出总质量 W_1，然后取出称量瓶，小心倒出所需的样品，再称称量瓶的质量，得数值 W_2，倒出样品的质量即为：样品质量 $= W_1 - W_2$。

【任务准备】

仪器、试剂：分析天平、NaCl 或其他常规药品。

【任务导入】 使用差减称量法进行样品的称量。养成正确、及时、简明记录实验原始数据的习惯。

【任务实施】

【数据记录】

记录项目	1	2	3	备用
敲样前称量瓶＋样品质量/g				
敲样后称量瓶＋样品质量/g				
称量瓶中敲出的样品质量/g				

【任务反思】

1. 如何正确使用分析天平，包括哪些一般操作步骤？
2. 分析天平称量方法有哪些，比较其优缺点？

【任务评价】

考核点		考核内容	分值	得分
差减法称量	准备工作（20分）	检查天平并调好	5	
		检查天平中干燥剂	5	
		清扫天平	5	
		检查天平是否在 0 位	5	

续表

考核点		考核内容	分值	得分
差减法称量	称量操作 （30分）	称量瓶在天平盘中央	5	
		敲样动作正确（有回敲动作）	10	
		试样若有洒落，重称	5	
		称量质量在要求的范围内（≤±5%）	10	
	结束工作 （20分）	复原天平	10	
		放回凳子	10	
	数据记录及处理 （30分）	数据记录及时、真实、准确、清晰、整洁	5	
		计算正确	10	
		有效数字正确	10	
		实验过程中台面整洁、仪器排放有序	5	
总得分				

任务1-3　一般溶液配制

【任务导入】配制洗液——铬酸洗液，酸烧伤、碱烧伤应急处理用溶液——2%$NaHCO_3$溶液、0.3mol/L HAc溶液，酸碱指示剂——10g/L酚酞乙醇溶液。

【任务分析】进行化学分析实验，必须会配制溶液，而要完成这样的工作，需要先了解有关分析实验室用水、化学试剂的知识，以及溶液浓度的计算方法。

【任务准备】

仪器、试剂：重铬酸钾、浓硫酸、$NaHCO_3$、HAc、酚酞、乙醇、烧杯、玻璃棒、托盘天平等。

【任务计划】配制铬酸洗液、2%$NaHCO_3$溶液、0.3mol/L HAc溶液、10g/L酚酞乙醇溶液四种溶液。

【任务实施】

【贴标签】

【任务反思】
1. 称量固体药品要注意什么事项？量取液体药品要注意什么事项？
2. 铬酸洗液的配制要注意什么事项？

【任务评价】

考核点	考核内容	分值	得分
量筒的使用 (10分)	量筒规格选择正确	5	
	读数方法正确	5	
托盘天平的使用 (10分)	称量前检查	5	
	左物右码，称量完毕，砝码放入盒内	5	
溶液的配制 (60分)	配制 100mL 铬酸洗液，并贴标签保存	15	
	配制 100mL 2% $NaHCO_3$ 溶液，并贴标签保存	15	
	配制 100mL 0.3mol/L HAc 溶液，并贴标签保存	15	
	配制 50mL 10g/L 酚酞乙醇溶液，并贴标签保存	15	
文明实验(20分)	穿实验服，文明操作	10	
	实验结束后物品归位，摆放整齐	10	
总得分			

任务 1-4　滴定分析基本操作及终点判断练习

【任务导入】移液管、容量瓶、滴定管的使用及滴定终点判断练习。

【任务分析】滴定终点的判断正确与否是影响滴定分析准确度的重要因素，必须学会正确判断滴定终点。在完成滴定分析仪器使用的基础上，反复练习滴定终点判断并掌握这一技能。

滴定终点及酸碱浓度比较

【任务准备】

仪器、试剂：0.1mol/L NaOH、0.1mol/L HCl 溶液、酚酞、甲基橙溶液。常规滴定分析仪器一套（25mL 或 50mL 滴定管 1 支，250mL 锥形瓶 4 个，100mL、250mL、500mL 烧杯各 1 个，25mL 移液管 1 支，250mL 容量瓶 4 个，50mL 量筒 1 个，玻璃棒 1 个，洗耳球 1 个，洗瓶 1 个）。

【任务计划】

移液管、容量瓶、滴定管的规范使用，用 0.1mol/L NaOH 溶液滴定 0.1mol/L HCl 溶液，反复练习滴定至浅粉红色。用 0.1mol/L HCl 溶液滴定 0.1mol/L NaOH 溶液，反复练习滴定至橙色。

【任务实施】

【数据处理】

1. HCl 溶液滴定 NaOH 溶液（指示剂：甲基橙）

记录项目	I	II	III	IV
V_{NaOH}/mL				
V_{HCl}/mL				

2. NaOH 溶液滴定 HCl 溶液（指示剂：酚酞）

记录项目	I	II	III	IV
V_{HCl}/mL				
V_{NaOH}/mL				

【任务反思】

1. 如何正确判断滴定终点颜色变化？
2. 在滴定分析实验中，滴定管和移液管为何需用滴定剂和待移取的溶液润洗几次？锥形瓶是否也要用滴定剂润洗？

【任务评价】

考核点	考核内容	分值	得分
容量瓶操作 （25 分）	正确试漏	5	
	转移动作规范	5	
	三分之二处水平摇动	5	
	准确稀释至刻线	5	
	摇匀动作正确	5	
移取溶液 （25 分）	润洗方法正确	5	
	重吸	5	
	调刻线前擦干外壁、调节液面操作熟练	5	
	移液管竖直、移液管尖靠壁	5	
	放液后停留约 15s	5	
滴定操作 （30 分）	正确试漏,从 0.00 开始	3	
	滴定前管尖悬挂液的处理	2	
	滴定时操作规范	5	
	近终点时的半滴操作、终点判断和终点控制	5	
	停 30s 读数	5	

续表

考核点	考核内容	分值	得分
滴定操作 （30分）	读数姿态（滴定管垂直、视线水平）正确	5	
	读数正确	5	
数据记录 （10分）	数据记录及时、真实、准确、清晰、整洁	5	
	有效数字正确	5	
文明操作 （10分）	仪器及时洗涤	5	
	实验过程中台面整洁、仪器排放有序	5	
总得分			

任务1-5 滴定分析仪器的校准

【任务导入】滴定管和移液管作绝对校准，容量瓶和移液管作相对校准。

【任务分析】化学分析中的误差是客观存在的，存在于一切实验中，但是作为分析工作者，能够采取措施减免误差，从而得到较可靠的分析结果，本任务中校准分析仪器来减小误差就是其中一种措施。

【任务准备】滴定管、移液管、容量瓶、分析天平等。

【任务计划】对滴定管和移液管作绝对校准，并依据产品的允许误差进行定级；对容量瓶和移液管进行相对校准并贴标记保证配套使用。

【任务实施】

_____

_____

_____

_____

_____

【数据处理】

1. 滴定管校准记录

水温：_____ ℃   水的密度：_____ g/cm³

$V_{标称}$/mL	$m_{瓶}$/g	$m_{瓶+水}$/g	$m_{水}$/g	V_{20}/mL	ΔV/mL

滴定管校正曲线的绘制

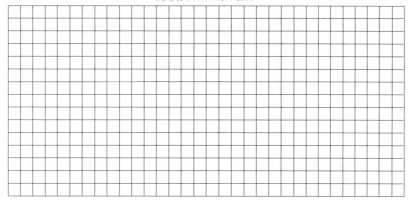

2. 移液管校准记录

水温：_____ ℃　　　　　　　　　　水的密度：_____ g/cm³

$V_{标称}$/mL	$m_{瓶}$/g	$m_{瓶+水}$/g	$m_{水}$/g	V_{20}/mL	ΔV/mL

3. 移液管、容量瓶的相对校准

若正好相切，说明移液管与容量瓶体积的比例为1∶10。若不相切（相差超过1mm），表示有误差，记下弯月面下缘的位置。用一平直的透明胶布贴在与弯月面相切之处（注：透明胶布上沿与弯月面相切）。以后使用容量瓶与移液管即可按所贴透明胶布标记配套使用。

【任务反思】
1. 为什么要进行仪器的校准？
2. 滴定管、移液管及容量瓶如何进行校准？

【任务评价】

考核点	考核内容	分值	得分
滴定管校准 （25分）	正确试漏，从0.00开始	5	
	滴定前管尖悬挂液的处理	5	
	滴定管滴水时操作规范	5	
	停30s读数	5	
	读数姿态（滴定管垂直、视线水平）正确、读数准确	5	
移液管校准 （25分）	润洗方法正确	5	
	调刻线前擦干外壁	5	
	调节液面操作熟练	5	
	移液管竖直、移液管尖靠壁	5	
	放液后停留约15s	5	

续表

考核点	考核内容	分值	得分
移液管、容量瓶的相对校准（30分）	正确试漏	6	
	容量瓶定容准确	6	
	移液管使用正确	6	
	多次记录容量瓶液面，避免误差	6	
	移液管、容量瓶配套使用	6	
数据记录（10分）	数据记录及时、真实、准确、清晰、整洁	5	
	有效数字正确	5	
文明操作（10分）	仪器及时洗涤	5	
	实验过程中台面整洁、仪器排放有序	5	
总得分			

任务 1-6　分析检验数据记录及处理

【任务导入】判断两位分析人员谁的数据更好。

【任务分析】在实际定量分析测试工作中，由于随机误差的存在，多次重复测定的数据不可能完全一致，而存在一定的离散性。同样是分析检验工作，谁的工作效果好往往需要用相关的数据来衡量。

【任务准备】

有甲乙两组测定数据，甲组：10.3、9.8、9.6、10.2、10.1；乙组：10.0、10.1、9.3、10.2、9.9。

【任务计划】计算各组数据的可疑数据取舍、平均偏差和相对平均偏差、极差和相对极差等。比较谁的数据更好。

【任务实施】

【任务反思】

如何正确评判实验数据的优劣？

【任务评价】

考核点	考核内容	分值	得分
$4\bar{d}$ 法实施（20分）	除去可疑值外，求出其余测定值的平均值和平均偏差	4	
	求出可疑值与平均值的差值的绝对值	4	

考核点	考核内容	分值	得分
$4\bar{d}$ 法实施（20分）	将该绝对值与4倍的平均偏差相比较	4	
	判断是否为可疑值	4	
	同样方法检验另一组，并判断	4	
平均偏差（20分）	计算正确	20	
相对平均偏差（20分）	计算正确	20	
极差（20分）	计算正确	20	
相对极差（20分）	计算正确	20	
总得分			

【项目检测】

一、选择题

1. 单元数为1000，采样时最少选用的单元数为（　　）。
   A. 20　　　　　B. 30　　　　　C. 40　　　　　D. 50

2. 适用于一般化学分析的试剂为（　　）。
   A. AR　　　　　B. CP　　　　　C. GR　　　　　D. LR

3. 以下不是基准物质基本条件的有（　　）。
   A. 组成和化学式相符　　　　　B. 纯度高
   C. 性质稳定　　　　　D. 有合适的确定终点的方法

4. 滴定度是指每毫升滴定剂相当于被测物质的（　　）。
   A. 物质的量　　　B. 质量　　　C. 体积　　　D. 浓度

5. 1L盐酸溶液中含溶质HCl 3.646g，该溶液的物质的量浓度为（　　）。
   A. 0.1000mol/L　　　　　B. 1.000mol/L
   C. 0.3646g/mL　　　　　D. 0.003646g/mL

6. 化学计量点是指（　　）。
   A. 标准溶液和被测物质质量完全相等的那一点
   B. 指示剂突然改变颜色的那一点
   C. 标准溶液的量与被测物的量恰好符合化学反应式的那一点
   D. 滴入标准溶液20.00mL时的点

7. 以下化学分析玻璃仪器不需要润洗的有（　　）。
   A. 滴定管　　　B. 移液管　　　C. 容量瓶　　　D. 烧杯

8. 绝对误差越小，测定结果的（　　）越高。
   A. 准确度　　　B. 精密度　　　C. 真实性　　　D. 偏差

9. 消除测量过程中的系统误差的方法不包括（　　）。
   A. 对照试验　　B. 空白试验　　C. 校准仪器　　D. 平行试验

10. pH＝12.50 为几位有效数字？（　　）
    A. 一位　　　　B. 二位　　　　C. 三位　　　　D. 四位

11. 7.1455 修约为四位有效数字，正确的是（　　）。
　A. 7.145　　　　　　B. 7.146　　　　　　C. 7.144　　　　　　D. 7.147
12. 《中华人民共和国标准化法》实施以来，我国标准不包括（　　）。
　A. 国家标准　　　　B. 企业标准　　　　C. 地方标准　　　　D. 国外先进标准

二、简答题

1. 什么是标准溶液？
2. 滴定分析对化学反应有哪些要求？
3. 滴定分析方法的分类？
4. 简述准确度与精密度的关系。
5. 简述误差产生的原因。
6. 采样的基本原则有哪些？
7. 简述容量瓶配制溶液的一般步骤。

项目二 酸碱滴定技术

【项目目标】▶▶▶

知识目标：

1. 掌握酸碱质子理论、酸碱反应的实质。
2. 掌握酸碱滴定基本原理、溶液pH值的计算。
3. 理解多元弱酸、多元弱碱的滴定原理。

技能目标：

1. 学会配制各类酸碱性辅助溶液和标准溶液。
2. 学会应用酸碱滴定技术测定药品、化工产品的酸度值。
3. 学会利用酸碱滴定技术测定待测产品含量。

素质目标：

1. 在酸碱滴定分析中培养学生的"实事求是"的精神。
2. 对待测量数据时建立严谨的分析思维体系。

【思维导图】

酸碱滴定技术

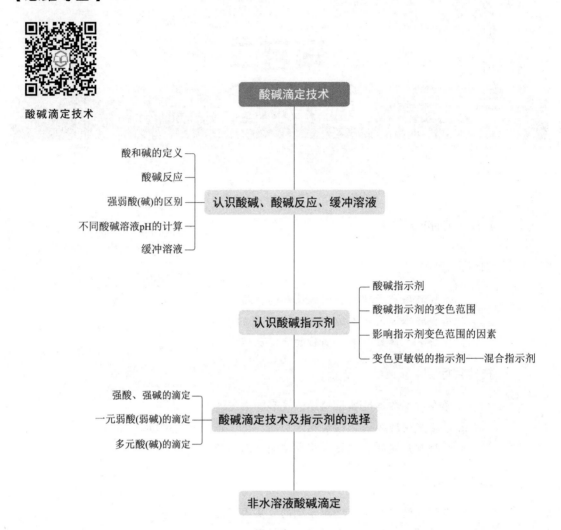

我看世界

"假如设计一座桥梁,小数点错一位可就要出大问题、犯大错误,今天我扣你3/4的分数,就是扣你把小数点放错了地方。"1933年,在一次随机的考试之后,区嘉炜教授这样开导卢嘉锡,他显然注意到自己最喜欢的这个大学三年级的学生对老师的评分感到不满。

如何才能避免把小数点放错地方呢?在理解了区老师扣分的一片苦心之后,卢嘉锡思索着。从此以后,不论是考试还是做习题,他总要千方百计地根据题意提出简单而又合理的物理模型,从而粗估一个答案的大致范围(数量级),如果计算的结果超出这个范围,就马上仔细检查一下计算的方法和过程。这种做法使他有效地克服了因偶然疏忽引起的差错。善于总结学习方法的卢嘉锡后来走上了献身科学的道路。

"滴定误差——细节里的工匠精神",通过本项目的学习,让我们来了解分析化学中酸碱滴定实验的实验原理和误差,探寻化学人严谨治学、精益求精的工匠精神。

【项目简介】

酸碱滴定技术是以酸碱反应为基础的滴定分析方法,又称中和滴定,在生产和生活中应用极为广泛。具有酸性、碱性或是能够和酸碱发生反应的非酸碱性物质均可用酸碱滴定法进行测定,如工业盐酸的酸度测定、纯碱总碱度测定、混合碱的分析、原料药阿司匹林含量测定、硫酸铵化肥中铵态氮含量的测定等。

本项目任务包括:任务 2-1 酸碱溶液的配制及溶液 pH 测定值与计算值比较;任务 2-2 制备 NaOH 标准溶液;任务 2-3 制备 HCl 标准溶液;任务 2-4 食醋总酸度测定;任务 2-5 铵盐类化肥中含氮量测定;任务 2-6 阿司匹林原料药含量测定。

【相关知识】

一、认识酸碱、酸碱反应、缓冲溶液

(一)酸和碱的定义

人们对酸碱的认识经历了200多年,最初人们认为酸都是有酸味的,且能使蓝色石蕊溶液变红的物质;碱是有涩味和滑腻感,能使红色石蕊溶液变蓝的物质。目前,在不同的学科对酸和碱也有不同的定义。最早提出酸碱概念的是罗伯特·波意耳(Robert Boyle),在其理论基础上,酸碱的概念不断更新,逐渐完善,其中最重要的有:酸碱电离理论、酸碱质子理论与酸碱电子理论等。

丹麦化学家布朗斯特(J. N. Brønsted)和英国化学家劳里(T. M. Lowry)于1923年各自独立提出一种酸碱理论,于是在此理论基础上酸碱质子理论便发展了起来。

酸碱质子理论:凡是给出质子(H^+)的任何物质(分子或离子)都是酸;凡是接受质子(H^+)的任何物质都是碱。简单来说,酸是质子的给予体,而碱是质子的接受体。

按照酸碱质子理论，属于酸的有：HCl、HAc、NH_4^+、$H_2PO_4^-$、HPO_4^{2-} 等。属于碱的有：NH_3、Cl^-、Ac^-、HPO_4^{2-}、PO_4^{3-} 等。

（二）酸碱反应

根据酸碱质子理论，酸碱关系如下：

$$HA \rightleftharpoons H^+ + A^-$$
$$\text{酸} \quad \text{质子} \quad \text{碱}$$

式中 HA 能作为酸给出质子，当它给出质子后，剩余部分 A^- 对质子有一定的亲和力，能够接受质子，因而是一种碱，这就构成了一个酸碱共轭体系，此类反应即为酸碱反应。

酸 HA 与碱 A^- 处于一种相互依存的关系，同时还可以看出，酸和碱的区别在对质子得失的关系上，它们之间的联系是酸给出质子后变成了碱，而碱接受质子后就变成了酸。酸给出质子后形成的碱，叫作该酸的共轭碱；碱接受质子后形成的酸，叫作该碱的共轭酸。常把酸碱之间的这种相差一个质子的对应酸碱，叫作共轭酸碱对。

知识拓展

拉平效应和区分效应

$HClO_4$、H_2SO_4、HCl 和 HNO_3 在水溶液中都是强酸，这是因为它们给出 H^+ 的能力都很强，全部被水分子夺取，即全部解离形成 H_3O^+，这种把不同类型的酸或碱拉平到溶剂化质子（H_3O^+）的强度水平的现象称为拉平效应，具有拉平效应的溶剂称为拉平性溶剂，水就是上述四种酸的拉平性溶剂，水的碱性是使这些酸产生拉平效应的原因，利用溶剂的拉平效应能增强被测物质的酸碱性，一般来说，酸性溶剂是碱的拉平性溶剂，碱性溶剂是酸的拉平性溶剂。

如果上述四种酸在冰乙酸中，由于冰乙酸的酸性比水强，接受质子的碱性比水弱，这四种酸在冰乙酸中给出 H^+ 的能力就有所差别，其酸性就有差异，这四种酸在冰乙酸中的强度顺序为

$$HClO_4 > H_2SO_4 > HCl > HNO_3$$

这种能区分酸或碱强度的现象称为区分效应，具有区分效应的溶剂称为区分性溶剂，冰乙酸就是上述四种酸的区分性溶剂。利用溶剂的区分效应可以分别测定各种酸或碱的含量。

酸碱质子理论认为，酸碱反应的实质是质子的转移。例如 HAc 在水中离解，溶剂水就起着碱的作用，否则 HAc 无法实现其在水中的离解，即质子转移是在两个共轭酸碱对间进行。其反应为

$$HAc + H_2O \rightleftharpoons H_3O^+ + Ac^-$$
$$\text{酸}1 \quad \text{碱}2 \quad \text{酸}2 \quad \text{碱}1$$

同样，碱在水中接收质子，也必须有溶剂水分子参加。例如：

$$NH_3 + H_2O \rightleftharpoons OH^- + NH_4^+$$
$$\text{碱}1 \quad \text{酸}2 \quad \text{碱}2 \quad \text{酸}1$$

所不同的是，H_2O 在此反应给出质子，起到酸的作用，可见水是一种两性溶剂。

水是两性物质，在水分子之间也存在酸碱反应，即一分子的水作为碱接收另一水分子的质子。水的质子自递反应平衡常数又称为水的离子积 K_w，即：

$$H_2O + H_2O \rightleftharpoons H_3O^+ + OH^-$$

$$K_w = [H_3O^+][OH^-] = 1.0 \times 10^{-14} \quad (25℃)$$

（三）强弱酸（碱）的区别

不同的酸给出质子的能力是不同的，不同溶剂分子接受质子的能力也不同，因此酸的强度决定于它给予溶剂分子质子的能力和溶剂分子接受质子的能力；碱的强度决定于它从溶剂分子中夺取质子的能力和溶剂分子给出质子的能力。酸碱的强度与性质和溶剂的性质有关。共轭酸碱对中酸碱解离常数之间的转化关系：

$$HA \underset{K_b}{\overset{K_a}{\rightleftharpoons}} H^+ + A^-$$

$$K_a K_b = K_w = 1.0 \times 10^{-14} \quad (25℃)$$

物质给出质子的能力越强，其酸性就越强，其 K_a 值就越大，与之相应的其共轭碱 K_b 值就越小，碱性就越弱。同样的，物质接受质子的能力越强，其 K_b 值就越大，其碱性就越强，与之相应的其共轭酸 K_a 值就越小，碱性就越弱。酸碱的解离常数 K_a、K_b（附录5）的大小，可以定量地说明酸或碱的强弱程度。

> 【课堂活动】NH_3 是酸性还是碱性？已知 NH_3 的 $K_b = 1.8 \times 10^{-5}$，试求 NH_3 的共轭酸 NH_4^+ 的 K_a。

（四）不同酸碱溶液 pH 的计算

不同强度和浓度的酸碱溶液的 pH 值也是大不相同的，常用 H^+ 浓度表示溶液的酸度，酸度是影响酸碱滴定中水溶液酸碱平衡最重要的因素之一，因此溶液中 H^+ 浓度的计算具有重要的实际意义。常见酸溶液计算 $[H^+]$ 的简化公式见表 2-1 所示。

表 2-1 常见酸溶液计算 $[H^+]$ 的简化公式

类别	计算公式	类别	计算公式
一元强酸	近似式：$[H^+] = c_a$	两性物质	酸式盐：最简式 $[H^+] = \sqrt{K_{a_1} K_{a_2}}$
一元弱酸	最简式：$[H^+] = \sqrt{c K_a}$		弱酸弱碱盐：最简式 $[H^+] = \sqrt{K_a K_a'}$
二元弱酸	最简式：$[H^+] = \sqrt{c_a K_{a_1}}$	缓冲溶液	最简式：$[H^+] = \dfrac{c_a}{c_b} \cdot K_a$

【任务链接】任务 2-1 酸碱溶液的配制及溶液 pH 测定值与计算值比较

（五）缓冲溶液

酸碱缓冲溶液是一种在一定的程度和范围内对溶液酸度起到稳定作用的溶液，含有弱酸及其共轭碱或弱碱及其共轭酸的溶液体系能够抵抗外加少量酸、碱或加水稀释，而本身 pH 基本保持不变。缓冲溶液的重要作用是控制溶液的 pH。

缓冲溶液的类型见表 2-2。

表 2-2　缓冲溶液类型

类型	举例
共轭酸碱对 HA-A$^-$	HAc-NaAc 或 NH$_3$-NH$_4$Cl
两性物质	NaH$_2$PO$_4$
高浓度的强酸或强碱	pH<2HCl 或 pH>12NaOH

1. 缓冲溶液作用原理

缓冲溶液为什么会有抵御外来酸、碱影响的能力呢？以 HAc-NaAc 缓冲体系为例进行分析，从而了解缓冲溶液的一般规律。

HAc 为弱电解质，只能部分解离；NaAc 为强电解质可以完全解离。它们的解离式如下：

$$HAc + H_2O \rightleftharpoons H_3O^+ + A^- c$$

当在这个溶液中加入少量酸时，H$^+$ 和 Ac$^-$ 结合成 HAc 分子，迫使 HAc 的解离平衡向左移动，因此溶液中的 H$^+$ 浓度不会显著增大。

如果加入少量碱时，H$^+$ 与 OH$^-$ 形成 H$_2$O，这时 HAc 的解离平衡向右移动，溶液中存在的未解离的 HAc 分子不断地解离为 H$^+$ 和 Ac$^-$，使 H$^+$ 浓度保持稳定，因而 pH 值改变不大。

缓冲溶液不仅在一定范围内有抵御外来少量酸或少量碱的缓冲能力，当适当稀释时，其 H$^+$ 浓度也几乎不改变。

但是，当加入大量的强酸或强碱，溶液中的 HAc 或 Ac 消耗殆尽时，就不再有缓冲能力了。所以缓冲溶液的缓冲能力是有限的，而不是无限的。

2. 缓冲能力和缓冲范围

缓冲溶液抵御少量酸碱的能力称为缓冲能力，但缓冲溶液的缓冲能力有一定的限度。当加入酸或碱量较大时，缓冲溶液就失去缓冲能力。

实验表明，当 c_a/c_b 在 0.1~10 之间时，其缓冲能力可满足一般的实验要求，即 pH=pK_a±1 或 pOH=pK_b±1 为缓冲溶液的有效缓冲范围，超出此范围，则认为失去缓冲作用。当 c_a/c_b=1 时，缓冲能力最强。

3. 缓冲溶液配制及其 pH 的计算

缓冲溶液的 pH 计算公式为

$$pH = pK_a - \lg \frac{c_a}{c_b}$$

常用缓冲溶液的配制见表 2-3 所示。

表 2-3　常见缓冲溶液的配制

pH	配制方法
4.5	$NaAc \cdot 3H_2O$ 32g,溶于适量水中,加 6mol/L HAc 68mL,稀释至 500mL
5.7	$NaAc \cdot 3H_2O$ 100g,溶于适量水中,加 6mol/L HAc 13mL,稀释至 500mL
8.5	NH_4Cl 40g,溶于适量水中,加 15mol/L 氨水 8.8mL,稀释至 500mL
9.0	NH_4Cl 35g,溶于适量水中,加 15mol/L 氨水 24mL,稀释至 500mL
9.5	NH_4Cl 30g,溶于适量水中,加 15mol/L 氨水 65mL,稀释至 500mL
10.0	NH_4Cl 27g,溶于适量水中,加 15mol/L 氨水 197mL,稀释至 500mL
10.5	NH_4Cl 9g,溶于适量水中,加 15mol/L 氨水 175mL,稀释至 500mL

【课堂练习】

某混合溶液中有 0.10mol/L HAc 和 0.15mol/L NaAc,此混合溶液是缓冲溶液吗？如果是,该混合溶液的 pH 是多少？

分析：该混合溶液由共轭酸碱对组成,为混合溶液。

$$pH = pK_a - \lg\frac{c_a}{c_b} = pK_{HAc} - \lg\frac{[HAc]}{[NaAc]} = 4.74 - \lg\frac{0.10}{0.15} = 4.92$$

二、认识酸碱指示剂

1. 酸碱指示剂

酸碱滴定的过程,是溶液 pH 不断变化的过程。怎样才能用肉眼观察到溶液 H^+ 的变化,指示滴定终点的达到呢？最常用的方法就是使用酸碱指示剂。

酸碱指示剂的本质一般是结构复杂的有机弱酸或弱碱。当溶液的 pH 变化时,指示剂失去质子由酸式转变为碱式,或得到质子由碱式转化为酸式,它们的酸式与碱式具有不同的颜色。因此,溶液 pH 变化,引起指示剂结构的变化,从而导致溶液颜色的变化,指示滴定终点的到达,即

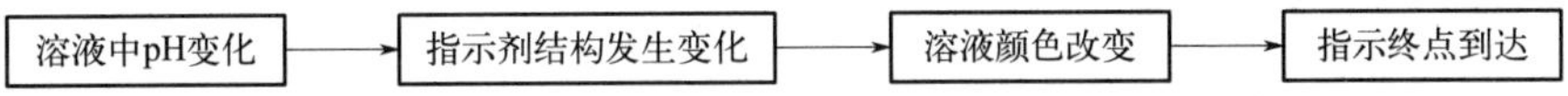

溶液中pH变化 → 指示剂结构发生变化 → 溶液颜色改变 → 指示终点到达

以酚酞指示剂为例,酚酞是一种有机弱酸,其 $K_a = 6 \times 10^{-10}$,它在溶液中的离解平衡可用图 2-1 表示。

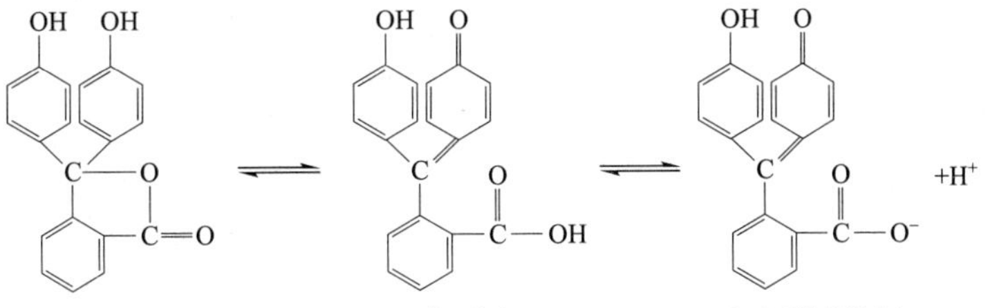

图 2-1　酚酞的离解平衡

从离解平衡式可以看出,当溶液由酸性变化到碱性,平衡向右方移动,酚酞由酸式色转

变为碱式色，溶液由无色变为红色；反之，由红色变为无色。

又如，甲基橙是一种有机弱酸，它的变色反应如图 2-2 所示。

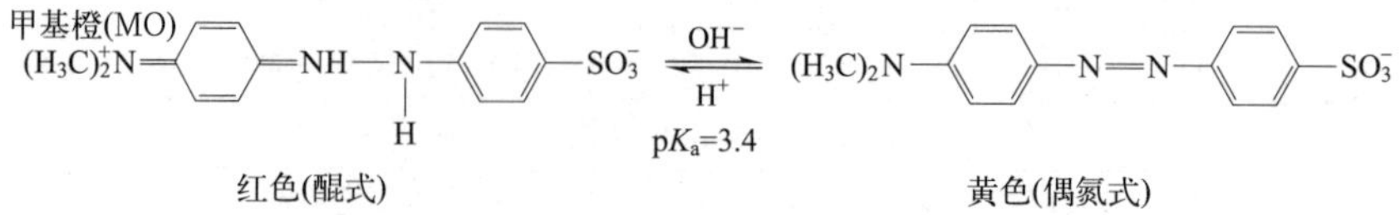

图 2-2 甲基橙的变色反应

在碱性溶液中，甲基橙主要以碱式存在，溶液呈黄色，当溶液酸度增强时，平衡向左方移动，甲基橙主要以酸式存在，溶液由黄色向红色转变；反之，由红色向黄色转变。

2. 酸碱指示剂的变色范围

以弱酸性指示剂 HIn 为例来讨论指示剂的变色与溶液 pH 值之间的定量关系。已知弱酸性指示剂 HIn 在溶液中的离解平衡为：

$$HIn \rightleftharpoons In^- + H^+$$

　　　酸式色　　碱式色

$$K_{HIn} = \frac{[H^+][In^-]}{[HIn]} \quad 或 \quad \frac{[In^-]}{[HIn]} = \frac{K_{HIn}}{[H^+]}$$

式中　K_{HIn}——指示剂的离解平衡常数，通常称为指示剂常数。

溶液的颜色就完全取决于溶液的 $[H^+]$ 大小，即溶液 pH 值。当 $\frac{[In^-]}{[HIn]} = 1$ 时，酸式色与碱式色浓度相等，称为指示剂的理论变色点，即 $pH = pK_{In}$。

由于人的肉眼观察浓度的能力有限，所以当溶液中指示剂两种颜色的浓度比等于 10 倍时，肉眼才能看到浓度较大的那种颜色。如果用溶液的 pH 值表示，则可表示为：

$\frac{[In^-]}{[HIn]} \leqslant \frac{1}{10}$，$pH \leqslant pK_{HIn} - 1$ 时，溶液显酸式色；

$\frac{[In^-]}{[HIn]} \geqslant 10$，$pH \geqslant pK_{HIn} + 1$ 时，溶液显碱式色；

$\frac{[In^-]}{[HIn]} = \frac{1}{10} \sim 10$ 时，pH 在 $pK_{HIn} - 1 \sim pK_{HIn} + 1$ 时，溶液是酸式色和碱式色之间的过渡色。

所以当 pH 在 $pK_{HIn} - 1 \sim pK_{HIn} + 1$ 肉眼可看到指示剂的颜色变化情况，故指示剂的理论变色范围为：$pH = pK_{HIn} \pm 1$。例如，甲基红 $pK_{HIn} = 5.0$，所以甲基红的理论变色范围为 $pH = 4.0 \sim 6.0$。

但是，由于人眼对各种颜色的敏感程度不同，加上两种颜色之间的相互影响，因此实际观察到的各种指示剂的变色范围并不都是 2 个 pH 单位，而是略有上下。例如，甲基橙的 $pK_{HIn} = 3.4$，理论变色范围为 $2.4 \sim 4.4$，而实际变色范围为 $3.1 \sim 4.4$。这是由于人眼对红色比对黄色更为敏感的缘故。

指示剂的变色范围越窄越好，这样当溶液的 pH 稍有变化时，就能引起指示剂的颜色突变，这对提高测定的准确度是有利的。表 2-4 中列出几种常用酸碱指示剂在室温下水溶液中的变色范围。

表 2-4 酸碱单一指示剂

指示剂	变色范围 pH	颜色变化	pK_{HIn}	质量浓度/(g/L)
百里酚蓝	1.2~2.8	红-黄	1.7	1g/L 的 20%乙醇溶液
甲基橙	3.1~4.4	红-黄	3.4	0.5g/L 的水溶液
溴甲酚绿	4.0~5.6	黄-蓝	4.9	1g/L 的 20%乙醇溶液或其钠盐水溶液
甲基红	4.4~6.2	红-黄	5.0	1g/L 的 60%乙醇溶液或其钠盐水溶液
溴百里酚蓝	6.2~7.6	黄-蓝	7.3	1g/L 的 20%乙醇溶液或其钠盐水溶液
中性红	6.8~8.0	红-黄橙	7.4	1g/L 的 60%乙醇溶液
苯酚红	6.8~8.4	黄-红	8.0	1g/L 的 60%乙醇溶液或其钠盐水溶液
酚酞	8.0~10.0	无色-红	9.1	10g/L 的乙醇溶液
溴百里酚蓝	8.0~9.6	黄-蓝	8.9	1g/L 的 20%乙醇溶液
百里酚酞	9.4~10.6	无色-蓝	10.0	1g/L 的 90%乙醇溶液

3. 影响指示剂变色范围的因素

影响指示剂变色范围的因素主要有两方面：一是影响指示剂常数 K_{HIn} 的数值，因而移动了变色范围的区间，这方面的因素如温度、溶剂等，其中以温度的影响较大；另一方面就是对变色范围的影响，如指示剂的用量、溶剂的用量、滴定程序等。现分别讨论如下：

(1) 温度 指示剂的变色范围和 K_{HIn} 有关，而 K_{HIn} 与温度有关，故温度改变，指示剂的变色范围也随之改变。例如在 18℃ 时，甲基橙的变色范围为 3.1~4.4，而 100℃ 时，则为 2.5~3.7。

(2) 溶剂 指示剂在不同的溶剂中，pK_{HIn} 值不同。因此指示剂在不同溶剂中的变色范围不同。例如甲基橙在水溶液中 $pK_{HIn}=3.4$，而在甲醇中 $pK_{HIn}=3.8$。

(3) 指示剂用量 指示剂的用量（或浓度）是一个重要因素，这可从指示剂变色的平衡关系式看出：

$$HIn \rightleftharpoons H^+ + In^-$$

如果溶液中指示剂的浓度小，则单位体积中 HIn 为数不多，加入少量标准溶液即可使之几乎完全变为 In^-，因此颜色变化灵敏。反之，指示剂浓度大时，发生同样的颜色变化所需要的标准溶液的量也较多，致使终点时颜色变化不敏锐，而且指示剂本身是弱酸或弱碱，也会多消耗一定量的标准溶液从而带来误差。

(4) 滴定程序 由于浅色转深色明显，所以当溶液由浅色变为深色时，肉眼容易辨认出来。例如用碱滴定酸时，以酚酞为指示剂，终点时溶液容易由无色变到红色，颜色变化明显，易于辨别；反之则不明显，滴定剂易滴过量。同样，甲基橙由黄色变红，比由红变黄易于辨别。因此，当用碱滴定酸时，一般用酚酞作指示剂；用酸滴定碱时，一般用甲基橙作指示剂。

4. 变色更敏锐的指示剂——混合指示剂

某些酸碱滴定中，由于化学计量点附近 pH 值突跃小，使用单一指示剂变色范围较大，无法达到滴定终点所需要的准确度，这时可考虑采用混合指示剂。

混合指示剂是利用颜色之间的互补作用，使变色范围变窄，从而使终点时颜色变化敏锐。它的配制方法一般有两种：一种是由两种或多种指示剂混合而成；另一种是在某种指示剂中加入一种惰性染料（其颜色不随溶液 pH 值的变化而变化），由于颜色互补使变色敏锐，但变色范围不变。常用的混合指示剂见表 2-5。

表 2-5 酸碱混合指示剂

指示剂溶液的组成	变色时 pH 值	颜色 酸式色	颜色 碱式色	备注
一份 0.1%甲基黄乙醇溶液 一份 0.1%次甲基蓝乙醇溶液	3.25	蓝紫	绿	pH＝3.2,蓝紫色； pH＝3.4,绿色
一份 0.1%甲基橙水溶液 一份 0.25%靛蓝二磺酸水溶液	4.1	紫	黄绿	
一份 0.1%溴甲酚绿钠盐水溶液 一份 0.2%甲基橙水溶液	4.3	橙	蓝绿	pH＝3.5,黄色；pH＝4.05,绿色； pH＝4.3,浅绿
三份 0.1%溴甲酚绿乙醇溶液 一份 0.2%甲基红乙醇溶液	5.1	酒红	绿	
一份 0.1%百里酚蓝 50%乙醇溶液 三份 0.1%酚酞 50%乙醇溶液	9.0	黄	紫	从黄到绿,再到紫

三、酸碱滴定技术及指示剂的选择

以酸碱反应为基础的滴定分析方法称为酸碱滴定技术。

酸碱滴定技术可以定量测定具有酸性或碱性物质，或能够和酸碱发生反应的物质。在酸碱滴定中，要知道被测物质能否准确被滴定，就必须了解在滴定过程中溶液 pH 的变化情况，以便选择适宜的指示剂来确定终点。要解决这个问题，就需要了解不同类型酸碱滴定过程中溶液的 pH 随滴定剂的加入而发生变化的情况，尤其是计量点前后±0.1%误差范围内溶液 pH 的变化情况。这是滴定分析通常允许的误差，只有在这一 pH 范围内能够发生颜色变化的指示剂，才能用来确定终点，从而测定待测物质的含量。为了便于描绘 pH 的变化过程，以滴定剂（酸或碱）的加入量为横坐标，以溶液 pH 变化为纵坐标，绘制出的曲线称为酸碱滴定曲线。

（一）强酸、强碱的滴定

强酸、强碱的滴定可以用 NaOH、HCl 为强酸强碱代表：
$$HCl + NaOH \rightleftharpoons H_2O + NaCl$$

现以 0.1000mol/L NaOH 滴定 20.00mL，0.1000mol/L HCl 为例讨论。滴定过程分为四个阶段。

(1) 滴定前　溶液的酸度等于 HCl 的原始浓度。$[H^+]=0.1000$mol/L，pH＝1.00。

(2) 滴定开始至计量点前　溶液的酸度取决于剩余的 HCl 的浓度。
例如：当滴入 NaOH 溶液 19.98mL 时：
$$[H^+]=\frac{0.1000 \times 0.02}{20.00+19.98}=5.0 \times 10^{-5}(\text{mol/L})$$
$$pH=4.30$$

(3) 计量点　滴入 NaOH 溶液 20.00mL，溶液呈中性。

$$[H^+]=[OH^-]=1.00\times10^{-7}(mol/L)$$
$$pH=7.00$$

（4）计量点后　溶液的碱度取决于过量 NaOH 的浓度。当滴入 NaOH 溶液 20.02mL 时：
$$[OH^-]=\frac{0.1000\times0.02}{20.00+20.02}=5.0\times10^{-5}(mol/L)$$
$$pOH=4.30$$
$$pH=14-pOH=9.70$$

如此逐一计算滴定过程中的 pH 列于表 2-6。

表 2-6　0.1000mol/L NaOH 滴定 20.00mL，0.1000mol/L HCl 的 pH 变化（25℃）

$V_{(加入NaOH)}$/mL	HCl 被滴定百分数	$V_{(剩余HCl)}$/mL	$V_{(过量NaOH)}$/mL	$[H^+]$/(mol/L)	pH	
0.00	0.00	20.00		1.00×10^{-1}	1.00	
18.00	90.00	2.00		5.26×10^{-3}	2.28	
19.80	99.00	0.20		5.02×10^{-4}	3.30	滴
19.98	99.90	0.02		5.00×10^{-5}	4.30	定突
20.00	100.00	0.00		1.00×10^{-7}	7.00	跃
20.02	100.01		0.02	2.00×10^{-10}	9.70	
20.20	101.00		0.20	2.01×10^{-11}	10.07	
22.00	110.00		2.00	2.10×10^{-12}	11.68	
40.00	200.00		20.00	5.00×10^{-13}	12.30	

如果以 NaOH 加入量为横坐标，以溶液的 pH 为纵坐标作图，所得曲线为强碱滴定强酸的滴定曲线，见图 2-3。

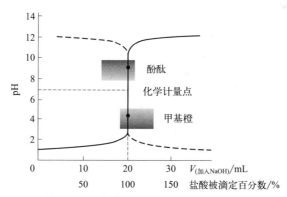

图 2-3　0.1000mol/L NaOH 滴定 20.00mL，0.1000mol/L HCl 的滴定曲线

由表 2-6 和图 2-3 可以看出，从滴定开始到加入 NaOH 溶液 19.98mL，溶液 pH 仅改变 2.30 个 pH 单位。但在计量点附近加入 1 滴 NaOH 溶液（从剩余 0.02mL HCl 到过量 NaOH0.02mL），就使溶液的 pH 由 4.30 急剧改变为 9.70，增大了 5.40 个 pH 单位，溶液由酸性突变为碱性。

这种化学计量点前后±0.1％的突然变化称为滴定突跃。滴定突跃所在的 pH 范围称为滴定突跃范围。此后再继续滴加 NaOH 溶液，溶液的 pH 变化又越来越小。

> **我看世界**
>
> 酸碱滴定突越体现了量变质变规律，亦称质量互变规律，质量互变规律是唯物辩证法的基本规律之一。它揭示了事物发展量变和质变的两种状态，以及由于事物内部矛盾所决定的由量变到质变，再到新的量变的发展过程。这一规律，提供了事物发展是质变和量变的统一、连续性和阶段性的统一的观察事物的原则和方法。
>
> 并不是量变就能引起质变，而是量变发展到一定的程度时，事物内部的主要矛盾运动形式发生了改变，进而才能引发质变。就像滴定初始，加入碱，滴定曲线几乎没有变化，但在化学计量点附近，一滴（0.04mL）碱溶液就使得溶液由酸性突变为碱性。
>
> 发展是量变和质变、连续性和间断性的辩证统一。"故不积跬步，无以至千里；不积小流，无以成江海"；"循序渐进"等等，都是量变质变规律在思想方法和工作方法上的具体体现。

【任务链接】 任务 2-2 制备 NaOH 标准溶液

滴定突跃在实际的工作中有着重要的意义，表示酸碱滴定分析的误差为化学计量点前后各 0.1% 范围，即酸碱滴定终点误差在 ±0.1% 以内，同时滴定突跃是选择指示剂的重要依据。

酸碱指示剂的选择原则：所选指示剂的变色范围全部或部分落在滴定突跃范围内。从图 2-3 可以看出，用 0.1000mol/L NaOH 滴定 0.1000mol/L HCl 时，其滴定突跃的 pH 范围是 4.30~9.70。所以酚酞、甲基红、甲基橙等都可用来指示终点。

如果强酸滴定强碱，即用 0.1000mol/L HCl 滴定 0.1000mol/L NaOH，则情况类似 NaOH 滴定 HCl 时的滴定曲线的形状，但变化方向相反（见图 2-3 中的虚线）。这时酚酞、甲基红都可以选为指示剂。

酸碱的浓度可以改变滴定突跃范围的大小。从图 2-4 可以看出，若用 0.01mol/L、0.10mol/L、1.0mol/L 三种浓度的标准溶液进行滴定，它们的突跃范围分别为 5.30~8.70、4.30~9.70、3.30~10.70。可见溶液越浓，突跃范围越大，可供选择的指示剂越多；溶液越稀，突跃范围越小，指示剂的选择就受到限制。

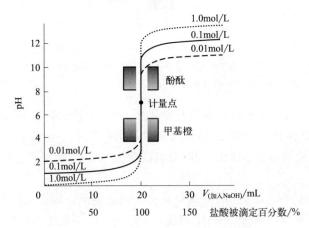

图 2-4　不同浓度的强碱滴定强酸的滴定曲线

【任务链接】 任务 2-3 制备 HCl 标准溶液

例如用 0.01mol/L 强碱溶液滴定 0.01mol/L 强酸溶液,由于其突跃范围减小到 pH5.30~8.70,因此,根据指示剂选择原则甲基橙就不能指示终点了。在一般测定中,不使用浓度太小的标准溶液,试样也不制成太稀的溶液,但也不可使用太浓的溶液,否则滴定误差增大。通常酸碱的浓度在 0.01~1mol/L 之间。

(二) 一元弱酸(弱碱)的滴定

1. 强碱滴定一元弱酸

以 0.1000mol/L NaOH 滴定 20.00mL, 0.1000mol/L HAc 为例讨论,滴定反应为:

$$OH^- + HAc = Ac^- + H_2O$$

(1) 滴定前 0.1000mol/L HAc 溶液,溶液中 H^+ 浓度为:

$$[H^+] = \sqrt{c_a K_a} = \sqrt{0.1000 \times 1.8 \times 10^{-5}} = 1.34 \times 10^{-3} (mol/L)$$

$$pH = 2.87$$

(2) 滴定开始至计量点前 由于 NaOH 的滴入,溶液为 HAc-NaAc 缓冲体系,其 H^+ 浓度可按下式求得:

$$[H^+] = K_a \frac{[HAc]}{[Ac^-]}$$

当加入 NaOH 19.98mL 时,剩余 0.02mL HAc:

$$[HAc] = \frac{0.1000 \times 0.02}{20.00 + 19.98} = 5.0 \times 10^{-5} (mol/L)$$

$$[Ac^-] = \frac{0.1000 \times 19.98}{20.00 + 19.98} = 5.0 \times 10^{-2} (mol/L)$$

$$[H^+] = 1.8 \times 10^{-5} \times \frac{5.0 \times 10^{-5}}{5.0 \times 10^{-2}} = 1.8 \times 10^{-8} (mol/L)$$

$$pH = 7.74$$

(3) 计量点时 HAc 全部被中和为 NaAc。由于 Ac^- 为一元弱碱,由最简式得:

$$[OH^-] = \sqrt{K_b c_b} = \sqrt{\frac{K_w}{K_a} c_b} = \sqrt{\frac{1.0 \times 10^{-14}}{1.8 \times 10^{-5}} \times 0.05000} = 5.27 \times 10^{-6} (mol/L)$$

$$pOH = 5.28$$

$$pH = 14 - 5.28 = 8.72$$

(4) 计量点后 由于 NaOH 过量,抑制了 Ac^- 离解,此时溶液 pH 值由过量的 NaOH 决定,其计算方法和强碱滴定强酸相同。当滴入 NaOH 20.02mL 时:

$$[OH^-] = \frac{0.1000 \times 0.02}{20.00 \times 20.02} = 5.0 \times 10^{-5} (mol/L)$$

$$pOH = 4.30$$

$$pH = 14 - 4.30 = 9.70$$

如此逐一计算，其结果列于表 2-7 并绘图如图 2-5。

表 2-7　用 0.1000mol/L NaOH 滴定 20.00mL，0.1000mol/L HAc 的 pH 变化（25℃）

加入的 NaOH		剩余的 HAc 或过量 NaOH		计算式	pH	
滴定分数 /%	体积 /mL	滴定分数 /%	体积 /mL			
0	0	100	20.00	$[H^+] = \sqrt{c_a K_a}$	2.87	
50	10.00	50	10.00		4.75	
90	18.00	10	2.00	$[H^+] = K_a \dfrac{[HAc]}{[Ac^-]}$	5.71	滴定突跃
99	19.80	1	0.20		6.75	
99.9	19.98	0.1	0.02		7.74	
100	20.00	0	0		8.72（计量点）	
100.1	20.02	0.1	0.02	$[OH^-] = \sqrt{\dfrac{K_w}{K_a} c_b}$	9.70	
101.0	20.20	1	0.20		10.70	

滴定突跃的 pH 值范围是 7.74~9.70，比强碱滴定强酸时要小得多。显然，在酸性范围内变色的指示剂，如甲基橙、甲基红等都不能用，所以本滴定应选用酚酞和百里酚酞作指示剂。

图 2-6 为用不同浓度 NaOH 滴定 0.1000mol/L HAc 的酸滴定曲线，图 2-7 为用 0.1000mol/L NaOH 滴定浓度均为 0.1000mol/L，但强度不同的弱酸时的滴定曲线，从图 2-6 和图 2-7 中可以看出：

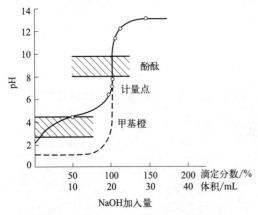

图 2-5　用 0.1000mol/L NaOH 滴定 20.00mL，0.1000mol/L HAc 的滴定曲线

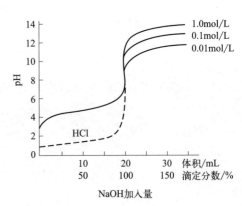

图 2-6　不同浓度 NaOH 滴定 0.1000mol/L HAc、0.1000mol/L HCl 的滴定曲线

当 K_a 一定时，滴定剂的浓度越大，突跃范围也越大。

当酸的浓度一定时，K_a 越大，即酸越强时，滴定突跃范围也越大。

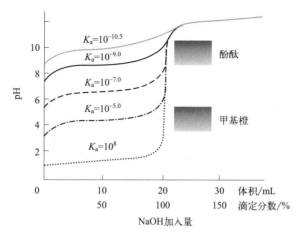

图 2-7　0.1000mol/L NaOH 滴定 0.1000mol/L 不同强度的酸滴定曲线

因此强碱滴定弱酸受到两个因素的影响，即浓度 c 和酸的强度 K_a 的影响。

如果弱酸电离常数很小或酸的浓度很低，达到一定限度时，已无明显的突跃，无法利用酸碱指示剂来确定它的滴定终点，也就不能准确滴定了。

这个限度是多少呢？根据指示剂滴定终点的要求，滴定误差小于±0.1%，就是说在计量点前后 0.1% 时，人眼需能借助指示剂准确判断出终点。

对于弱酸的滴定，一般来说，要求 $c_a K_a \geqslant 10^{-8}$ 才能形成人眼可分辨出指示剂颜色变化的滴定突跃，才能够直接准确滴定。例如 HCN，因 $K_a \approx 10^{-10}$ 即使浓度为 1mol/L，也不能按通常的办法准确滴定。

【任务链接】　任务 2-4　食醋总酸度测定

2. 强酸滴定一元弱碱

以 0.1000mol/L HCl 滴定 20.00mL，0.1000mol/L $NH_3 \cdot H_2O$ 溶液为例进行讨论。

其滴定曲线图 2-8 与强碱滴定弱酸相似，所不同的是溶液的 pH 由大到小，所以滴定曲线的形状刚好相反。在化学计量点时，因 NH_4^+ 显酸性，pH 也不在 7，而在偏酸性区（pH=5.23），滴定突跃为 4.30～6.34。因此，只能选用酸性范围变色的指示剂，如甲基橙、甲基红等指示终点。

和强碱滴定弱酸相似，只有弱碱 $c_b K_b \geqslant 10^{-8}$ 时，才能用强酸直接准确滴定。

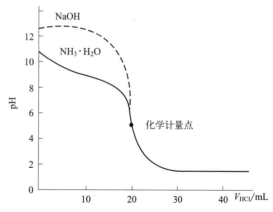

图 2-8　0.1000mol/L HCl 滴定 20.00mL，0.1000mol/L $NH_3 \cdot H_2O$ 滴定曲线图

> **我看世界**
>
> 是不是不满足 $c_aK_a \geqslant 10^{-8}$ 或 $c_bK_b \geqslant 10^{-8}$ 的弱酸弱碱就不能测定了?
>
> $c_aK_a \geqslant 10^{-8}$ 或 $c_bK_b \geqslant 10^{-8}$ 是直接准确滴定的条件,不满足此条件只是不能直接滴定,而不是不能滴定了,我们可以选择返滴定、置换滴定、间接滴定等滴定方式,或者是选择非水滴定。
>
> 遇到问题,只要想解决就一定有办法,解决问题的方式有千万种,解决问题的态度只有一种。"相信相信的力量",相信是一种积极而强大的心力,会帮助你迈出行动的第一步。

(三)多元酸(碱)的滴定

多元酸需要考虑的问题是能否每一步电离都被滴定?判断多元酸有几个突跃,是否能准确分步滴定通常根据以下两个原则来确定:$c_aK_a \geqslant 10^{-8}$ 判断第几步电离的 H^+ 能被准确滴定;$K_{a_n}/K_{a_{n+1}} \geqslant 10^4$ 判断相邻两步电离能分步滴定。

用强碱滴定多元酸,情况比较复杂。

例如,草酸 $K_{a_1} = 5.9 \times 10^{-2}$,$K_{a_2} = 6.4 \times 10^{-5}$,$K_{a_1}/K_{a_2} \approx 10^3$,故不能准确进行分步滴定。但 K_{a_1}、K_{a_2} 均较大,可一次性滴定两步电离的 H^+,有一个总的滴定突跃。

例如用 NaOH (0.1000mol/L) 滴定 20.00mL H_3PO_4 (0.1000mol/L)。由于 H_3PO_4 是三元酸,分三步离解如下:

$$H_3PO_4 \rightleftharpoons H_2PO_4^- + H^+ \qquad K_{a_1} = 7.5 \times 10^{-3}$$

$$H_2PO_4^- \rightleftharpoons HPO_4^{2-} + H^+ \qquad K_{a_2} = 6.3 \times 10^{-8}$$

$$HPO_4^{2-} \rightleftharpoons PO_4^{3-} + H^+ \qquad K_{a_3} = 4.4 \times 10^{-13}$$

用 NaOH 滴定 H_3PO_4 时,酸碱反应也是分步进行的:

$$H_3PO_4 + NaOH \rightleftharpoons NaH_2PO_4 + H_2O$$

$$NaH_2PO_4 + NaOH \rightleftharpoons Na_2HPO_4 + H_2O$$

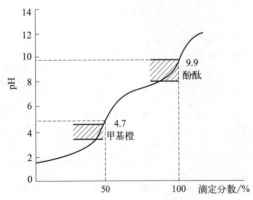

图 2-9 用 0.1000mol/L NaOH 滴定 20.00mL 0.1000mol/L H_3PO_4 滴定曲线图

由于 HPO_4^{2-} 的 K_{a_3} 太小,$c_aK_{a_3} \leqslant 10^{-8}$ 不能直接滴定。因此在滴定曲线图上只有两个突跃,见图 2-9。

多元酸的滴定曲线计算比较复杂,在实际工作中,为了选择指示剂,通常只需计算化学计量点 pH,然后选择在此 pH 附近变色的指示剂指示滴定终点。

上例中,第一计量点时,滴定产物是 $H_2PO_4^-$,其 pH 可用下式近似计算:

$$[H^+] = \sqrt{K_{a_1}K_{a_2}}$$

$$\text{pH}=\frac{1}{2}(pK_{a_1}+pK_{a_2})=\frac{1}{2}\times(7.21+2.12)=4.66$$

可选用甲基橙作指示剂。

第二计量点时，滴定产物是 HPO_4^{2-}。

$$[H^+]=\sqrt{K_{a_2}K_{a_3}}$$

$$\text{pH}=\frac{1}{2}(pK_{a_2}+pK_{a_3})=\frac{1}{2}\times(7.21+12.67)=9.94$$

可选用酚酞作指示剂。

上述两个计量点由于突跃范围比较小，如若分别用溴甲酚绿和甲基橙（变色点 pH=4.3），酚酞和百里酚酞（变色点 pH=9.9）混合指示剂，则终点变色比单一指示剂准确度更高一些。

多元碱的滴定与多元酸滴定类似，判断原则有两条：$c_b K_b \geqslant 10^{-8}$ 判断能准确滴定；$K_{b_n}/K_{b_{n+1}} \geqslant 10^4$ 判断能分步滴定。

Na_2CO_3 是二元弱碱，$K_{b_1}=K_w/K_{a_2}=1.79\times10^{-4}$，$K_{b_2}=K_w/K_{a_1}=2.38\times10^{-8}$。

由于 K_{b_1}、K_{b_2} 都大于 10^{-8}，且 $K_{b_n}/K_{b_{n+1}}\approx10^4$，因此这个二元碱可用强酸分步滴定。现以 HCl（0.1000mol/L）滴定 20.00mL Na_2CO_3 溶液（0.1000mol/L）为例。

当滴到第一计量点时，生成的 HCO_3^- 为两性物质，其 pH 可按下式计算：

$$[H^+]=\sqrt{K_{a_1}K_{a_2}}=\sqrt{4.3\times10^{-7}\times5.6\times10^{-11}}=4.9\times10^{-9}(\text{mol/L})$$

$$\text{pH}=8.31$$

可选酚酞作指示剂。由于 $K_{b_n}/K_{b_{n+1}}\approx10^4$，故突跃不太明显。为准确判定第一终点，选用甲酚红和百里酚蓝混合指示剂，可获得较好的结果。

第二计量点生成 H_2CO_3，溶液的 pH 可由 H_2CO_3 的离解平衡计算。因 $K_{a_1}\gg K_{a_2}$，所以只需考虑一级离解，H_2CO_3 饱和溶液的浓度约为 0.04mol/L。

$$[H^+]=\sqrt{K_{a_1}c_a}=\sqrt{4.3\times10^{-7}\times0.04}=1.31\times10^{-4}(\text{mol/L})$$

$$\text{pH}=3.89$$

可选甲基橙作指示剂，滴定曲线见图 2-10。

应注意，由于接近第二计量点时容易形成 CO_2 过饱和溶液，而使溶液酸度稍稍增大，终点稍有提前，因此接近终点时应剧烈振摇溶液或将溶液煮沸以除去 CO_2，冷却后再滴定。

【课堂练习】

称取基准物无水碳酸钠（Na_2CO_3）0.2002g，标定 0.1mol/L HCl 标准滴定溶液，消耗了 HCl 溶液 35.52mL，该滴定指示剂如何选择？计算 HCl 标准溶液的准确浓度。

解： 按题意滴定反应为 $Na_2CO_3+2HCl=\!=\!=2NaCl+H_2O+CO_2\uparrow$

此滴定为强酸滴定二元弱碱，有两个滴定突跃，完全反应后滴定终点为酸性范围，因此选择甲基橙为指示剂。

$$c_{HCl} = \frac{1000 m_{Na_2CO_3}}{\frac{1}{2} M_{Na_2CO_3} V_{HCl}}$$

$$= \frac{1000 \times 0.2002}{\frac{1}{2} \times 106 \times 35.52}$$

$$= 0.1063 \text{ (mol/L)}$$

得出：该 HCl 标准溶液的物质的量浓度为 0.1063mol/L。

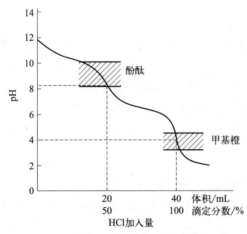

图 2-10　0.1000mol/L HCl 滴定 20.00mL 0.1000mol/L Na_2CO_3 的滴定曲线

知识拓展

间接滴定法

当某些酸碱满足不了直接准确滴定的必要条件时，其 $cK_a < 10^{-8}$ 或 $cK_b < 10^{-8}$，不能用酸或碱标准溶液直接滴定，可以采用间接滴定法。

1. 药用硼酸含量的测定

硼酸（H_3BO_3）是极弱酸（$K_a = 5.8 \times 10^{-10}$），其 $cK_a < 10^{-8}$，不能用 NaOH 标准溶液直接滴定。但硼酸与如乙二醇、丙三醇、甘露醇等多元醇反应，生成稳定的配位酸后，能增加酸的强度。如硼酸与丙三醇反应生成甘油硼酸，其 $K_a = 3 \times 10^{-7}$，使 $cK_a \geq 10^{-8}$，就可以用 NaOH 标准溶液直接滴定，其化学计量点 pH=9.6，可选用酚酞为指示剂。

2. 铵盐类化肥中氮的测定

NH_4^+ 是弱酸（$K_b = 5.7 \times 10^{-10}$），$(NH_4)_2SO_4$、$NH_4Cl$ 等都不能用碱标准溶液直接滴定，通常采用下列两种方法测定：一种方法是蒸馏法，在铵盐中加入过量的 NaOH，加热把 NH_3 蒸馏出来，用一定量的 HCl 标准溶液吸收，过量的酸用 NaOH 标准溶液回滴。另一种方法是甲醛法，甲醛与铵盐生成六亚甲基四胺离子，放出定量的酸，其 $pK_a = 5.15$，可用 NaOH 标准溶液滴定，用酚酞为指示剂。

【任务链接】 任务2-5 铵盐类化肥中含氮量测定

四、非水溶液酸碱滴定

水是最常见的溶剂，酸碱滴定一般在水溶液中进行，但是以水为介质进行滴定分析时，有一定局限性，$cK_a<10^{-8}$（或 $cK_b<10^{-8}$）的弱酸（或弱碱）溶液在水中一般不能准确滴定；许多有机酸在水中溶解度很小，会使滴定产生困难；强度相近的多元酸、多元碱、混合酸或碱，在水溶液中也不能分别进行滴定，如果采用非水溶剂（有机溶剂或不含水的无机溶剂）作为滴定介质，就可以解决上述问题。根据酸碱性质，非水溶剂可分为以下五类，具体见表2-8。

表2-8 非水溶剂的分类及应用

类别	性质	应用
酸性溶剂	给出质子的能力比水强的一类溶剂，其酸性比水强，碱性比水弱	甲酸、冰乙酸、硫酸等，滴定生物碱的卤化物、有机胺、杂环氮化合物等弱碱性药物，常用酸性溶剂作介质
碱性溶剂	接受质子的能力比水强的一类溶剂，其碱性比水强，酸性比水弱	乙二胺、丁胺、乙醇胺等，滴定弱酸性物质，用碱性溶剂作介质可降低有机弱酸的pH
两性溶剂	既易给出质子又易接受质子的一类溶剂	甲醇、乙醇、乙二醇等，滴定不太弱的酸或碱时，常用两性溶剂作介质
惰性溶剂	既不给出质子，也不接受质子的一类溶剂，惰性溶剂属于非极性溶剂	苯、氯仿、四氯化碳等，这类溶剂在滴定过程中不参与酸碱反应，只起溶解、分散和稀释溶质的作用
混合溶剂	将极性溶剂和非极性溶剂混合使用	可增大溶解能力，使滴定突跃明显，指示剂变色敏锐

物质的酸碱性不仅与此物质的本性有关，还与溶剂的性质有关。如HCl在水中酸性强，而在冰乙酸中酸性弱，这是因为水接受质子的能力比冰乙酸强；NH_3在水中碱性弱，而在冰乙酸中碱性强，这是因为冰乙酸给予质子的能力比水强；HAc在水中酸性弱，而在乙二胺中的酸性强，这是因为乙二胺接受质子的能力比水强。因此，对于弱碱性物质，要使其碱性增强，应选择酸性溶剂；对于弱酸性物质，要使其酸性增强，应选择碱性溶剂。例如，将在水中显弱碱性的胺类溶解在冰乙酸中，可以增强其碱性，使滴定突跃更明显。

【任务链接】 任务2-6 阿司匹林原料药含量测定

知识拓展

药物的非水滴定

各国药典中应用高氯酸-冰乙酸非水滴定法测定的有机化合物很多，如有机碱（如胺类、生物碱等）、有机酸的碱金属盐（如邻苯二甲酸氢钾、水杨酸钠、乙酸钠、乳酸钠、柠檬酸钠等）、有机碱的氢卤酸盐（如盐酸麻黄碱、氢溴酸东莨菪碱等）、有机碱的有机酸盐（如扑尔敏、重酒石酸去甲肾上腺素等）等药物含量的测定。

【项目实施】

任务 2-1　酸碱溶液的配制及溶液 pH 测定值与计算值比较

【任务导入】0.1mol/L HCl、0.1mol/L HAc、0.1mol/L NaOH、0.1mol/L NH_4Cl 四种溶液的配制，测定四种溶液的 pH 值并与其计算值进行比较。

【任务分析】学会配制相应粗浓度的溶液，为后续任务标准溶液标定奠定基础；了解溶液浓度、酸碱溶液 pH 值的计算方法，将测定值与计算值比较，并找出出现误差的原因。

【任务准备】

(1) 仪器　常规滴定分析仪器一套、pH 计。

(2) 试剂　浓 HCl、6mol/L HCl、HAc、固体 NaOH、甲基橙指示剂、酚酞指示剂等。

【任务计划】粗浓度配制使用托盘天平称量即可。上述溶液各配制 100mL，计算每种物质需称取的质量或量取的体积。养成正确、及时、简明记录实验原始数据的习惯。

【任务实施】

配制过程

_____

_____

_____

测定 pH 值

_____

_____

_____

与计算 pH 值比较并分析原因

_____

_____

_____

_____

【任务反思】

1. 如何正确配制一定 pH 的溶液？
2. 如何正确使用 pH 计？

【任务评价】

考核点	考核内容	分值	得分
计算过程	根据物质的量浓度、体积、密度等计算出质量或体积	20	
配制过程	天平使用、量筒使用、配制步骤	20	
测定 pH	pH 计使用	20	
与计算值比较	酸碱溶液 pH 值的计算	20	
实验整理	实验结束后仪器整理、溶液处理	20	
总得分			

任务 2-2 制备 NaOH 标准溶液

【任务导入】 配制 NaOH 标准溶液。

【任务分析】 酸碱滴定法测定物质的含量，常使用 NaOH 和 HCl 标准滴定溶液，标定后的 NaOH 可以用于食醋中总酸度的测定、肥料中铵态氮含量的测定等。

由于氢氧化钠具有很强的吸湿性，也容易吸收空气中的 CO_2，因此 NaOH 标准滴定溶液采用间接法配制，需先配制成接近所需浓度的溶液，然后再用基准物质标定其准确浓度。常用于标定 NaOH 标准滴定溶液浓度的基准物有邻苯二甲酸氢钾与草酸。

【任务准备】

（1）仪器、试剂　NaOH、邻苯二甲酸氢钾或草酸、常规玻璃仪器。

（2）标准规范　GB/T 601—2016《化学试剂　标准滴定溶液的制备》。

【任务计划】

1. 配制

称取 110g 氢氧化钠，溶于 100mL 无二氧化碳的水中，摇匀，注入聚乙烯容器中，密闭放置至溶液澄清。按表 2-9 的规定，用塑料管量取上层清液，用无二氧化碳的水稀释至 1000mL，摇匀。

表 2-9　不同浓度氢氧化钠标准滴定溶液配制

氢氧化钠标准滴定溶液的浓度 c_{NaOH}/(mol/L)	氢氧化钠溶液的体积 V/mL
1	54
0.5	27
0.1	5.4

2. 标定

按表 2-10 的规定称取于 105～110℃电烘箱中干燥至恒重的工作基准试剂邻苯二甲酸氢钾，加无二氧化碳的水溶解，加 2 滴酚酞指示液（10g/L），用配制好的氢氧化钠溶液滴定至呈粉红色，并保持 30s。同时做空白试验。

表 2-10　$KHC_8H_4O_4$ 取用量

c_{NaOH}/(mol/L)	$KHC_8H_4O_4$ 的质量 m/g	无 CO_2 水的体积 V/mL
1	7.5	80
0.5	3.6	80
0.1	0.75	50

氢氧化钠标准滴定溶液的浓度 c_{NaOH} 计算：

$$c_{NaOH}=\frac{1000m}{(V_1-V_2)M}$$

式中　m——邻苯二甲酸氢钾质量，g；

　　　V_1——氢氧化钠溶液体积，mL；

　　　V_2——空白试验消耗氢氧化钠溶液体积，mL；

　　　M——邻苯二甲酸氢钾的摩尔质量，204.22g/moL。

【任务实施】

【数据处理】

测定次数		1	2	3	备用
基准物称量	$m_{倾样前}$/g				
	$m_{倾样后}$/g				
	$m_{(\ \ )}$/g				
滴定管初读数/mL					
滴定管终读数/mL					
滴定消耗滴定液体积/mL					
实际消耗滴定液体积/mL					
空白/mL					
$c(\ \ )$/(mol/L)					
$\bar{c}(\ \ )$/(mol/L)					
相对极差					

样品测定结果报告

样品名称		样品性状	
平行测定次数			
分析结果			
相对极差			

备注：数据处理可根据实际情况微调，后续任务数据处理参考此表处理。

【任务反思】

为何要迅速称取 NaOH？基准物质如何选用？

【任务评价】

考核点	考核内容	分值	得分
基准物的称量 （10分）	检查天平水平、清扫天平	2	
	敲样动作正确（有回敲动作）	2	
	复原天平	2	
	放回凳子	2	
	称量范围正确（≤±5%）	2	
溶液配制 （容量瓶操作） （15分）	正确试漏	3	
	转移动作规范	3	
	三分之二处水平摇动	3	
	准确稀释至刻度线	3	
	摇匀动作正确	3	
移取溶液 （16分）	润洗方法正确	2	
	重吸	2	
	调刻度线前擦干外壁	2	
	调节液面操作熟练	2	
	移液管竖直	2	
	移液管尖靠壁	2	
	放液后停留约15s	2	
	润洗方法正确	2	
滴定操作 （18分）	正确试漏	3	
	终点控制熟练	3	
	终点判断正确	3	
	按照规范要求完成空白试验	3	
	读数正确	3	
	正确进行滴定管体积校正	3	
原始数据记录（5分）	原始数据记录不用其他纸张记录，及时记录	5	

续表

考核点	考核内容	分值	得分
结束工作 （8分）	考核结束,玻璃仪器等清洗干净	2	
	考核结束,废液按规定处理	2	
	考核结束,工作台整理或摆放整齐	2	
	天平等使用后进行登记	2	
数据记录及处理 （8分）	不缺项	2	
	使用法定计量单位	2	
	计算过程及结果正确	2	
	有效数字位数保留正确或修约正确	2	
平行测定的精密度结果对应分数 （20分）	相对极差≤0.10%	10	
	0.10%＜相对极差≤0.50%	10	
	相对极差＞0.50%	0	
总得分			

备注：评分细则可根据实际情况微调，后续滴定任务评价参考此评分标准。

任务 2-3　制备 HCl 标准溶液

【任务导入】配制 HCl 标准溶液。

【任务分析】由于浓盐酸具有挥发性，所以配制 HCl 标准溶液时应采用间接法，用于标定 HCl 标准溶液的基准物有无水碳酸钠、硼砂等。酸碱滴定法测定物质的含量，常使用 NaOH 和 HCl 标准滴定溶液，标定后的 HCl 溶液可以用来测定混合碱、药用硼砂以及蛋壳中碳酸钙的含量等。此任务需自主完成，包括基准物质的称量、预消耗计算等。注意滴定终点颜色的控制，可以反复训练，待正确判断终点后再进行标定。

【任务准备】

（1）仪器、试剂　浓 HCl、无水碳酸钠或硼砂、常规滴定分析玻璃仪器一套。

（2）标准规范　GB/T 601—2016《化学试剂　标准滴定溶液的制备》。

【任务计划】

1. 配制

按表 2-11 的规定量取盐酸，注入 1000mL 水中，摇匀。

表 2-11　盐酸取用量

盐酸标准滴定溶液的浓度 c_{HCl}/(mol/L)	盐酸的体积 V/mL
1	90
0.5	4.5
0.1	9

2. 标定

按表 2-12 的规定称取于 270~300℃ 高温炉中灼烧至恒重的工作基准试剂无水碳酸钠，溶于 50mL 水中，加 10 滴溴甲酚绿-甲基红指示液，用配制好的盐酸溶液滴定至溶液由绿色变为暗红色，煮沸 2min，加盖具钠石灰管的橡胶塞，冷却，继续滴定至溶液再呈暗红色。同时做空白试验。

表 2-12　无水碳酸钠取用量

盐酸标准滴定溶液的浓度 c_{HCl}/(mol/L)	工作基准试剂无水碳酸钠的质量 m/g
1	1.9
0.5	0.95
0.1	0.2

盐酸标准滴定溶液的浓度 c_{HCl} 计算：

$$c_{HCl}=\frac{1000m}{(V_1-V_2)M}$$

式中　m——无水碳酸钠质量，g；

　　　V_1——盐酸溶液体积，mL；

　　　V_2——空白试验消耗盐酸溶液体积，mL；

　　　M——无水碳酸钠的摩尔质量，52.994g/mol。

【任务实施】

【数据处理】参见任务 2-2　制备 NaOH 标准溶液。

【任务反思】

1. HCl 标准溶液能直接配制准确浓度吗？为什么？
2. HCl 标准溶液常用的基准物质有哪些？

【任务评价】参见任务 2-2　制备 NaOH 标准溶液。

任务 2-4　食醋总酸度测定

【任务导入】现有一瓶食醋，标签上写明 6°，但现在已经过了保质期三个月，请你运用自己所学的酸碱滴定知识，测定该食醋的总酸度。

【任务分析】食醋主要使用大米或高粱为原料发酵而成，具有酸性，主要成分为乙酸，还有其他少量有机酸，但通常用乙酸含量来表示食醋总酸度，根据酸碱滴定法测定物质的含量进行分析，乙酸的平衡常数 $K_a=1.8\times 10^{-5}$，满足 $c_aK_a\geqslant 10^{-8}$，可使用 NaOH 标准滴定溶液直接滴定。乙酸为有机弱酸，与 NaOH 反应的产物为弱酸强碱盐，滴定突跃在碱性范围内，可以选用酚酞等碱性范围变色的指示剂。GB/T 18187—2000 规定，酿造食醋中的总酸（以乙酸计）$\geqslant 3.50$g/100mL。

【任务准备】
(1) 仪器、试剂　食醋、NaOH 标准滴定溶液、酚酞指示液、常规滴定分析玻璃仪器一套。
(2) 标准规范　GB/T 5009.41—2003《食醋卫生标准的分析方法》；GB/T 18187—2000《酿造食醋》。

【任务计划】
(1) 0.05mol/L NaOH 标准溶液的制备（参见任务 2-2　制备 NaOH 标准溶液）。
(2) 准确移取食醋 25.00mL 置于 250mL 容量瓶中，用蒸馏水稀释至刻度、摇匀。

准确移取 25mL 上述溶液 3 份，分别置于 250mL 锥形瓶中，加酚酞指示剂 2～3 滴，用已确定浓度的 NaOH 标准溶液滴定至微红色，30s 内不褪色即为终点。平行做 3 次，同时做空白试验。计算平均结果和相对平均偏差。计算食醋总酸度（g/100mL）。

食醋总酸度计算：

$$总酸度 = \frac{(V-V_0)\times c_{NaOH} M_{HAc}}{25\times \dfrac{25}{250}\times 1000}\times 100$$

式中　c_{NaOH}——氢氧化钠标准溶液浓度，mol/L；
　　　V——氢氧化钠溶液体积，mL；
　　　V_0——空白试验消耗氢氧化钠溶液体积，mL；
　　　M_{HAc}——乙酸的摩尔质量，60.05g/mol。

【任务实施】

【数据处理】参见任务 2-2　制备 NaOH 标准溶液。
【任务反思】
1. 食醋测定或其他常规的溶液测定为什么要做空白试验？
2. 溶解样品时，所加入的蒸馏水体积是否一定要很准确？
【任务评价】参见任务 2-2　制备 NaOH 标准溶液。

任务 2-5　铵盐类化肥中含氮量测定

【任务导入】 有一片种植小麦的庄稼地，施用了某化肥厂生产的一批硫酸铵肥料，结果出现植株生长矮小细弱、果实减少、品质下降的现象。请你对施用的硫酸铵肥料中氨态氮含量进行测定，看是否合格，并出具检验报告单。

【任务分析】 常用的含氮化肥有 NH_4Cl、$(NH_4)_2SO_4$、尿素等，其中 $(NH_4)_2SO_4$ 中 NH_4^+ 在酸碱质子理论中属于酸，但由于 NH_4^+ 的酸性太弱（$K_a=5.6\times10^{-10}$），不能满足 $c_a K_a \geq 10^{-8}$，不能用 NaOH 标准溶液直接滴定法测定其含量，因此需选择其他滴定方式（置换滴定法），使用甲醛可以与 NH_4^+ 作用，生成质子化六次甲基四胺（$K_a=7.1\times10^{-6}$）和 H^+，其反应如下：

$$4NH_4^+ + 6HCHO = (CH_2)_6N_4H^+ + 3H^+ + 6H_2O$$

生成的 H^+ 和 $(CH_2)_6N_4H^+$（$K_a=7.1\times10^{-6}$）酸性较强，可用 NaOH 标准溶液滴定，采用酚酞作指示剂。

$$(CH_2)_6N_4H^+ + 3H^+ + 4OH^- = (CH_2)_6N_4 + 4H_2O$$

【任务准备】

（1）仪器、试剂　$(NH_4)_2SO_4$、甲醛、NaOH、常规滴定分析玻璃仪器一套。

（2）标准规范　GB/T 535—2020《肥料级硫酸铵》、GB 29206—2012《食品安全国家标准　食品添加剂　硫酸铵》。

【任务计划】

1. 0.1mol/L NaOH 标准溶液的制备

参见任务 2-2　制备 NaOH 标准溶液。

2. 甲醛溶液的预处理

甲醛溶液（1+1）：将 200mL 甲醛加入 200mL 水中，混匀，加入 2 滴酚酞指示液，滴加氢氧化钠溶液（1mol/L）至溶液呈微粉红色。

3. 硫酸铵 [$(NH_4)_2SO_4$] 中含氮量的测定

准确称取 1.6~2.0g $(NH_4)_2SO_4$ 试样于小烧杯中，用少量蒸馏水溶解，转移至 250mL 容量瓶中，用水稀释至刻度，摇匀。

用移液管移取 25.00mL 上述试液于 250mL 锥形瓶中，加水 20mL，加 1~2 滴甲基红指示剂，溶液呈红色，用 0.1mol/L NaOH 溶液中和至红色转变成金黄色；然后加入 10mL 已中和的甲醛溶液（1+1）和 1~2 滴酚酞指示剂，摇匀，静置 2min 后，用 0.1mol/L NaOH 标准溶液滴定至溶液呈淡红色，持续 30s 不褪色即为终点，记下读数，计算试样中氮的含量，以 N% 表示。平行测定三次，同时做空白试验。实验结果以平行测定结果的算术平均值为准。在重复性条件下获得的两次独立测定结果的绝对差值不大于 0.3%。

硫酸铵含氮量计算：

$$N\% = \frac{(V-V_0)c_{NaOH}M_{1/2(NH_4)_2SO_4}}{m \times \frac{25}{250} \times 1000} \times 100$$

式中 c_NaOH——氢氧化钠标准溶液浓度，mol/L；
　　　V——氢氧化钠标准溶液体积，mL；
　　　V_0——空白试验消耗氢氧化钠溶液体积，mL；
$M_{1/2(NH_4)_2SO_4}$——硫酸铵 $[1/2(NH_4)_2SO_4]$ 摩尔质量，66.07g/mol；
　　　m——硫酸铵试样称量质量，g；

【任务实施】

【数据处理】参见任务 2-2　制备 NaOH 标准溶液。

【任务反思】

1. 滴定管和移液管为什么要用溶液润洗三遍？锥形瓶是否也要用溶液润洗？
2. 中和甲醛中的游离酸时，分别选用何种指示剂？为什么这样选择？

【任务评价】参见任务 2-2　制备 NaOH 标准溶液。

任务 2-6　阿司匹林原料药含量测定

【任务导入】现有一批阿司匹林原料药，检查其含量是否合格，并出具检验报告单。

【任务分析】阿司匹林为 2-(乙酰氧基)苯甲酸，有机弱酸（$pK_a = 3.0$）。按干燥品计算，含 $C_9H_8O_4$ 不得少于 99.5%。其结构式见图 2-11。

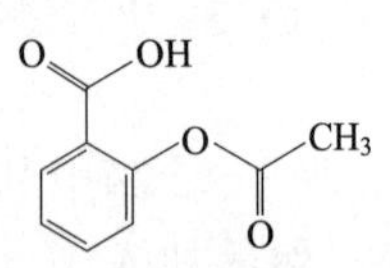

$C_9H_8O_4$　180.16

图 2-11　阿司匹林结构式

阿司匹林为白色结晶或结晶性粉末；无臭或微带乙酸臭；遇湿气即缓缓水解；在乙醇中易溶，在三氯甲烷或乙醚中溶解，在水或无水乙醚中微溶；在氢氧化钠溶液或碳酸钠溶液中溶解，同时分解为水杨酸和乙酸盐：

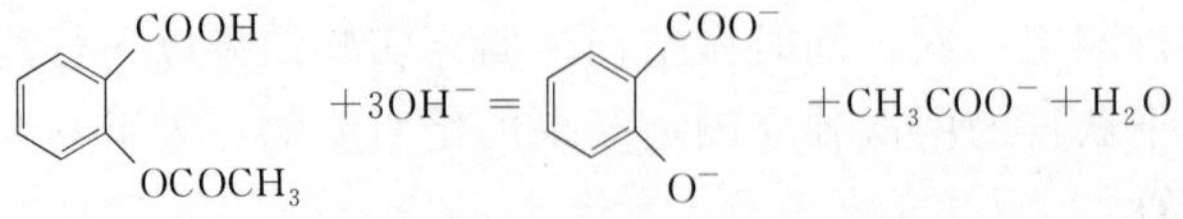

$$\text{COOH} \atop \text{OCOCH}_3 \ + 3\text{OH}^- = {\text{COO}^- \atop \text{O}^-} + \text{CH}_3\text{COO}^- + \text{H}_2\text{O}$$

由于它的 pK_a 较小，可以作为一元酸用 NaOH 溶液直接滴定，以酚酞作为指示剂。为了防止乙酰基水解，应在 10℃以下的中性冷乙醇中进行滴定，滴定反应为：

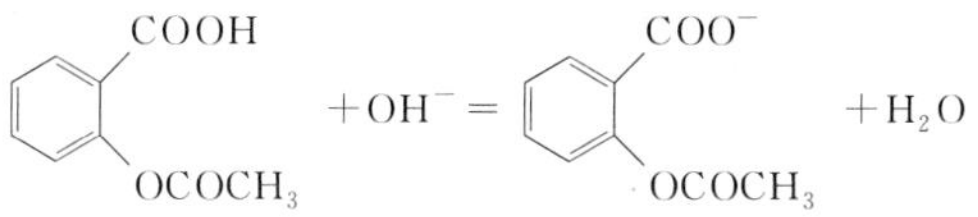

$$\underset{\text{OCOCH}_3}{\underset{|}{\text{COOH}}} + \text{OH}^- = \underset{\text{OCOCH}_3}{\underset{|}{\text{COO}^-}} + \text{H}_2\text{O}$$

【任务准备】

（1）仪器、试剂　阿司匹林原料药、NaOH、酚酞指示剂、常规滴定分析玻璃仪器一套。

（2）标准规范　《中国药典》（2020版）二部　阿司匹林。

【任务计划】

1. 0.1mol/L NaOH 标准溶液的制备

参见任务 2-2　制备 NaOH 标准溶液

2. 阿司匹林含量测定

取阿司匹林原料药约 0.4g，精密称定，加中性乙醇（对酚酞指示液显中性）20mL 溶解后，加酚酞指示液 3 滴，用氢氧化钠滴定液（0.1mol/L）滴定。每 1mL 氢氧化钠滴定液（0.1mol/L）相当于 18.02mg 的 $C_9H_8O_4$。

3. 阿司匹林含量计算

$$\text{阿司匹林含量} = \frac{VTF}{m} \times 100\%$$

式中　V——氢氧化钠滴定液消耗的体积，mL；

　　　T——滴定度，18.02mg/mL；

　　　F——滴定液浓度校正系数；

　　　m——供试品取样量，g。

注意事项：

（1）因阿司匹林在水中溶解度小，且用氢氧化钠滴定液滴定时易水解，而阿司匹林在乙醇中溶解度大，故以中性乙醇（对酚酞指示液显中性）为溶剂。

（2）中性乙醇的配制方法为：取乙醇，滴加几滴酚酞指示液，用 0.1mol/L 氢氧化钠滴定液滴至显粉红色。

（3）为防止阿司匹林酯键在滴定过程中因局部氢氧化钠过浓而水解，应在不断振摇下快速滴定。

（4）滴定终点后，反应液在放置过程中，因乙酰水杨酸钠逐渐水解，粉红色会逐渐褪去，要注意判断终点。

在《中国药典》（2020 版）中，水杨酸、双水杨酯均采用此法测定含量。

【任务实施】

【数据处理】参见任务 2-2　制备 NaOH 标准溶液。

【任务反思】

1. 如何进行阿司匹林测试液的制备？
2. 什么是滴定度（T）？

【任务评价】参见任务 2-2　制备 NaOH 标准溶液。

【项目检测】

一、选择题

1. 根据酸碱质子理论，Na_2HPO_4 是（　　）。
   A. 中性物质　　　　　B. 酸性物质　　　　　C. 碱性物质　　　　　D. 两性物质
2. 0.1mol/L NH_4Cl 溶液的 pH 为（　　）。（氨水的 $K_b=1.8\times10^{-5}$）
   A. 5.13　　　　　　　B. 6.13　　　　　　　C. 6.87　　　　　　　D. 7.0
3. 酸碱指示剂的理论变色范围为（　　）。
   A. $pH=pK_{In}$　　　B. $pH=pK_{HIn}\pm1$　C. $pH=pK_a\pm1$　　D. 8～10
4. 酸碱滴定曲线直接描述的内容是（　　）。
   A. 指示剂的变色范围　　　　　　　　　B. 滴定过程中 pH 变化规律
   C. 滴定过程中酸碱浓度变化规律　　　　D. 滴定过程中酸碱体积变化规律
5. 以浓度为 0.1000mol/L 的氢氧化钠溶液滴定 20mL 浓度为 0.1000mol/L 的盐酸，理论终点后，氢氧化钠过量 0.02mL，此时溶液的 pH 值为（　　）。
   A. 1.0　　　　　　　B. 3.3　　　　　　　C. 9.7　　　　　　　D. 8.0
6. 一元弱酸被直接准确滴定的必要条件为（　　）。
   A. $c_aK_a\geqslant10^{-8}$　B. $K_a\geqslant10^{-8}$　C. $c_a\geqslant0.01$　D. $c_aK_a\geqslant10^8$
7. 多元酸能分步滴定的条件是（　　）。
   A. $K_{a_1}/K_{a_2}\geqslant10^6$　　　　　　　B. $K_{a_1}/K_{a_2}\geqslant10^4$
   C. $K_{a_1}/K_{a_2}\leqslant10^6$　　　　　　　D. $K_{a_1}/K_{a_2}\leqslant10^5$
8. 用盐酸溶液滴定 Na_2CO_3 溶液的第一、二个化学计量点可分别用（　　）为指示剂。
   A. 甲基红和甲基橙　　　　　　　　　　B. 酚酞和甲基橙
   C. 甲基橙和酚酞　　　　　　　　　　　D. 酚酞和甲基红
9. 酸碱滴定法选择指示剂时可以不考虑的因素为（　　）。
   A. 滴定突跃的范围　　　　　　　　　　B. 指示剂的变色范围
   C. 指示剂的颜色变化　　　　　　　　　D. 指示剂分子量的大小
10. 下列弱酸或弱碱（设浓度为 0.1mol/L）能用酸碱滴定法直接准确滴定的是（　　）。
    A. H_3BO_3（$K_a=5.8\times10^{-10}$）　　B. 苯酚（$K_b=1.1\times10^{-10}$）
    C. NH_4^+（$K_a=5.6\times10^{-10}$）　　　D. HAc（$K_a=1.8\times10^{-5}$）
11. 用 0.1000mol/L NaOH 标准溶液滴定 20.00mL 0.1000mol/L HAc 溶液，达到化学计量点时，其溶液（　　）。
    A. pH<7　　　　　　B. pH>7　　　　　　C. pH=7　　　　　　D. pH 不确定
12. 在冰乙酸介质中，下列酸的强度顺序正确的是（　　）。

A. $HNO_3 > HClO_4 > H_2SO_4 > HCl$
B. $HClO_4 > HNO_3 > H_2SO_4 > HCl$
C. $H_2SO_4 > HClO_4 > HCl > HNO_3$
D. $HClO_4 > H_2SO_4 > HCl > HNO_3$

二、简答题

1. 什么是酸碱质子理论？
2. 什么是缓冲溶液？简述缓冲溶液的作用。
3. 影响指示剂的变色范围的因素及酸碱指示剂的选择原则是什么？
4. 什么是滴定突跃？在滴定过程中，滴定突跃有何意义？

三、计算题

1. 一种密度为 1.055g/mL 的食醋，精确移取 5.00mL 适当稀释，用浓度为 0.1202mol/L 的 NaOH 标准滴定溶液滴定，用去 15.37mL，计算此食醋中 HAc 的含量（g/100mL）。（HAc 分子量为 60.05）

2. 称取基准物质 Na_2CO_3 1.9215g，溶解，250mL 容量瓶定容，移液管平行移取 25mL 3 份于 3 个锥形瓶中，以甲基橙为指示剂，用 HCl 标准溶液滴定，分别消耗 HCl 滴定液的体积为 16.25mL、17.00mL、16.88mL，求该 HCl 的浓度。（Na_2CO_3 分子量为 105.99）

3. 称取 0.1560g 含杂质的草酸样品于锥形瓶中，用 NaOH 标准溶液滴定，终点时消耗 0.1011mol/L NaOH 22.60mL，求草酸样品中的 $H_2C_2O_4 \cdot 2H_2O$ 的百分含量。（$H_2C_2O_4 \cdot 2H_2O$ 分子量为 126.07）

项目三
配位滴定技术

【项目目标】▶▶▶

知识目标：

1. 掌握配位滴定对化学反应的要求；与金属离子形成配合物的点。
2. 掌握金属指示剂应具备的条件，会合理选择金属指示剂。
3. 理解EDTA的酸效应、配位效应及EDTA的条件稳定常数。
4. 了解金属指示剂的作用原理及应用。
5. 会利用配位反应测定金属离子的含量。

技能目标：

1. 学会配制并标定EDTA标准溶液。
2. 学会应用配位滴定技术测定水的硬度，并能正确处理实验数据。
3. 学会利用配位滴定法相关知识来解决实际问题。

素质目标：

1. 具有主动参与、积极进取的学习态度和思想意识。
2. 培养理论联系实际、实事求是、认真细致的工作作风。
3. 在实验操作中要具有重事实、贵精神、求真相、尚创新的科学精神。

【思维导图】

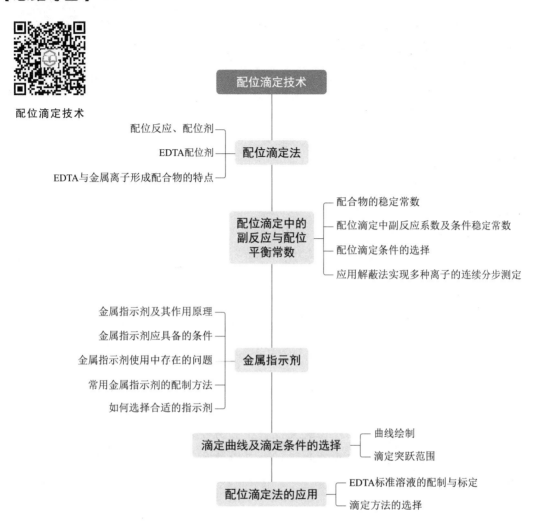

配位滴定技术

> **我看世界**
>
> 1866年Werner（1866—1919）出生于法国一个铁匠之家，18岁开始进行化学研究（1884年），主攻有机含氮化学物异构现象的研究。1892年的某个凌晨，Werner从梦中醒来，突发灵感，为解决当时存在争议的金属离子与氯的成键方式和结构问题，提出了"Werner配位理论"的三大假设，经修改后，便将这篇名为"论无机化合物的组成"的论文寄给了德国的《无机化学学报》。该论文于1893年被发表，打破了当时关于化合价恒定不变的观点和Blostrand-Jorgensen链式理论，提出副价的概念和配合物的立体化学理论，从此开创了无机化学学科的新时代。
>
> 受限于当时实验技术和试验条件，Werner配位理论缺乏充足的试验证据，引起了学术界的广泛争议。经过14年不懈地努力，Werner的学生King采用溴代樟脑磺酸银作为拆分剂，经历无数次结晶实验，终于在1911年成功拆分出具有镜面对称空间结构的配合物，从实验上证明了六配位的金属配合物的结合结构为八面体，进而为配位化学理论的确立提供了决定性证据。
>
> 1913年，因在配位化学方面的突出贡献，47岁的Werner被授予"诺贝尔化学奖"。迄今为止，Werner配位化学理论依然是配位化学研究的基础和指南。
>
> 这一事件告诉我们，作为学生，要具有探索未知、追求真理、勇攀科学高峰的责任感和使命感，要明白科学技术的进步并非偶然，要学会站在巨人的肩膀上，刻苦钻研。在自身成长过程中，不要因为一点挫折就一蹶不振，临阵脱逃。在学习过程中要向老一辈科学家看齐，学习他们勇于探索、坚持真理、持之以恒的品质，不忘初心、牢记使命，确立一个化学工作者应有的远大理想。作为新一代的接班人要有"青出于蓝而胜于蓝"的思想，打牢科学基础知识，为中国特色社会主义事业做贡献打下坚实基础。

【项目简介】

配位滴定法是以配位反应为基础的滴定分析方法。配位滴定法是应用最广泛的滴定分析法之一，主要用于金属离子的测定。在水溶液中金属离子以水合离子的形式存在，当发生配位反应时，配位剂取代了金属离子周围的配位水分子，与之形成具有一定稳定性的络合物（配合物）。例如：水中总硬度的测定、葡萄糖酸钙口服液含量的测定、铜以及铜合金中Al的测定、复杂铝试样中铝离子的测定等。

本项目任务包括：任务3-1　EDTA标准溶液的配制与标定；任务3-2　水的总硬度的测定；任务3-3　葡萄糖酸钙口服溶液含量的测定。

【相关知识】

一、配位滴定法

(一) 配位反应、配位剂

1. 配位反应

配位反应是具有空轨道能接受孤对电子的中心原子（金属离子）和能给出孤对电子的配位剂之间发生的反应。

2. 配位剂

配位剂是能够和中心原子（金属离子）形成配位化合物的有机物或无机物。配位剂有无机配位剂和有机配位剂两大类型。

（1）无机配位剂　在配位滴定法中所用的配位剂最早为一些无机物。形成分级配位物，简单、不稳定，一般很少用于滴定分析。

例如：Cd^{2+} 与 CN^- 的配位是逐级配位，形成的分级络合物的稳定常数相差较小，且溶液中有四种形式共存，滴定过程中突跃不明显，很难判断滴定终点。没有固定的化学计量点，而不能用于配位滴定，所以无机配位剂在分析化学中的应用受到一定的限制。

（2）有机配位剂　形成低配位比的螯合物，复杂而稳定。

由于大多数无机配位剂只含有一个配位原子，不能形成环状稳定的配合物，且各级稳定常数又比较接近，不符合配位滴定分析的要求，从而限制了配位滴定的发展。直至20世纪40年代，许多有机配位剂，特别是氨羧配位剂用于配位滴定后，配位滴定法得到了迅速的发展，现已成为广泛应用的分析方法之一。常用有机氨羧配位剂——乙二胺四乙酸，简称EDTA。

(二) EDTA 配位剂

乙二胺四乙酸（EDTA）的结构式为：

$$\text{HOOC-CH}_2 \diagdown \quad \diagup \text{CH}_2\text{-COOH}$$
$$\text{N-CH}_2\text{-CH}_2\text{-N}$$
$$\text{HOOC-CH}_2 \diagup \quad \diagdown \text{CH}_2\text{-COOH}$$

从结构上看是四元有机弱酸，为简便书写常用 H_4Y 表示。EDTA 的结构中，两个羧基上的 H^+ 可转移到 N 原子上，形成双偶极离子，在强酸溶液中可以继续得到质子，以六元酸 H_6Y 形式存在。

乙二胺四乙酸在酸性溶液中存在六级离解平衡：

$$H_6Y^{2+} \rightleftharpoons H^+ + H_5Y^+ \qquad K_1 = \frac{[H^+][H_5Y^+]}{[H_6Y^{2+}]} = 1.26 \times 10^{-1} \qquad pK_1 = 0.90$$

$H_5Y^+ \rightleftharpoons H^+ + H_4Y$ $K_2 = \dfrac{[H^+][H_4Y]}{[H_5Y^+]} = 2.51 \times 10^{-2}$ $pK_2 = 1.60$

$H_4Y \rightleftharpoons H^+ + H_3Y^-$ $K_3 = \dfrac{[H^+][H_3Y^-]}{[H_4Y]} = 1.00 \times 10^{-2}$ $pK_3 = 2.00$

$H_3Y^- \rightleftharpoons H^+ + H_2Y^{2-}$ $K_4 = \dfrac{[H^+][H_2Y^{2-}]}{[H_3Y^-]} = 2.14 \times 10^{-3}$ $pK_4 = 2.67$

$H_2Y^{2-} \rightleftharpoons H^+ + HY^{3-}$ $K_5 = \dfrac{[H^+][HY^{3-}]}{[H_2Y^{2-}]} = 6.92 \times 10^{-7}$ $pK_5 = 6.16$

$HY^{3-} \rightleftharpoons H^+ + Y^{4-}$ $K_6 = \dfrac{[H^+][Y^{4-}]}{[HY^{3-}]} = 5.50 \times 10^{-11}$ $pK_6 = 10.26$

从上述离解平衡可以看出，在水溶液中 EDTA 总是以 H_6Y^{2+}、H_5Y^+、H_4Y、H_3Y^-、H_2Y^{2-}、HY^{3-} 和 Y^{4-} 等 7 种型体存在，其中 Y^{4-} 与金属离子形成的配合物最为稳定，将 Y^{4-} 称为 EDTA 的有效型体。

在不同酸度的溶液中，各型体的浓度不同，浓度的分布与溶液的 pH 有关。图 3-1 是 EDTA 溶液中各种存在型体的分布图。

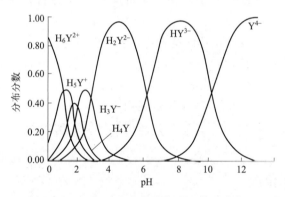

图 3-1　EDTA 溶液中各种存在型体的分布图

从图 3-1 可以看出，在不同 pH 时，EDTA 的主要存在型体不同，只有在 pH＞10.26 时，EDTA 才主要以能与金属离子形成稳定配合物的 Y^{4-} 的形式存在；而当溶液的酸度增高时，可使生成 H_4Y 的倾向增大，降低 MY 的稳定性。

（三）EDTA 与金属离子形成配合物的特点

（1）EDTA 具有很强的配位能力，配位比简单。EDTA 几乎能与所有的金属离子配位，其有 6 个配位离子，与金属离子配位大都形成 1∶1 配合物，反应如下：

$$M^{2+} + Y^{4-} \rightleftharpoons MY^{2-}$$

$$M^{4+} + Y^{4-} \rightleftharpoons MY$$

(2) EDTA 与金属离子生成的配合物稳定。配合物大多是含有五元环的螯合物。图 3-2 所示为以锌为例的螯合物示意图。

凡能形成五元环和六元环的配合物都很稳定，故金属-EDTA 配合物稳定性很高。

(3) EDTA 与金属离子生成配合物反应完全，速度快，水溶性大。

(4) EDTA 与无色金属离子形成无色的配合物，如 ZnY^{2-}、CaY^{2-} 等；与有色金属离子反应形成颜色更深的配合物，如 FeY^-（黄色）、NiY^{2-}（蓝绿）、CuY^{2-}（深蓝），影响终点指示剂的观察。

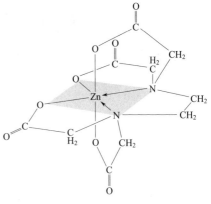

图 3-2 锌-EDTA 的配合物示意图

以上方面虽然有色金属滴定对终点观察造成困难，但总体配位滴定条件非常有利，因此，目前常用的配位滴定实际上是本章讨论的 EDTA 滴定。

【课堂活动】根据 EDTA 与金属离子形成配合物的特点，说明配位滴定中用 EDTA 作为滴定液的优点和缺点。

二、配位滴定中的副反应与配位平衡常数

（一）配合物的稳定常数

用 M 表示被测金属离子，用 Y 表示 EDTA，则配位滴定中 EDTA 与金属离子生成 1∶1 配合物的反应通式可表示为：

$$M + Y \rightleftharpoons MY$$

EDTA 与绝大多数金属离子形成的配合物非常稳定，但 EDTA 与不同的金属离子形成的配合物稳定性有较大的差别。配合物的稳定性主要取决于金属离子本身性质，包括电荷、半径和电子层结构，另外，溶液的酸度、温度、其他配位剂的存在等外界条件的变化也会影响配合物的稳定性。

绝对稳定常数 K_{MY} 的大小是用以判断配位反应完成的程度和是否可用于滴定分析的依据。表 3-1 列出了部分金属-EDTA 配合物的稳定常数的对数值。

表 3-1 一些金属-EDTA 配合物的 $lgK_{稳}$

离子	$lgK_{稳}$	离子	$lgK_{稳}$	离子	$lgK_{稳}$	离子	$lgK_{稳}$
Na^+	1.7	Mn^{2+}	13.9	Cd^{2+}	16.5	Sn^{2+}	22.1
Ag^+	7.3	Fe^{2+}	14.3	Pb^{2+}	18.0	Cr^{3+}	23.0
Ba^{2+}	7.8	Al^{3+}	16.1	Ni^{2+}	18.6	Fe^{3+}	25.1
Mg^{2+}	8.7	Co^{2+}	16.3	Cu^{2+}	18.8	Bi^{3+}	27.9
Ca^{2+}	10.7	Zn^{2+}	16.5	Hg^{2+}	21.8	Co^{3+}	36.0

从表 3-1 中可以看出，三价离子及大多数两价金属离子与 EDTA 所形成配合物 $lgK_{稳} > 15$，即便是碱土金属，与 EDTA 形成配合物的 $lgK_{稳}$ 也多在 8～11 之间。

（二）配位滴定中副反应系数及条件稳定常数

1. EDTA 与金属离子稳定常数

EDTA 与金属离子生成 1∶1 型配合物，其反应式为

$$M + Y \rightleftharpoons MY（省去电荷）$$

当反应达到平衡时，稳定常数 $K_稳$（即 K_{MY}）可用下式表示

$$K_稳 = \frac{[MY]}{[M][Y]} \tag{3-1}$$

K_{MY} 的大小可以衡量配合物 MY 稳定性的大小，K_{MY} 越大，说明配合物越稳定。因此，K_{MY} 称为配合物 MY 的稳定常数，又称为绝对稳定常数，也可用 $K_稳$ 来表示。

在配位滴定体系中，有被测金属离子、其他金属离子、缓冲剂、掩蔽剂等。因此，除被测金属离子 M 与滴定剂 Y 的主要反应外，还存在很多副反应，且化学平衡复杂，如图 3-3 所示。

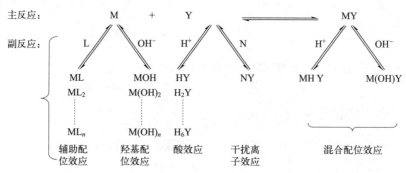

图 3-3　配位滴定中的主反应及副反应

（1）辅助配位效应　金属离子与其他配位剂 L 的反应。
（2）羟基配位效应　金属离子与 OH^- 的反应。
（3）酸效应　配位剂 EDTA 与 H^+ 的反应。
（4）干扰离子效应　配位剂 EDTA 与其他金属离子 N 的反应。
（5）混合配位效应　包括配合物 MY 与 H^+ 的反应和配合物 MY 与 OH^- 的反应。

显然，这些副反应的发生将直接影响主反应进行的程度。即与反应物（M、Y）发生的副反应不利于主反应的进行；而与生成物（MY）发生的副反应则有利于主反应的进行。为了定量地表示副反应进行的程度，引入副反应系数 a。下面主要讨论溶液的酸度及其他配位剂对主反应的影响，即酸效应及配位效应。

2. 酸效应与酸效应系数

这种由于 H^+ 的存在使得配位体参加主要反应的能力降低的副反应，称为酸效应。其副反应系数用符号 $\alpha_{Y(H)}$ 表示。

$$\alpha_{Y(H)} = \frac{[Y']}{[Y^{4-}]} \tag{3-2}$$

式中　$[Y'] \text{——} [Y^{4-}] + [HY^{3-}] + [H_2Y^{2-}] + [H_3Y^-] + [H_4Y] + [H_5Y^+] + [H_6Y^{2+}]$；

[Y^{4-}]——能与金属离子配位的游离的 Y^{4-} 浓度。

$\alpha_{Y(H)}$ 越大,表示 EDTA 与 H^+ 的副反应越严重,能与金属离子配位的 EDTA 越小。

$\alpha_{Y(H)}$ 可由 EDTA 的各级离解常数及溶液的 [H^+] 计算出来。

$$\alpha_{Y(H)} = \frac{[Y^{4-}]+[HY^{3-}]+[H_2Y^{2-}]+[H_3Y^-]+[H_4Y]+[H_5Y^+]+[H_6Y^{2+}]}{[Y^{4-}]}$$

$$= 1 + \frac{[H^+]}{K_6} + \frac{[H^+]^2}{K_6 K_5} + \frac{[H^+]^3}{K_6 K_5 K_4} + \frac{[H^+]^4}{K_6 K_5 K_4 K_3} + \frac{[H^+]^5}{K_6 K_5 K_4 K_3 K_2} +$$

$$\frac{[H^+]^6}{K_6 K_5 K_4 K_3 K_2 K_1} \tag{3-3}$$

【课堂练习】

计算 pH=5.0 时,EDTA 的酸效应系数。

解:因为 pH=5.0 时 [H^+]=10^{-5} mol/L,EDTA 的 $K_1 \sim K_6$ 值见前面内容。

$$\alpha_{Y(H)} = 1 + \frac{[H^+]}{K_6} + \frac{[H^+]^2}{K_6 K_5} + \frac{[H^+]^3}{K_6 K_5 K_4} + \frac{[H^+]^4}{K_6 K_5 K_4 K_3} + \frac{[H^+]^5}{K_6 K_5 K_4 K_3 K_2} +$$

$$\frac{[H^+]^6}{K_6 K_5 K_4 K_3 K_2 K_1}$$

$$= 1 + \frac{10^{-5}}{10^{-10.26}} + \frac{10^{-10}}{10^{-16.42}} + \frac{10^{-15}}{10^{-19.09}} + \frac{10^{-20}}{10^{-21.09}} + \frac{10^{-25}}{10^{-22.69}} + \frac{10^{-30}}{10^{-23.59}}$$

$$= 10^{6.45}$$

即 当 pH=5.0 时 $\lg\alpha_{Y(H)} = 6.45$

该例说明,$\alpha_{Y(H)}$ 值一般均较大,为便于应用,常用其对数值。且 pH 一定时,$\alpha_{Y(H)}$ 为定值,将不同 pH 的 $\alpha_{Y(H)}$ 值列成表(表3-2)或绘成 $\lg\alpha_{Y(H)}$-pH 曲线,从曲线或表中可得到任一 pH 下的 $\lg\alpha_{Y(H)}$ 值。

表3-2 EDTA 在各种 pH 时的酸效应系数

pH	$\lg\alpha_{Y(H)}$	pH	$\lg\alpha_{Y(H)}$	pH	$\lg\alpha_{Y(H)}$	pH	$\lg\alpha_{Y(H)}$
1.0	17.13	4.0	8.44	6.5	3.92	10.0	0.45
1.5	15.55	4.5	7.50	7.0	3.32	10.5	0.20
2.0	13.79	5.0	6.45	7.5	2.78	11.0	0.07
2.5	11.11	5.4	5.69	8.0	2.26	11.5	0.02
3.0	10.63	5.5	5.51	8.5	1.77	12.0	0.01
3.4	9.71	6.0	4.65	9.0	1.29		
3.5	9.48	6.4	4.06	9.5	0.83		

3. 被测金属离子 M 的配位效应及配位效应系数

当溶液中存在其他配位剂(如为了消除干扰离子而加入一定量的其他配位剂;为控制溶液的酸度而加入的缓冲溶液等)时,M 不仅与 EDTA 生成配合物 MY,而且还与其他配位剂 L 生成 ML_n 型配合物,从而使溶液中的被测金属离子浓度降低,使 MY 离解倾向增大,降低了 MY 的稳定性。这种由于其他配位剂的存在,而引起金属离子发生副反应,使金属离子参加主反应的能力降低的副反应,称为金属离子的配位效应。配位效应的大小以副反应

系数 $\alpha_{M(L)}$ 来表示。

$$\alpha_{M(L)} = \frac{[M']}{[M]} \tag{3-4}$$

式中　$[M]$——游离金属离子浓度；
　　　$[M']$——金属离子总浓度。

$$[M'] = [M] + [ML] + [ML_2] + \cdots + [ML_n]$$

$\alpha_{M(L)}$ 越大，表明 M 与其他配位剂 L 配位的程度越严重，对主反应的影响程度也越大，即副反应越严重。

$\alpha_{M(L)}$ 可以由各级稳定常数及有关金属离子和配合物的浓度求算。

$$\alpha_{M(L)} = \frac{[M']}{[M]} = \frac{[M] + [ML] + [ML_2] + \cdots [ML_n]}{[M]}$$
$$= 1 + K_1[L] + K_1K_2[L]^2 + \cdots + K_1K_2\cdots K_n[L]^n \tag{3-5}$$

运算中常遇到 K_1K_2，$K_1K_2K_3$，$\cdots$，$K_1K_2\cdots K_n$，化学手册中直接给出了它们连乘后的积，称为逐级累积稳定常数，并以字母 β 表示。

$$\beta_1 = K_1$$
$$\beta_2 = K_1K_2$$
$$\cdots\cdots$$
$$\beta_n = K_1K_2K_3\cdots K_n$$

于是，式（3-5）便可以写成：

$$\alpha_{M(L)} = \frac{[M']}{[M]} = 1 + \beta_1[L] + \beta_2[L]^2 + \cdots + \beta_n[L]^n \tag{3-6}$$

【课堂练习】

计算 pH=11，$[NH_3]=0.1\text{mol/L}$ 时，Zn^{2+} 的副反应系数 α_{Zn}。

解：当 pH=11，考虑 Zn^{2+} 与 NH_3 的配位副反应。

从附录中查得 $Zn(NH_3)_4^{2+}$ 的 $\lg\beta_1 \sim \lg\beta_4$ 分别为：2.37、4.81、7.31、9.46。

所以 $\alpha_{Zn(NH_3)} = 1 + \beta_1[NH_3] + \beta_2[NH_3]^2 + \beta_3[NH_3]^3 + \beta_4[NH_3]^4$
$= 1 + 10^{2.37} \times 0.1 + 10^{4.81} \times (0.1)^2 + 10^{7.31} \times (0.1)^3 + 10^{9.46} \times (0.1)^4$
$= 10^{5.49}$

4. 配合物的条件稳定常数

由于酸效应和配位效应等副反应的存在，影响了主反应进行的程度，当达到平衡时没有结合成 MY 配合物的 M 及 Y 的浓度，比不存在副反应时增加了。因此，在配位滴定的复杂条件下，不能用 $K_稳$（K_{MY}）来考虑或指导配位滴定能够达到的准确程度，必须用副反应系数 $K_稳$ 校正到某些条件下的实际稳定常数，此常数称为条件稳定常数，通常也称为表观稳定常数，可用下式表示：

$$K'_{MY} = \frac{[(MY)']}{[M'][Y']} \tag{3-7}$$

由副反应系数定义式可知
$$[M'] = \alpha_M[M]; [Y'] = \alpha_Y[Y]; [(MY')] = \alpha_{MY}[MY]$$
$$K'_{MY} = \frac{\alpha_{MY}[MY]}{\alpha_{M(L)}[M]\alpha_{Y(H)}[Y]}$$

$$= K_{MY} \frac{\alpha_{MY}}{\alpha_{M(L)} \, \alpha_{Y(H)}}$$

即
$$\lg K'_{MY} = \lg K_{MY} - \lg \alpha_{Y(H)} - \lg \alpha_{M(L)} \tag{3-8}$$

K'_{MY} 值的大小说明了配合物的实际稳定程度,因此,$\lg K'_{MY}$ 是判断配合物 MY 稳定性的重要数据之一。

在一定条件下(如溶液 pH 和试剂浓度一定时),$\alpha_{M(L)}$、$\alpha_{Y(H)}$ 和 α_{MY} 均为定值,因此,K'_{MY} 在一定条件下是个常数。为强调它是随条件而变化的,称之为条件稳定常数。在一般情况下,$K'_{MY} < K_{MY}$,只有当 pH>12[$\alpha_{Y(H)} = 1$],溶液中无其他副反应时,$K'_{MY} = K_{MY}$。

当溶液中没有与 M 配位的其他配位剂时,$\lg \alpha_{M(L)} = 0$,而生成物 MY 的 $\lg \alpha_{MY}$ 一般又较小,可以忽略,此时

$$\lg K'_{MY} = \lg K_{MY} - \lg \alpha_{Y(H)} \tag{3-9}$$

【课堂练习】

计算 pH=2.0 和 pH=10.0 时的 $\lg K'_{ZnY}$

解:查表 3-1 得 $\lg K_{ZnY} = 16.5$

查表 3-2 得 pH=2.0 时 $\lg \alpha_{Y(H)} = 13.8$

　　　　　　pH=10.0 时 $\lg \alpha_{Y(H)} = 0.45$

所以 pH=2.0 时

$$\lg K'_{ZnY} = \lg K_{ZnY} - \lg \alpha_{Y(H)}$$
$$= 16.5 - 13.8$$
$$= 2.7$$

pH=10.0 时

$$\lg K'_{ZnY} = \lg K_{ZnY} - \lg \alpha_{Y(H)}$$
$$= 16.5 - 0.45$$
$$= 16.05$$

显然,ZnY^{2-} 在 pH=10.0 的溶液中,比在 pH=2.0 的溶液中稳定得多。

所以,配位滴定中控制溶液酸度是十分重要的,只有选择了合适的酸度,才能获得准确的分析结果。

(三)配位滴定条件的选择

在 EDTA 配位滴定中,若要满足滴定分析误差≤0.1%,则需满足 $\lg c_M K'_{MY} \geq 6$。在实际的滴定中,金属离子和 EDTA 的浓度通常都是 10^{-2} mol/L,所以需满足 $\lg K'_{MY} \geq 8$。因此,往往将 $\lg c_M K'_{MY} \geq 6$ 或 $\lg K'_{MY} \geq 8$ 作为能准确滴定的条件。

EDTA 的配位能力很强,它能和大多数金属离子反应生成稳定的配合物。所以它能直接或间接地测定几乎所有的金属离子。实际分析中,分析对象往往比较复杂,存在多种离子并存的情况,滴定时很容易相互干扰,产生很多副反应。因此,为提高配位滴定的选择性,就要控制适当的滴定条件来减少或者消除干扰,以提高配位滴定的准确性。

1. 配位滴定酸度条件的选择

在配位滴定中,不考虑溶液的配位效应,配位滴定的条件稳定常数主要由溶液酸度决

定。酸度过高，酸效应系数太大，条件稳定常数太小，难以得到准确的分析结果，不能准确滴定；酸度过低时，酸效应系数太小，会引起金属离子的水解，降低金属离子的配位能力，因此，要实现准确滴定，必须控制体系的酸度。

(1) 滴定的最高酸度（最低 pH 值） 配位滴定反应中，如果只有 EDTA 的酸效应，不存在其他的副反应，则配合物的条件稳定常数 $\lg K'_{MY} = \lg K_{MY} - \lg \alpha_{Y(H)}$。酸度越大（即 pH 值越小），$\lg \alpha_{Y(H)}$ 值越大，则 $\lg K'_{MY}$ 值越小。因此，溶液的酸度就有一个限度，超过这一限度就会使 $\lg K'_{MY} < 8$，金属离子就不能被准确滴定。这一最高允许的酸度称为滴定的最高酸度或称为最低 pH 值。

【课堂练习】

用 0.01mol/L EDTA 滴定 0.01mol/L 的 Zn^{2+}，试计算其最高酸度。

解： 查表 3-1 得 $\lg K_{ZnY} = 16.50$，由 $\lg K'_{MY} = \lg K_{MY} - \lg \alpha_{Y(H)} \geqslant 8$ 可得 $\lg \alpha_{Y(H)} \leqslant 16.5 - 8 = 8.5$。

查表 3-2，当 $\lg \alpha_{Y(H)} = 8.5$ 时，pH=4，故最高酸度为 pH=4。

从上例看出，若 pH<4，则 $\lg K_{ZnY} < 8$，误差就会大于 0.1%。

不同金属离子的 $\lg K_{MY}$ 值不同，因此准确滴定不同金属离子所要求的最高酸度也不同。以不同金属离子的 $\lg K_{MY}$ 与相应的最高酸度作图，得到的关系曲线称为酸效应曲线，也称林邦曲线，见图 3-4。从图 3-4 中可以直接查出滴定某种单一的金属离子时的最高酸度。如 Bi^{2+}、Fe^{3+} 等可在强酸性溶液中滴定，Pb^{2+}、Al^{3+}、Fe^{2+} 等离子可在弱酸性溶液中滴定，而 Ca^{2+}、Mg^{2+} 等离子必须在弱碱性溶液中进行滴定。

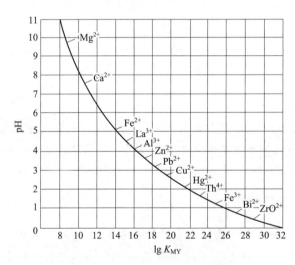

图 3-4 EDTA 的酸效应曲线

通常实际滴定过程中，采用的 pH 要比最低 pH 值大一些，这样可以使金属离子 M 配位得更完全。

(2) 滴定的最低酸度（最高 pH 值） 配位滴定中，如果溶液的酸度过低（即 pH 值过高），金属离子会发生水解生成氢氧化物沉淀，影响配位滴定反应的进行。因此，将金属离子水解时的酸度称为配位滴定的最低酸度（或最高 pH）。

在没有其他配位剂存在下，滴定金属离子的最低酸度可从 $M(OH)_n$ 的溶度积 K_{sp} 求得。若 $M(OH)_n$ 的溶度积为 K_{sp}，为防止沉淀的生成，必须使 $[OH^-] \leqslant \sqrt[n]{\dfrac{K_{sp}}{c}}$，然后从 OH^- 浓度即可求出滴定的最低酸度，$pH = 14 - pOH$。

【课堂练习】

用 EDTA（0.02000 mol/L）滴定液滴定同浓度的 Fe^{3+}，试计算滴定允许的最低酸度与最高酸度。[已知 $Fe(OH)_3$ 的 $K_{sp} = 1.1 \times 10^{-36}$]

解： 查表 3-1 可得，$\lg K_{FeY} = 25.1$

（1）根据 $\lg \alpha_{Y(H)} \leqslant \lg K_{MY} - 8$，可得 $\lg \alpha_{Y(H)} \leqslant 25.1 - 8 = 17.1$。

查表 3-2 可得最高酸度或最低 $pH = 1.0$。

（2）因为 $Fe(OH)_3$ 的 $K_{sp} = 1.1 \times 10^{-36}$

$$[OH^-] = \sqrt[3]{\dfrac{1.1 \times 10^{-36}}{[Fe^{3+}]}} = \sqrt[3]{\dfrac{1.1 \times 10^{-36}}{0.020}} = 3.8 \times 10^{-12} (mol/L)$$

$$pOH = -\lg[OH^-] = 11.4$$

$$pH = 14.00 - pOH = 14.00 - 11.4 = 2.6$$

即滴定 Fe^{3+} 的最高酸度（最低 pH）为 1.0，最低酸度（最高 pH）为 2.6。

上例的计算结果说明，用 EDTA 滴定 Fe^{3+}，当溶液的 pH<1.0 时，因酸效应明显，配位反应不完全，在此条件下不能进行准确滴定；当溶液的 pH>2.6 时，因 Fe^{3+} 能发生水解生成 $Fe(OH)_3$ 沉淀，同样也不能被准确滴定。只有当溶液的 pH 值在 1.0～2.6 的范围内，才能用 EDTA 准确滴定 Fe^{3+}。

在配位滴定中，滴定某金属离子的最高酸度与最低酸度之间的范围，就是滴定该金属离子的适宜酸度范围。配位滴定不仅需要在滴定前调节好溶液的酸度，而且需要在整个滴定过程中控制溶液的 pH，常通过加入一定量缓冲溶液的方法来保持滴定体系的 pH 基本不变。

【课堂活动】计算 0.01 mol/L EDTA 分别滴定 Ca^{2+}、Fe^{3+}、Al^{3+} 溶液的最高酸度，并说明其最高酸度为何不同？

2. 提高配位滴定选择性的方法

用 EDTA 滴定时，被分析的试样往往是多种离子共存，这些共存离子就有可能同时被滴定。为提高配位滴定的选择性，常通过控制酸度和利用掩蔽法和解蔽法来实现。

（1）**控制酸度** 不同的金属离子被 EDTA 滴定时的适宜酸度范围不同，可以采用控制 pH 的方法，使用缓冲溶液控制溶液的酸度，使 EDTA 仅和某一种滴定的离子进行配位反应，从而达到选择性滴定的目的。

例如，用 EDTA 滴定 Ca^{2+}、Zn^{2+} 混合溶液时，准确滴定 Zn^{2+} 的酸度范围为 pH 4.0～7.2，滴定 Ca^{2+} 的最低 pH 为 7.6。因此，控制酸度在 pH 4～7 的范围内，就能在 Ca^{2+} 存在的情况下选择性滴定 Zn^{2+}，从而实现分步滴定。

例如，Fe^{3+} 和 Mg^{2+} 共存时，先调节溶液 pH 约为 5，用 EDTA 滴定 Fe^{3+}，此时 Mg^{2+} 不干扰。当 Fe^{3+} 被完全滴定后，再调节溶液约为 10，继续用 EDTA 滴定 Mg^{2+}。

（2）**掩蔽法** 当被测的金属离子 M 与 EDTA 生成的配合物 MY 的稳定常数与干扰离子 N 的配合物 NY 的稳定常数差别不大时，就不能使用控制酸度的方法来消除干扰。这时，可通过加入一种试剂与干扰离子 N 反应，使溶液中干扰离子 N 的浓度降至很低，以至不能与 Y 发生配位反应，从而消除共存离子 N 的干扰。这种方法叫掩蔽法，加入的试剂叫掩蔽剂。

常用的掩蔽法有氧化还原掩蔽法、沉淀掩蔽法和配位掩蔽法等。

① 氧化还原掩蔽法。利用氧化还原反应，加入一种氧化剂或还原剂，改变干扰离子的价态以消除干扰。

例如，Fe^{3+} 与 EDTA 比 Fe^{2+} 与 EDTA 形成的配合物稳定，在 pH=1 时测定 Bi^{3+}，为了消除 Fe^{3+} 干扰，可以适当加入还原剂（羟胺或者维生素 C），将 Fe^{3+} 转变为 Fe^{2+}，降低对 EDTA 的损耗。例如，$\lg K_{FeY^{2-}}=14.32$ 比 $\lg K_{FeY^{-}}=25.10$ 小得多，加入抗坏血酸或盐酸羟胺使 Fe^{3+} 还原为 Fe^{2+} 可消除 Fe^{3+} 干扰。

氧化还原掩蔽法只适用于那些易发生氧化还原反应的金属离子，并且生成的这些金属的氧化态或还原态不干扰测定的情况下。

② 沉淀掩蔽法。利用沉淀反应，在溶液中加入一种能与干扰离子形成沉淀的沉淀剂而降低干扰离子的浓度，以消除干扰。例如，在 Ca^{2+}、Mg^{2+} 共存溶液中，加入 NaOH 使溶液 pH12~13，Mg^{2+} 生成 $Mg(OH)_2$ 沉淀，这时 EDTA 就能够直接滴定 Ca^{2+} 了。

但是，沉淀掩蔽法有很多缺点，例如有些沉淀反应进行得不完全，掩蔽率非常低，有时候会有共沉淀现象，干扰离子和待测定的金属离子都发生了沉淀反应，从而影响了测定的准确度。例如沉淀有颜色或者沉淀量太大，也会干扰滴定终点的判断，所以沉淀掩蔽法应用较少。

③ 配位掩蔽法。利用配位反应来降低干扰离子的浓度以消除干扰。

例如，测定 Al^{3+} 和 Zn^{2+} 共存溶液中的 Zn^{2+} 时，加入 NH_4F 使之与干扰离子 Al^{3+} 形成十分稳定的 $[AlF_6]^{3-}$ 而被掩蔽起来，因而消除了 Al^{3+} 干扰。测定水中的 Ca^{2+}、Mg^{2+}，存在 Fe^{3+}、Al^{3+} 干扰离子，可以在水中加入三乙醇胺作为掩蔽剂，三乙醇胺可以与 Fe^{3+}、Al^{3+} 形成稳定的配合物，而不与 Ca^{2+}、Mg^{2+} 形成配合物，这样就可以消除 Fe^{3+}、Al^{3+} 对滴定的干扰。滴定 pH 范围是 10~12，而碱性溶液容易使 Fe^{3+}、Al^{3+} 出现沉淀，所以先要在酸性溶液中加入三乙醇胺使之与 Fe^{3+}、Al^{3+} 反应后，再将 pH 调至 10~12 测定 Ca^{2+}、Mg^{2+}。

在实际的分析检测工作中，用一种掩蔽剂通常难以达到让人满意的效果，通常都是选择几种掩蔽剂或者沉淀剂同时使用，能够提高选择性。表 3-3 是常用的配位掩蔽剂及其使用范围。

表 3-3　常用的配位掩蔽剂及使用范围

掩蔽剂	使用 pH 范围	被掩蔽的金属离子
酒石酸	2	Mn^{2+}、Fe^{3+}、Sn^{4+}
	5.5	Fe^{3+}、Al^{3+}、Sn^{4+}、Ca^{2+}
	6~7.5	Cu^{2+}、Mg^{2+}、Fe^{3+}、Al^{3+}、Sb^{3+}
	10	Al^{3+}、Sn^{4+}
KCN	>8	Cu^{2+}、Co^{2+}、Ni^{2+}、Zn^{2+}、Hg^{2+}、Ag^+
NH_4F	4~6	Al^{3+}、Sn^{4+}、Ti^{4+}、Zr^{4+}、W^{6+}
	10	Mg^{2+}、Ca^{2+}、Sr^{2+}、Ba^{2+}、Al^{3+}

续表

掩蔽剂	使用 pH 范围	被掩蔽的金属离子
三乙醇胺（TEA）	10	Fe^{3+}、Al^{3+}、Sn^{4+}、TiO^{2+}
	11～12	Fe^{3+}、Al^{3+}
磺基水杨酸	4～6	Al^{3+}

（四）应用解蔽法实现多种离子的连续分步测定

将干扰离子掩蔽以滴定被测离子后，再在溶液中加入一种试剂，将已经掩蔽的离子释放出来，再次进行滴定，这种方法叫解蔽作用，加入的试剂叫解蔽剂。常用的解蔽剂有甲醛、氟化物和苦杏仁酸。将掩蔽和解蔽结合起来使用，可以实现连续分步滴定多种离子。例如测定铜合金中的 Pb^{2+}、Zn^{2+} 时，首先在氨性溶液中加入 KCN 掩蔽 Cu^{2+} 和 Zn^{2+}，在 pH=10，以铬黑 T 为指示剂，用 EDTA 标准溶液滴定 Pb^{2+}。然后再加入三氯乙醛或甲醛破坏 $Zn(CN)_4^{2-}$ 而解蔽 Zn^{2+}，再用 EDTA 标准溶液滴定 Zn^{2+}，得到 Zn^{2+} 的含量。

三、金属指示剂

在配位滴定中，通常利用一种能与金属离子生成有色配合物的有机染料显色剂来指示滴定过程中金属离子浓度的变化，这种显色剂称为金属离子指示剂，简称金属指示剂。

1. 金属指示剂及其作用原理

金属指示剂是一种有机染料，它与被滴定金属离子反应，生成一种与染料本身颜色不同的配合物。

滴定前 $\qquad$ M + In $\rightleftharpoons$ MIn

$\qquad\qquad$ （色1）（色2）

由于 MIn 不及 M-EDTA(MY) 稳定，故

终点时 $\qquad$ MIn + Y $\rightleftharpoons$ MY + In

$\qquad\qquad$ （色2）$\qquad\qquad$（色1）

当溶液变为指示剂本身的颜色时，显示终点到达。例如，常用的指示剂铬黑 T 与铬黑 T-镁的结构如图 3-5。

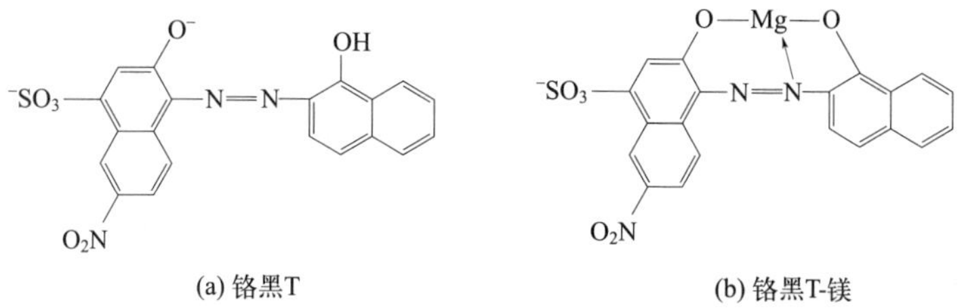

(a) 铬黑T　　　　　　(b) 铬黑T-镁

图 3-5　铬黑 T 与铬黑 T-镁的结构式

若用铬黑 T 为指示剂，以 EDTA 滴定 Mg^{2+} 为例，金属指示剂的变色过程为：

$$Mg^{2+} \xrightarrow{HIn^{2-}} Mg^{2+} \xrightarrow{H_2Y^{2-}} MgY^{2-} \xrightarrow{H_2Y^{2-}} MgY^{2-}$$
$$\qquad\qquad\quad MgIn^- \qquad\quad MgIn^- \qquad\qquad HIn^{2-}$$
（无色）　　（酒红色）　　（酒红色）　　　（纯蓝色）

滴定开始时，溶液中有大量的 Mg^{2+}，部分 Mg^{2+} 与铬黑 T 配位，呈现 $MgIn^-$ 的酒红色。随着 EDTA 的加入，EDTA 逐渐与 Mg^{2+} 配位，在化学计量点附近，Mg^{2+} 浓度降得很低，加入的 EDTA 进而夺取 $MgIn^-$ 配合物中的 Mg^{2+}，使铬黑 T 游离出来，呈现 HIn^- 的蓝色，表示滴定终点达到。

2. 金属指示剂应具备的条件

从以上的原理可以看出，金属指示剂必须具备以下条件。

（1）金属指示剂与金属离子生成的配合物颜色应与指示剂本身颜色有明显区别，终点颜色变化明显。金属指示剂大多是有机弱酸，颜色随 pH 而变化，因此必须控制适当 pH 范围。现以金属指示剂铬黑 T（EBT）为例，在 pH=10 的条件下，用 EDTA 标准溶液滴定 Mg^{2+}，说明金属指示剂的作用原理。

滴定前，先加入少量的铬黑 T 指示剂于被测溶液中，铬黑 T 与部分 Mg^{2+} 发生配位反应生成酒红色的配合物 Mg-EBT，使溶液显红色。

滴定前　　　　　　　　Mg＋EBT $\rightleftharpoons$ Mg-EBT
溶液颜色　　　　　　　　（纯蓝色）（酒红色）

滴定时，滴入的 EDTA 与溶液中游离的 Mg^{2+} 配位结合，生成无色的 Mg-EDTA。

当滴定至化学计量点附近时，由于 Mg-EDTA 的稳定常数远远大于 Mg-EBT 的稳定常数，稍过量的 EDTA 便可将已与 EBT 配位的 Mg^{2+} 夺取过来，使 EBT 游离出来，呈现本身的颜色，即溶液变成蓝色，滴定到达终点。化学反应式可表示为：

终点前　　　　　　　　EDTA＋Mg^{2+} $\rightleftharpoons$ Mg-EDTA
　　　　　　　　　　　　　　　　　　　　　（无色）

终点时　　　　　　　　Mg-EBT＋EDTA $\rightleftharpoons$ Mg-EDTA＋EBT
溶液颜色　　　　　　　（酒红色）　　　　　　　　　　　　　（纯蓝色）

【课堂活动】在配位滴定中，滴定前和滴定终点时，溶液的颜色分别是哪种物质的颜色？

（2）显色配合物（MIn）要有适当的稳定性（$K_{HIn} > 10^{-4}$），稳定性不能太低，否则滴定过程中易分解；也不能太高，这样 EDTA 才能在终点时夺取 MIn 中的 M，使 In 游离而变色。一般要求 $K'_{MY}/K'_{MIn} > 10^2$，以防止临近计量点时由于它的离解，游离出 In，而使终点提前到达，并使终点变色不敏锐；并防止临近计量点时，Y 将难以从 MIn 中夺取 M，而使终点推迟，甚至不发生颜色改变。

（3）指示剂与被滴定离子的显色反应必须灵敏、迅速并且有良好的变色可逆性。

3. 金属指示剂使用中存在的问题

（1）指示剂的封闭现象　在滴定中，到达计量点后，过量的 EDTA 不能夺取显色配合物 MIn 中的金属离子，看不到终点颜色的变化，这种现象称为指示剂的封闭现象。

产生指示剂封闭现象的原因，可能是溶液中共存的金属离子 N 与指示剂形成的显色配合物的稳定性高于相应的配合物 NY。如在 pH=10，以铬黑 T 作为指示剂滴定 Mg^{2+} 时，溶液中共存的 Al^{3+}、Fe^{3+}、Cu^{2+}、Co^{2+} 和 Ni^{2+} 对铬黑 T 有封闭作用，此时加入三乙醇胺

（掩蔽 Al^{3+} 和 Fe^{3+}）和 KCN（掩蔽 Cu^{2+}、Co^{2+} 和 Ni^{2+}）以消除干扰。

有时指示剂的封闭现象是由于显色配合物的颜色变化为不可逆反应引起的，如 Al^{3+} 对二甲基酚橙的封闭。如果被滴定的金属离子封闭指示剂，可采用返滴定法，即先加入过量的 EDTA，然后用别的金属指示剂进行返滴定予以消除。

（2）指示剂的僵化现象　有时金属离子与指示剂生成难溶性显色配合物，在终点时，MIn 与 EDTA 的置换反应缓慢，使终点延长，这种现象称为指示剂的僵化现象。可加入有机溶剂或加热，以增加其溶解度和加快置换速度，使指示剂变色较明显。例如用吡啶偶氮萘酚（PAN）指示剂时，可加入少量乙醇，并加热。

（3）指示剂的氧化变质现象　金属指示剂大多是含有许多双键的有机化合物，易被日光、空气、氧化剂所氧化；有些在水溶液中不稳定，日久会聚合变质。如铬黑 T 的水溶液易氧化和聚合，可用含有还原剂盐酸羟胺基的乙醇溶液配制，或用阻聚剂三乙醇胺配制。固体铬黑 T 比较稳定，但不易控制用量，常以固体氯化钠作稀释剂按质量比 1∶100 配成固体混合物。

4. 常用金属指示剂的配制方法

配位滴定中常用的金属指示剂有铬黑 T（EBT）、吡啶偶氮萘酚（PAN）、二甲酚橙（XO）、钙指示剂（NN）等，见表 3-4。

（1）铬黑 T　简称 EBT，黑色粉末状固体，固体铬黑 T 相当稳定，但在水溶液中易聚合而失效。因此，在配制铬黑 T 溶液时，常加入三乙醇胺减慢其聚合速度。配制铬黑 T 指示剂的方法如下。

① 固态铬黑 T 指示剂的配制：取铬黑 T 0.1g 与研细的干燥的 NaCl 10g 研匀配成固体合剂，存在于干燥器中，用时取少许即可。

② 液态铬黑 T 指示剂的配制：取铬黑 T 0.2g 溶于 15mL 三乙醇胺，待完全溶解后，加入 5mL 无水乙醇即得。

（2）二甲酚橙　简称 XO，紫红色粉末，易溶于水，几个月内稳定，配成 0.2%～0.5% 的水溶液即可。

（3）吡啶偶氮萘酚　简称 PAN，橙红色的针状结晶，难溶于水，可溶于碱、液氨及甲醇、乙醇等溶剂，一般配成 0.1% 的乙醇溶液。

（4）钙指示剂　简称 NN，紫黑色固体粉末，水溶液或乙醇溶液均不稳定，同铬黑 T 一样与 NaCl 固体研匀配成固体混合物使用，作为滴定 Ca^{2+} 的指示剂。

表 3-4　常用金属指示剂

指示剂	pH 适用范围	颜色变化		直接滴定离子	封闭离子	掩蔽剂
		In	MIn			
铬黑 T（EBT）	7～10	蓝	红	Mg^{2+},Zn^{2+},Cd^{2+},Pb^{2+},Mn^{2+},稀土	Al^{3+},Fe^{3+},Cu^{2+},Co^{2+},Ni^{2+}	三乙醇胺 NH_3F
二甲酚橙（XO）	<6	亮黄	红紫	pH<1　ZrO^{2+} pH 1～3　Bi^{3+},Th^{4+} pH 5～6　Zn^{2+},Pb^{2+},Cd^{2+},Hg^{2+},稀土	Fe^{3+} Al^{3+} Cu^{2+},Co^{2+},Ni^{2+}	NH_3F 邻二氮菲

续表

指示剂	pH 适用范围	颜色变化 In MIn	直接滴定离子	封闭离子	掩蔽剂
PAN	2~12	黄　红	pH 2~3 Bi^{3+}, Th^{4+} pH 4~5 Cu^{2+}, Ni^{2+}		
钙指示剂(NN)	10~13	纯蓝　酒红	Ca^{2+}		与铬黑T相似

5. 如何选择合适的指示剂

在化学计量点附近，被滴定的金属离子 pM 值会发生突跃，这就要求金属指示剂也必须在此区间发生颜色变化，并且指示剂变色的 pM 值越接近化学计量点的 pM 越好，避免产生较大的终点误差。

由于金属指示剂大多数都是有机弱酸，同时还需要考虑溶液酸度对金属指示剂颜色的影响，金属离子的副反应（羟基配位和辅助配位反应）等，所以实际操作中多采用实验的方法来选择金属指示剂，即分别试验金属指示剂在滴定终点时颜色变化是否敏锐和滴定结果是否准确，来确定选择何种指示剂。

四、滴定曲线及滴定条件的选择

在酸碱滴定中，是用 H^+ 浓度随滴定剂的介入而发生的变化来描述滴定过程的，即 pH-V 曲线。同样，也可以用 pM-V 曲线来说明滴定过程中金属离子随 EDTA 的加入而发生的变化，在化学计量点附近，pM 值（$-\lg[M']$）也发生突变，产生突跃。这种表示配位滴定过程中金属离子浓度变化的曲线，称为配位滴定曲线。

1. 曲线绘制

pH=12 时，用 0.01000mol/L EDTA 溶液滴定 20.00mL 0.01000mol/L 的 Ca^{2+} 溶液（只需考虑 EDTA 的酸效应）。CaY 的条件稳定常数为：

$$\lg K'_{CaY} = \lg K_{CaY} - \lg \alpha_{Y(H)} = 10.69 - 0 = 10.69$$

用 0.01000mol/L EDTA 滴定 20.00mL 0.01000mol/L 的 Ca^{2+} 时溶液中 pCa 值见表 3-5。

表 3-5　pH=12，用 0.01000mol/L EDTA 滴定 20.00mL 0.01000mol/L Ca^{2+} 时溶液中 pCa 值

加入 EDTA 的量		Ca^{2+} 被配位百分数/%	过量 EDTA 百分数/%	pCa	
mL	%				
0.00	0			2.00	
18.00	90	90.0		3.30	
19.80	99	99.0		4.30	
19.98	99.9	99.9	（化学计量点）	5.30	滴定突跃
20.00	100	100.0		6.50	
20.02	100.1		0.1	7.70	
20.20	101		1	8.7	
40.00	200		100	10.70	

将表 3-5 所列数据以 pCa 为纵坐标，加入 EDTA 标准溶液的量（%）为横坐标作图，得到用 EDTA 标准溶液滴定 Ca^{2+} 的滴定曲线（见图 3-6）。从图 3-6 看出，在 pH=12.00 时用 0.01000mol/L EDTA 标准溶液滴定 0.01000mol/L Ca^{2+} 溶液，化学计量点的 pCa 为 6.50，滴定突跃（±0.1%）范围的 pCa 值 5.30～7.70，滴定突跃较大。

2. 滴定突跃范围

（1）条件稳定常数 $\lg K'_{MY}$ 的影响　若金属离子浓度一定，配合物的条件稳定常数越大，滴定突跃越大。见图 3-7。

$$\lg K'_{MY} = \lg K_{MY} - \lg \alpha_{Y(H)}$$

一般情况下，影响配合物条件稳定常数的主要因素是溶液酸度。酸性越弱，滴定突跃就越大。

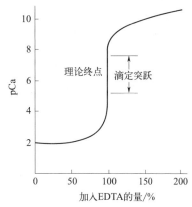

图 3-6　pH=12 时 0.01000mol/L EDTA 溶液滴定 20.00mL 0.01000mol/L 的 Ca^{2+} 溶液滴定曲线

（2）金属离子浓度对突跃的影响　若条件稳定常数 $\lg K'_{MY}$ 一定，金属离子浓度越低，滴定突跃就越小（见图 3-8）。

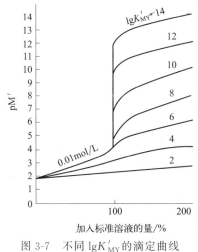

图 3-7　不同 $\lg K'_{MY}$ 的滴定曲线

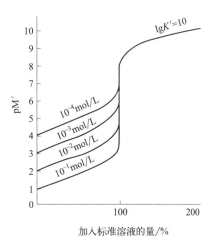

图 3-8　金属离子浓度对滴定突跃的影响

综上，$\lg c \cdot K'_{MY} \geq 6$ 或 $\lg K'_{MY} \geq 8$ 时，金属离子可以直接准确滴定。

五、配位滴定法的应用

（一）EDTA 标准溶液的配制与标定

配制 EDTA 标准溶液时，考虑到使用的纯化水和器皿会带来杂质，改变标准溶液的浓度，因此，实验室中使用的 EDTA 标准溶液一般采用间接法配制，然后用基准物质标定。由于 EDTA 在水中的溶解度比较小，所以常用 EDTA 的二钠盐配制滴定液。常用的 EDTA 标准溶液的浓度为 0.01～0.05mol/L。

【任务链接】 任务3-1 EDTA标准溶液的配制与标定

（二）滴定方法的选择

配位滴定法主要应用于测定各种金属离子的含量。在水质和土壤分析中可用于测定钙、镁离子的含量，在食品和药品分析中可用于测定如葡萄糖酸钙、葡萄糖酸锌、硫酸镁、氢氧化铝凝胶中金属离子含量。滴定方式有直接滴定法、返滴定法、置换滴定法、间接滴定法等类型，前两种方法最为常用。下面举例予以说明。

1. 直接滴定法

凡是能够满足配位滴定条件的金属离子，均可采用直接滴定法进行分析。先将试液加入适当的缓冲溶液调至所需pH值，然后滴加指示剂，用EDTA标准溶液滴定至终点。直接滴定法简便、快速，引入误差较少，较为常用。

（1）水的硬度的测定　水的硬度是指水中溶解钙盐和镁盐的含量。测定水的硬度就是测定水中钙、镁离子的含量，然后把测得的钙、镁离子折算成$CaCO_3$或CaO的质量（mg）来计算硬度（以$CaCO_3$的质量浓度来表示水的硬度，单位为mg/L；以CaO的质量浓度来表示水的硬度，单位为度，1度就是表示1L水中含有10mg CaO）。

【课堂练习】

精密取水样100mL，加入$NH_3 \cdot H_2O$-NH_4Cl缓冲溶液10mL，加铬黑T指示剂适量，用EDTA标准溶液（0.008826mol/L）滴定至溶液由酒红色变为纯蓝色即为终点，消耗EDTA标准溶液12.58mL，计算水的总硬度（以$CaCO_3$表示，mg/L）。

解： $CaCO_3$的摩尔质量为100.1g/mol。水的总硬度为：

$$\rho_{CaCO_3} = \frac{c_{EDTA} V_{EDTA} M_{CaCO_3}}{V_{H_2O}} \times 1000$$

$$= \frac{0.008826 \times 12.58 \times 10^{-3} \times 100.1}{100 \times 10^{-3}} \times 1000$$

$$= 111.1 (mg/L)$$

即水的总硬度为111.1mg/L。

如果要分别测定水中钙、镁的硬度，可先测得Ca^{2+}、Mg^{2+}总硬度，再另取等体积的水样，加入NaOH调节溶液pH=12~13，将Mg^{2+}以$Mg(OH)_2$沉淀形式掩蔽，选用钙指示剂，用EDTA滴定Ca^{2+}，得到钙的硬度，将测得的总硬度减去钙的硬度即得到镁的硬度。

【任务链接】 任务3-2 水的总硬度的测定

（2）葡萄糖酸钙的测定　葡萄糖酸钙（$C_{12}H_{22}O_{14}Ca \cdot H_2O$）是常见的钙盐药物。可以通过测定钙离子的含量来测定药物中葡萄糖酸钙的含量。

【课堂练习】

称取葡萄糖酸钙试样0.5017g，用50mL去离子水溶解后，加至10mL pH=10的NH_3-NH_4Cl缓冲溶液中，以铬黑T为指示剂，用EDTA标准溶液滴定至蓝色出现，消耗

0.04905mol/L 的 EDTA 标准溶液 22.62mL，计算葡萄糖酸钙的含量。

解：葡萄糖酸钙的摩尔质量为 448.39g/mol。则葡萄糖酸钙的含量为：

$$\omega_{C_{12}H_{22}O_{14}Ca \cdot H_2O} = \frac{c_{EDTA}V_{EDTA}M_{C_{12}H_{22}O_{14}Ca \cdot H_2O}}{m_s} \times 100\%$$

$$= \frac{0.04905 \times 22.62 \times 10^{-3} \times 448.39}{0.5017} \times 100\%$$

$$= 99.16\%$$

则葡萄糖酸钙的含量是 99.16%。

【任务链接】 任务 3-3 葡萄糖酸钙口服溶液含量的测定

2. 返滴定法（剩余滴定法）

返滴定法是在试液中先加入准确过量的 EDTA 标准溶液，使被测离子完全配位，然后用另一种金属离子标准溶液滴定过量的 EDTA，最后根据两种标准溶液的浓度和用量，就可求得被测离子的含量。

铝盐药物种类繁多，如明矾、氢氧化铝、复方氢氧化铝、氢氧化铝凝胶等。氢氧化铝凝胶是一种治疗胃病的药物，有抗酸、保护溃疡面、局部止血等作用，用于缓解胃酸过多引起的胃痛、烧心、反酸等症状。氢氧化铝凝胶中铝的含量测定方法采用配位滴定法，即 EDTA 标准溶液测定 Al^{3+}。EDTA 与 Al^{3+} 配位反应速度慢，Al^{3+} 对二甲酚橙、铬黑T等有封闭作用，在酸度较低时，Al^{3+} 水解生成一系列多核羟基配合物，因此不能使用直接滴定法，要采用返滴定法。

【课堂练习】

称取干燥的氢氧化铝凝胶 0.3896g 置于 250mL 容量瓶中，振摇溶解后精密取 25.00mL 于 250mL 锥形瓶中，加入 0.05000mol/L 的 EDTA 标准溶液 25.00mL（过量），过量的 EDTA 标准溶液用 0.05000mol/L 的 Zn^{2+} 标准溶液返滴，用去 Zn^{2+} 标准溶液 15.02mL，求样品中 Al_2O_3 的含量。

解：Al_2O_3 的摩尔质量为 101.96g/mol。

$$\omega_{Al_2O_3} = \frac{[(cV)_{EDTA} - (cV)_{Zn}] \times M_{Al_2O_3} \times 10^{-3}}{2m_s \times \frac{25}{250}} \times 100\%$$

$$= \frac{(0.05000 \times 25.00 - 0.05000 \times 15.02) \times 101.96 \times 10^{-3}}{2 \times 0.3896 \times \frac{25}{250}} \times 100\%$$

$$= 65.30\%$$

3. 置换滴定法

置换滴定法是利用置换反应从配合物中置换出等物质的量的另一金属离子或置换出 EDTA，然后再用标准溶液进行配位滴定的分析方法。

(1) 置换出金属离子　若被测离子 M 与 EDTA 反应不完全或所形成的配合物不稳定，可使 M 置换出另一配合物（NL）中等物质的量的 N，再用 EDTA 滴定 N，即可求得 M 的含量。

$$M+NL \rightleftharpoons ML+N$$

例如，Ag^+ 与 EDTA 的配合物不够稳定（$\lg K_{AgY}=7.8$），不能用 EDTA 直接滴定。若将含 Ag^+ 的试液加到过量的 $[Ni(CN)_4]^{2-}$ 溶液中，则发生如下反应：

$$2Ag^+ + [Ni(CN)_4]^{2-} \rightleftharpoons 2Ag(CN)_2^- + Ni^{2+}$$

在 pH=10 的缓冲溶液中，以紫脲酸铵作指示剂，用 EDTA 标准溶液滴定置换出来 Ni^{2+}，从而求得 Ag^+ 的含量。

(2) 置换出 EDTA　将被测离子 M 与干扰离子全部用 EDTA 配位，然后加入选择性高的配位剂 L 夺取 M 并释放出等量的 EDTA，再用金属离子标准溶液滴定释放出的 EDTA，即可求得 M 的含量。

$$MY+L \longrightarrow ML+Y$$

例如，测定合金中的 Sn 含量时，先在试液中加入过量的 EDTA，将可能存在的 Pb^{2+}、Zn^{2+}、Cd^{2+}、Bi^{3+}、Sn^{4+} 等全部配位，然后用 Zn^{2+} 标准溶液滴定，除去过量的 EDTA。再加入 NH_4F，选择性地将 SnY 中的 EDTA 释放出来，用 Zn^{2+} 标准溶液滴定释放出的 EDTA，即可求得 M 的含量。

4. 间接滴定法

某些非金属离子或金属离子不与 EDTA 发生配位反应或生成的配合物不稳定，可采用间接滴定法。

例如，PO_4^{3-} 的测定，先加入准确过量的 $Bi(NO_3)_3$，使之生成 $BiPO_4$ 沉淀，再用 EDTA 滴定剩余的 Bi^{3+}，从而求得试样中 PO_4^{3-} 的含量。

由于间接滴定法步骤繁杂，引入误差的机会也较多，故不是一种理想的方法。

【项目实施】

任务 3-1　EDTA 标准溶液的配制与标定

EDTA 标准溶液的配制与标定

【任务导入】0.05mol/L EDTA 标准溶液的配制与标定。

【任务分析】EDTA 难溶于水，通常采用其二钠盐（$Na_2H_2Y \cdot 2H_2O$）配制标准滴定溶液。该标准溶液常用间接方法配制，即先把 EDTA 配成接近所需浓度的溶液，然后用基准物质标定。标定好的 EDTA 标准溶液可以用来测定多种金属离子。

标定 EDTA 溶液的基准试剂较多，如金属锌、铜以及 ZnO、$CaCO_3$ 等。用 ZnO 基准物标定，在溶液酸度控制在 pH=10 的 NH_3-NH_4Cl 缓冲溶液中，以铬黑 T（EBT）作指示剂直接滴定，终点由红色变为纯蓝色。

配制好的 EDTA 溶液应贮存在聚乙烯塑料瓶或硬质玻璃瓶中。若贮存在软质玻璃瓶中，

EDTA 会不断地溶解玻璃中的 Ca^{2+}、Mg^{2+} 等离子形成配合物，使其浓度不断降低。

【任务准备】

（1）仪器、试剂　乙二胺四乙酸二钠、ZnO、盐酸溶液、氨水、NH_4Cl、铬黑 T（EBT）、常规滴定分析玻璃仪器一套。

（2）标准规范　GB/T 601—2016《化学试剂　标准滴定溶液的制备》。

【任务计划】

1. 配制

按表 3-6 规定量，称取乙二胺四乙酸二钠，加 1000mL 水，加热溶解，冷却，摇匀。

表 3-6　EDTA 取用量

乙二胺四乙酸二钠标准滴定溶液的浓度 c_{EDTA}/(mol/L)	乙二胺四乙酸二钠的质量 m/g
0.1	40
0.05	20
0.02	8

2. 标定

乙二胺四乙酸二钠标准滴定溶液（c_{EDTA}＝0.1mol/L、c_{EDTA}＝0.05mol/L）。

按表 3-7 的规定量，称取于 800℃±50℃ 的高温炉中灼烧至恒量的工作基准试剂氧化锌，用少量水湿润，加 2mL 盐酸溶液（20%）溶解，加 100mL 水，用氨水溶液（10%）将溶液 pH 值调至 7~8，加 10mL NH_3-NH_4Cl 缓冲溶液（pH≈10）及 5 滴铬黑 T 指示液（5g/L），用配制的乙二胺四乙酸二钠溶液滴定至溶液由紫色变为纯蓝色。同时做空白试验。

表 3-7　氧化锌取用量

乙二胺四乙酸二钠标准滴定溶液的浓度 c_{EDTA}/(mol/L)	工作基准试剂氧化锌的质量 m/g
0.1	0.3
0.05	0.15

乙二胺四乙酸二钠标准滴定溶液的浓度（c_{EDTA}）计算：

$$c_{EDTA}=\frac{1000m}{(V_1-V_2)\times M}$$

式中　m——氧化锌质量，g；

V_1——乙二胺四乙酸二钠溶液体积，mL；

V_2——空白试验消耗乙二胺四乙酸二钠溶液体积，mL；

M——氧化锌的摩尔质量，81.408g/mol。

【任务实施】

【数据处理】参见任务 2-2　制备 NaOH 标准溶液。

【任务反思】

1. 为什么通常使用乙二胺四乙酸二钠配制 EDTA 标准溶液，而不用乙二胺四乙酸？
2. 以 ZnO 作为基准物标定 EDTA 溶液时，操作中应注意些什么？
3. 以 ZnO 作为基准物标定 EDTA 溶液时，加入 NH_3-NH_4Cl 缓冲溶液的目的是什么？

【任务评价】参见任务 2-2　制备 NaOH 标准溶液。

任务 3-2　水的总硬度的测定

【任务导入】对饮用水进行分析检测，并出具检验报告单。

【任务分析】含有钙镁盐类的水叫硬水（硬度小于 5.6 度的一般可称软水）。硬度有暂时硬度和永久硬度之分。凡水中含有钙、镁的酸式碳酸盐，遇热即成碳酸盐沉淀而失去其硬度则为暂时硬度；凡水中含有钙、镁的硫酸盐、氯化物、硝酸盐等所成的硬度称为永久硬度。

暂时硬度和永久硬度的总和称为总硬度。由 Mg^{2+} 形成的硬度称为镁硬度，由 Ca^{2+} 形成的硬度称为钙硬度。

水的硬度是衡量生活用水和工业用水水质的一项重要指标。如药品企业给水，经常要进行硬度分析，进而为水的处理提供依据。我国（GB 5749—2022）生活饮用水总硬度标准限值为 450mg/L（以 $CaCO_3$ 计）。

水样中的钙、镁离子与铬黑 T 指示剂形成紫红色螯合物，这些螯合物的不稳定常数大于乙二胺四乙酸二钠与钙和镁的螯合物的不稳定常数。当 pH＝10 时，乙二胺四乙酸二钠先与钙离子，再与镁离子形成螯合物，滴定至终点时，溶液呈现出铬黑 T 指示剂的纯蓝色。

GB 7477—1987《水质　钙和镁总量的测定　EDTA 滴定法》（节选）

硬度，不同国家有不同的定义概念，如总硬度、碳酸盐硬度、非碳酸盐硬度。

A.1 定义

A.1.1 总硬度——钙和镁的总浓度。

A.1.2 碳酸盐硬度——总硬度的一部分，相当于跟水中碳酸盐及重碳酸盐结合的钙和镁所形成的硬度。

A.1.3 非碳酸盐硬度——总硬度的另一部分，当水中钙和镁含量超出与它们结合的碳酸盐和重碳酸盐含量时，多余的钙和镁就跟水中氯化物、硫酸盐、硝酸盐形成非碳酸盐硬度。

A.2 硬度的表示方法

A.2.1 德国硬度——1德国硬度相当于CaO含量为10mg/L或为0.178mmol/L。

A.2.2 美国硬度——1美国硬度相当于$CaCO_3$含量为1mg/L或为0.01mmol/L。

【任务准备】

（1）仪器、试剂　乙二胺四乙酸二钠、HCl（1∶1）、三乙醇胺（1∶2）、NH_3-NH_4Cl缓冲溶液（pH≈10）、20% NaOH溶液、钙指示剂、0.5%铬黑T指示剂、常规滴定分析玻璃仪器一套。

（2）标准规范　GB 5749—2022《生活饮用水卫生标准》、GB/T 5750.4—2023《生活饮用水标准检验方法　第4部分：感官性状和物理指标》、GB 7477—1987《水质　钙和镁总量的测定　EDTA滴定法》。

【任务计划】

1. 采集水样

可用硬质玻璃瓶（或聚乙烯容器），采样前先将瓶洗净。采样时用水冲洗3次，再采集于瓶中。采集自来水及有抽水设备的井水时，应先放水数分钟，使积留在水管中的杂质流出。

2. 总硬度的测定

吸取50.0mL水样（硬度过高的水样，可取适量水样用纯水稀至50mL，硬度过低的水样，可取100mL），置于250mL锥形瓶中，加1～2滴HCl酸化，煮沸数分钟赶除CO_2。冷却后，加入3mL三乙醇胺溶液、5mL pH≈10的NH_3-NH_4Cl缓冲溶液、5滴铬黑T指示剂，立即用c_{EDTA}＝0.02mol/L的EDTA标准滴定溶液滴定至溶液从紫红色转变成纯蓝色为止，记下EDTA标准滴定溶液的体积V_1，平行测定三次，同时做空白试验，记下用量。

3. 钙硬度的测定

用50mL移液管移取水试样50.00mL，置于250mL锥形瓶中，加入20%NaOH 5mL，摇匀，再加入少许钙指示剂，摇匀，此时溶液呈淡红色，用EDTA标准溶液滴定，由红色至溶液呈纯蓝色即为终点，记下消耗EDTA体积V_2。平行测定三次，同时做空白试验，记下用量。

4. 镁硬度的确定

由总硬度减钙硬度即镁硬度。

5. 结果计算

硬度的表示方法：水的硬度折合成碳酸钙或氧化钙的质量，即每升水中含有$CaCO_3$或CaO的质量，单位为mg/L。

$$\rho_{总}(CaCO_3)=\frac{c_{EDTA}\times(V_1-V_0)\times M_{CaCO_3}}{V}\times 10^3$$

$$\rho_{钙}(CaCO_3)=\frac{c_{EDTA}\times(V_2-V_0)\times M_{CaCO_3}}{V}\times 10^3$$

式中　$\rho_{总(CaCO_3)}$——水样的总硬度，mg/L；

$\rho_{钙(CaCO_3)}$——水样的钙硬度，mg/L；

c_{EDTA}——EDTA标准滴定溶液的浓度，mol/L；

V_1——测定总硬度时消耗EDTA标准滴定溶液的体积，L；

V_2——测定钙硬度时消耗EDTA标准滴定溶液的体积，L；

V_0——空白实验消耗 EDTA 标准滴定溶液的体积，L；

V——水样的体积，L；

M_{CaCO_3}——$CaCO_3$ 摩尔质量，100.09g/mol。

【任务实施】

___

___

___

___

___

___

【数据处理】 参见任务 2-2　制备 NaOH 标准溶液。

【任务反思】

1. 水的硬度包括哪些？
2. 我国如何表示水的总硬度，怎样换算成德国硬度？
3. 水硬度测定有哪些干扰离子，如何排除？

【任务评价】 参见任务 2-2　制备 NaOH 标准溶液。

任务 3-3　葡萄糖酸钙口服溶液含量的测定

【任务导入】 现有一批葡萄糖酸钙口服液，检查含量是否在规定范围内。

【任务分析】 葡萄糖酸钙口服溶液为 D-葡萄糖酸钙盐一水合物，结构式如下：

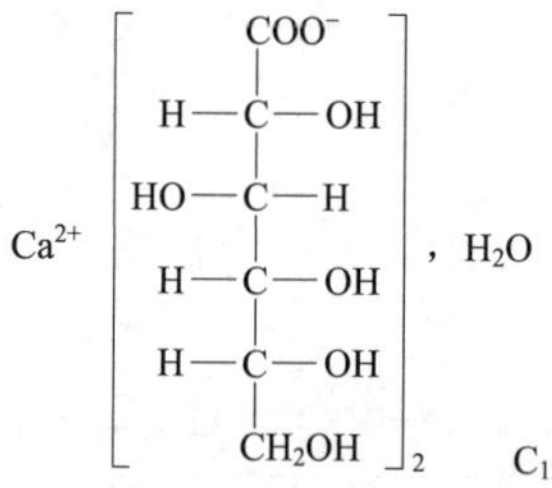

$$Ca^{2+} \begin{bmatrix} COO^- \\ H-C-OH \\ HO-C-H \\ H-C-OH \\ H-C-OH \\ CH_2OH \end{bmatrix}_2 , H_2O \qquad C_{12}H_{22}CaO_{14} \cdot H_2O \quad 448.40$$

故可用配位滴定法滴定其中的钙离子，将供试品加水微热使溶解，加氢氧化钠试液与钙紫红素指示剂后用乙二胺四乙酸二钠滴定液滴定至溶液由紫色转变为纯蓝色即可：

滴定前：　　　　　$Ca^{2+} + HIn^{2-} \rightleftharpoons CaIn^- + H^+$

　　　　　　　　　　纯蓝色　　酒红色

终点前：　　　　　$Ca^{2+} + H_2Y^{2-} \rightleftharpoons CaY^{2-} + 2H^+$

终点时：　　　　　$CaIn^- + H_2Y^{2-} \rightleftharpoons CaY^{2-} + HIn^{2-} + H^+$

　　　　　　　　　酒红色　　　　　　　　　　纯蓝色

【任务准备】

（1）仪器、试剂　乙二胺四乙酸二钠、葡萄糖酸钙口服溶液、钙紫红素指示剂、常规滴定玻璃仪器一套。

（2）标准规范　《中国药典》（2020版）二部　葡萄糖酸钙口服溶液。

【任务计划】

1. 配制乙二胺四乙酸二钠滴定液（0.05mol/L）

参见任务3-1 EDTA标准溶液的配制与标定。

2. 葡萄糖酸钙口服溶液含量测定

精密量取本品5mL，置锥形瓶中，用水稀释使成100mL，加氢氧化钠试液15mL与钙紫红素指示剂0.1g，用乙二胺四乙酸二钠滴定液（0.05mol/L）滴定至溶液自紫色转变为纯蓝色。每1mL乙二胺四乙酸二钠滴定液（0.05mol/L）相当于22.42mg的$C_{12}H_{22}CaO_{14} \cdot H_2O$。

3. 葡萄糖酸钙含量计算

$$葡萄糖酸钙含量（mg/mL）= \frac{VTF}{V_{供试品}} \times 100\%$$

式中　V——EDTA滴定液消耗的体积，mL；

　　　T——滴定度，22.42mg/mL；

　　　F——滴定液浓度校正系数；

$V_{供试品}$——供试品葡萄糖酸钙口服溶液取样量，mL。

【任务实施】

【数据处理】参见任务2-2　制备NaOH标准溶液。

【任务反思】

1. 此任务中 0.05mol/L EDTA 溶液是如何配制的？
2. 配位滴定与酸碱滴定法相比，有哪些不同点？操作中应注意哪些问题？

【任务评价】参见任务 2-2　制备 NaOH 标准溶液。

【项目检测】

一、选择题

1. 以下有关配位剂的叙述不正确的是（　　）。

A. 配位剂有无机配位剂和有机配位剂两大类型

B. 无机配位剂虽然只有一个配位原子，但能形成稳定的配合物，且与金属离子反应的计量关系确定

C. 有机配位剂往往都有多个原子能提供孤对电子，反应完全且计量关系确定

D. 有机配位剂一般能满足滴定分析要求，所以被广泛用于滴定分析

2. 直接与金属离子配位的 EDTA 型体为（　　）。

A. H_6Y^{2+}　　　　　B. H_4Y　　　　　C. H_2Y^{2-}　　　　　D. Y^{4-}

3. 一般情况下，EDTA 与金属离子形成配合物的配位比是（　　）。

A. 1∶1　　　　　B. 2∶1　　　　　C. 1∶3　　　　　D. 1∶2

4. 下列叙述正确的是（　　）。

A. EDTA 是一个二元有机弱酸

B. EDTA 在溶液中总共有七种形式存在

C. EDTA 在水溶液中共有五级电离平衡

D. EDTA 不溶于碱性溶液

5. $\alpha_{M(L)}=1$ 表示（　　）。

A. M 与 L 没有副反应　　　　　　　　B. M 与 L 的副反应相当严重

C. M 的副反应较小　　　　　　　　　D. [M]=[L]

6. 下列关于条件稳定常数叙述正确的是（　　）。

A. 条件稳定常数是经副反应系数校正后的实际稳定常数

B. 条件稳定常数是经酸效应系数校正后的实际稳定常数

C. 条件稳定常数是经配位效应系数校正后的实际稳定常数

D. 条件稳定常数是经水解效应系数校正后的实际稳定常数

7. 配位滴定中，指示剂的封闭现象是由（　　）引起的。

A. 指示剂与金属离子生成的络合物不稳定

B. 被测溶液的酸度过高

C. 指示剂与金属离子生成的络合物稳定性小于 MY 的稳定性

D. 指示剂与金属离子生成的络合物稳定性大于 MY 的稳定性

8. 配位滴定中能够准确滴定的条件是（　　）。

A. 配合物的稳定常数 $K_{MY} \geq 10^6$

B. 配合物的稳定常数 $K_{MY} < 10^8$

C. 配合物的条件稳定常数 $K'_{MY} \geqslant 10^8$

D. 配合物的条件稳定常数 $K'_{MY} < 10^8$

9. 测定水中钙硬度时，Mg^{2+} 的干扰用的是（　　）消除的。

A. 控制酸度法　　　B. 配位掩蔽法　　　C. 氧化还原掩蔽法　　　D. 沉淀掩蔽法

10. 产生金属指示剂的僵化现象是因为（　　）。

A. 指示剂不稳定　　B. MIn 溶解度小　　C. $K'_{MIn} < K'_{MY}$　　D. $K'_{MIn} > K'_{MY}$

11. 氢氧化铝凝胶药物的测定常用配位滴定法。加入过量 EDTA，加热煮沸片刻后，再用标准锌溶液滴定。该滴定方式是（　　）。

A. 直接滴定法　　　　　　　　　　　B. 置换滴定法

C. 返滴定法　　　　　　　　　　　　D. 间接滴定法

二、简答题

1. EDTA 与金属离子形成的配合物的特点是什么？

2. 配位滴定法中的滴定液是什么物质？选择时需要注意什么问题？

3. 影响配位滴定的滴定突跃的因素有哪些？如何影响？

三、计算题

1. 用配位滴定法测定 Al_2O_3 的含量，称取 1.3200g 试样，溶于水后，稀释至 250mL，精密吸取 25.00mL，加入 0.02212mol/L EDTA 标准溶液 25.00mL，加热煮沸，调节 pH＝4.5，以 PAN 为指示剂，反应完全后用 0.02002mol/L Zn^{2+} 标准溶液返滴定，用去 8.16mL。计算试样中 Al_2O_3 的质量分数。（已知 Al_2O_3 的分子量 101.96）

2. 计算 pH＝8，$[NH_3]$＝0.1mol/L 时，$\lg K'_{ZnY}$。

项目四
氧化还原滴定技术

【项目目标】 ▶▶▶

知识目标：

1. 了解氧化还原反应的特点及影响氧化还原反应的因素。
2. 了解条件电极电势在氧化还原滴定中的应用。
3. 掌握条件电极电势的计算。
4. 掌握常见的氧化还原滴定法及其注意事项、数据处理。

技能目标：

1. 学会应用氧化还原技术测定具有氧化还原性及可以参与氧化还原反应的药品。
2. 能够利用浓度、酸度、温度等滴定条件设计氧化还原类药品测定方案。

素质目标：

1. 引导学生树立正确的价值观。
2. 倡导学生树立健康生活理念。
3. 引发学生对地球面临的严峻环境问题的思考。

【思维导图】

氧化还原滴定技术

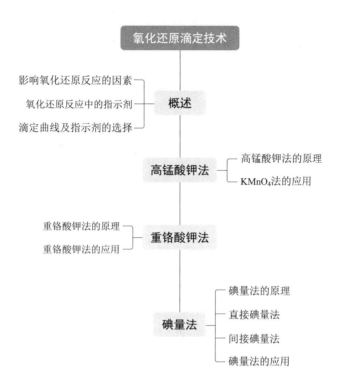

> **我看世界**
>
> 吴浩青,我国电化学领域的开拓者之一,中国科学院院士,在复旦执教半个多世纪,其学术作风也成为复旦化学系的传统之一。为了给学生们提供实验基地,1957年,吴浩青筹建了中国高校第一个电化学实验室。他的弟子、中国科学院院士江明记得吴浩青老师的一句话:"化学家和实验的关系,就是鱼和水的关系"。年逾古稀时,吴老师还把实验室当卧室,带领学生夜以继日地工作。"只要是国家急需的科研项目,我们都会毫无保留、全力以赴。"吴浩青也用自己的行动诠释了以科学救国、育人才建国的真理,为年轻一代留下16字箴言"学无止境、永不自满、严谨治学、求真创新",他的精神也将不断激励后代学子们在科研的道路上探索、前进。

【项目简介】

基于电子转移的反应,称为氧化还原反应,以氧化还原反应为基础的滴定分析技术称为氧化还原滴定法,是应用范围很广的一种滴定分析方法。目前很多国家标准都涉及氧化还原滴定法,如维生素C的含量测定、加碘盐中碘的含量测定、葡萄糖酸锑钠的测定、铁矿石中全铁的测定、环境水样中COD值、漂白粉中有效氯的测定等等,都是氧化还原滴定范畴。

根据所用滴定剂的名称来命名,常用的氧化还原滴定法有高锰酸钾法、重铬酸钾法、碘量法、溴酸钾法等。本项目以工作任务为引领,进行理实一体化教学,使学生能够依据国标或药典及技术规范独立完成下面的拓展任务,出具检验报告单,并对学生进行能力考核。

本项目任务包括:任务4-1 $KMnO_4$标准溶液的配制和标定;任务4-2 过氧化氢(双氧水)含量的测定($KMnO_4$法);任务4-3 $K_2Cr_2O_7$标准滴定溶液的制备;任务4-4 $Na_2S_2O_3$标准滴定溶液的制备。

【相关知识】

一、概述

氧化还原反应与酸碱反应及配位反应不同,它不是离子或分子之间的相互结合,而是一种电子由还原剂向氧化剂转移的反应,这种电子的转移往往是分步进行的,反应机理比较复杂。有许多氧化还原反应虽然有可能进行得相当完全,但反应速率慢,常有副反应发生,不能用于滴定分析。因此,在进行氧化还原滴定时,除了从平衡的观点判断反应进行的可能性外,还应创造适宜的条件,加快反应速率,防止副反应发生,以保证滴定反应按照既定的方向定量完成。

氧化还原滴定法可以直接测定具有氧化还原性质的物质,而且还可以间接测定一些本身不具有氧化还原性质但能与氧化剂或还原剂定量反应的物质;不仅可以测定无机物,也能用于有机物的测定。

在氧化还原滴定法中,习惯上常按滴定剂(氧化剂)的名称不同进行命名和分类,如

KMnO$_4$ 法、K$_2$Cr$_2$O$_7$ 法、碘量法和硫酸铈法等。

氧化剂和还原剂的强弱，可以用有关电对的标准电极电势来衡量。电对的电势越高，其氧化型的氧化能力就越强；反之电对的电势越低，则其还原型的还原能力就越强。根据有关电对的电势可以判断氧化还原反应进行的方向、次序和反应进行的程度。

氧化还原电对的电势可用能斯特方程表示。例如，对下列电极反应

$$\text{Ox} + ne \longrightarrow \text{Red}$$

$$\varphi_{\text{Ox/Red}} = \varphi'_{\text{Ox/Red}} + \frac{0.0592}{n} \lg \frac{c_{\text{Ox}}}{c_{\text{Red}}}$$

式中　　$\varphi'_{\text{Ox/Red}}$——条件电势。

条件电势是在特定的条件下，氧化态和还原态的分析浓度均为 1mol/L 或它们的分析浓度比为 1 时，校正了各种外界因素影响后的实际电势。

条件电势与标准电势不同，它不是一种热力学常数，它只有在溶液的离子强度和副反应等条件不变的情况下才是一个常数。对某一个氧化还原电对而言，标准电势只有一个，但在不同的介质条件下却有不同的条件电势。常见标准电极电势见附录 7。例如，Cr$_2$O$_7^{2-}$/Cr^{3+} 电对的标准电势 $\phi^{\ominus}_{\text{Cr}_2\text{O}_7^{2-}/\text{Cr}^{3+}} = 1.33\text{V}$，而条件电势 $\phi'_{\text{Cr}_2\text{O}_7^{2-}/\text{Cr}^{3+}}$ 却有不同的数值，见表 4-1。

表 4-1　Cr$_2$O$_7^{2-}$/Cr^{3+} 电对条件电势

介质	$\phi'_{\text{Cr}_2\text{O}_7^{2-}/\text{Cr}^{3+}}$/V
0.1mol/L HCl	0.93
1.0mol/L HCl	1.00
0.1mol/L H$_2$SO$_4$	0.90
4.0mol/L H$_2$SO$_4$	1.15
0.1mol/L HClO$_4$	0.84
1.0mol/L HClO$_4$	1.025

（一）影响氧化还原反应的因素

1. 氧化还原反应的方向及影响因素

氧化还原反应的方向，可以根据反应中两个电对的条件电极电势或标准电极电势的大小来确定。当溶液的条件发生变化时，氧化还原电对的电势也将受到影响，从而可能影响氧化还原反应进行的方向。影响氧化还原反应方向的因素有氧化剂和还原剂的浓度、溶液的酸度、生成沉淀和形成配合物等。

2. 氧化还原反应进行的次序

在分析工作的实践中，经常会遇到溶液中含有不止一种氧化剂或不止一种还原剂的情形。例如，用重铬酸钾法测定 Fe^{3+} 时，通常先用 SnCl$_2$ 还原 Fe^{3+} 为 Fe^{2+}。为了使 Fe^{3+} 还原完全，必须加入过量的 Sn^{2+}。因此溶液中就有 Sn^{2+} 和 Fe^{2+} 两种还原剂存在，若用 K$_2$Cr$_2$O$_7$ 标准溶液滴定该溶液，由下列标准电极电势可以看出

$$\varphi^{\ominus}(\text{Cr}_2\text{O}_7^{2-}/\text{Cr}^{3+}) = 1.33\text{V}$$

$$\varphi^{\ominus}(\text{Fe}^{3+}/\text{Fe}^{2+}) = 0.77\text{V}$$

$$\varphi^{\ominus}(Sn^{4+}/Sn^{2+})=0.15V$$

$Cr_2O_7^{2-}$ 是其中最强的氧化剂，Sn^{2+} 是最强的还原剂。滴加的 $Cr_2O_7^{2-}$ 首先氧化 Sn^{2+}，只有将 Sn^{2+} 完全氧化后才氧化 Fe^{2+}。因此，在用 $K_2Cr_2O_7$ 标准溶液滴定 Fe^{2+} 前，应先将多余的 Sn^{2+} 除去。

上例清楚地说明，溶液中同时含有几种还原剂时，若加入氧化剂，则首先与溶液中最强的还原剂作用。同样，溶液中同时含有几种氧化剂时，若加入还原剂，则首先与溶液中最强的氧化剂作用。即在适当的条件下，在所有可能发生的氧化还原反应中，标准电极电势相差最大的电对间首先进行反应。因此，如果溶液中存在数种还原剂，而且各种还原剂电对的电势相差较大，又无其他反应干扰，可用氧化剂分步滴定溶液中各种还原剂。

3. 氧化还原反应的速度及其影响因素

氧化还原反应平衡常数的大小只能表示氧化还原反应的完全程度，但不能说明氧化还原反应的速度。而多数氧化还原反应是较为复杂的，需要一定时间才能完成。所以在氧化还原滴定分析中，不仅要从平衡观点来考虑反应的可能性，还要从反应速率来考虑反应的现实性。

(1) 反应物浓度的影响　根据质量作用定律，反应速率与反应物的浓度有关。由于氧化还原反应是分步进行的，反应的速率取决于反应历程中最慢的一步，即反应速率应与最慢的一步反应物的浓度乘积成正比。一般说来，增加反应物浓度可以加速反应的进行。例如，在酸性溶液中，$Cr_2O_7^{2-}$ 和 KI 的反应：

$$Cr_2O_7^{2-}+6I^-+14H^+ \rightleftharpoons 2Cr^{3+}+3I_2+7H_2O$$

增加 I^- 的浓度或提高溶液的酸度，都可以使反应加速。

(2) 反应温度的影响　温度对反应速率的影响是复杂的。对于大多数反应来说，升高温度可提高反应速率。例如，在酸性溶液中，MnO_4^- 和 $C_2O_4^{2-}$ 的反应

$$2MnO_4^-+5C_2O_4^{2-}+16H^+ \rightleftharpoons 2Mn^{2+}+10CO_2\uparrow+8H_2O$$

室温下，反应缓慢。但如果将溶液加热，反应便明显加快。所以，用 $K_2Cr_2O_7$ 滴定 $H_2C_2O_4$ 时，通常将溶液加热至 75～85℃。

应该注意，在氧化还原滴定中，不是所有情况都可以利用升高温度来增大反应速率的。有些物质（如 I_2）易于挥发，若将溶液加热，则会引起这些物质的挥发损失；有些物质（如 Sn^{2+}、Fe^{2+} 等）很容易被空气中氧所氧化，若将溶液加热，就会促进它们的氧化，从而引起误差。在这些情况下，如果要提高反应的速率，只能采用其他方法。

(3) 催化剂和诱导反应的影响　催化剂对反应速率有很大影响。在氧化还原滴定中，可通过加入催化剂加快反应速率，也可利用反应生成物来加快反应速率。上述 MnO_4^- 和 $C_2O_4^{2-}$ 的反应进行缓慢，若向溶液中加入 Mn^{2+}，能促使反应迅速进行。如果不加入 Mn^{2+}，在反应开始时，虽然加热到 75～85℃，由 MnO_4^- 红色消失的速度，即可看出反应仍较缓慢。但在 MnO_4^- 和 $C_2O_4^{2-}$ 反应后，生成的 Mn^{2+} 起催化作用，反应速率逐渐加快。这种由生成物起催化作用的反应叫作自身催化反应，该催化剂（生成物）称为自身催化剂。自身催化反应的特点是开始时反应速率较慢，随着反应的不断进行，生成物（催化剂）的浓度逐渐增大，反应逐渐加快。

在氧化还原反应中，不仅催化剂能影响反应速率，而且有的氧化还原反应还能促进另一

氧化还原反应的进行。例如，用高锰酸钾滴定铁时，反应如下：

$$MnO_4^- + 5Fe^{2+} + 8H^+ \rightleftharpoons Mn^{2+} + 5Fe^{3+} + 4H_2O$$

实验结果表明，如果滴定反应在盐酸中进行，就要多消耗高锰酸钾溶液，使滴定结果偏高。这是由于一部分 MnO_4^- 和 Cl^- 发生了反应：

$$2MnO_4^- + 10Cl^- + 16H^+ \rightleftharpoons 2Mn^{2+} + 5Cl_2\uparrow + 8H_2O$$

MnO_4^- 和 Cl^- 的反应速率极为缓慢，实际上可以忽略不计。但当 Fe^{2+} 存在时，Fe^{2+} 和 MnO_4^- 间的氧化还原反应能加速上述反应的进行。这种由于一种氧化还原反应的发生促进另一个氧化还原反应进行的现象，称为诱导效应。前者称为诱导反应，后者称为受诱反应。上例中的 MnO_4^- 称为作用体，Fe^{2+} 称为诱导体，Cl^- 称为受诱体。

因此，不宜在盐酸溶液中用 $KMnO_4$ 溶液滴定 Fe^{2+}。实验结果指出，若在溶液中加入大量 Mn^{2+} 时可防止诱导效应的发生，高锰酸钾滴定铁的反应可以在盐酸溶液中进行。

【课堂活动】 诱导效应可以加快反应速率，在定量分析中可以利用诱导效应来加快反应速率吗？

（二）氧化还原反应中的指示剂

在氧化还原滴定法中，可以用电位法确定终点，也可用指示剂确定滴定终点。根据作用机理，氧化还原反应中的指示剂可分为三类。

（1）自身指示剂 在氧化还原滴定中，有些标准溶液或被测物质本身具有颜色，滴定无色或浅色物质时，无需另外加入指示剂，利用它们本身的颜色变化即可指示滴定终点，这种标准溶液或被测物质称为自身指示剂。例如，$KMnO_4$ 具有很深的紫红色，用它来滴定 Fe^{2+}、$C_2O_4^{2-}$ 等溶液时，反应产物 Mn^{2+}、Fe^{3+} 等颜色很浅，在化学计量点后稍过量的 $KMnO_4$ 就能使溶液呈现明显的粉红色，指示终点的到达，$KMnO_4$ 就是自身指示剂。实验表明，$KMnO_4$ 浓度为 2×10^{-6} mol/L 就能呈现明显的粉红色，所以用 $KMnO_4$ 作为指示剂是十分灵敏的。

（2）专属指示剂（或特殊指示剂） 有些物质本身并不具有氧化还原性质，但能与滴定剂或被滴定物质反应生成特殊颜色的化合物指示终点，称为专属指示剂（或特殊指示剂）。例如，可溶性淀粉与碘单质反应生成深蓝色的吸附化合物，可用于碘量法指示终点。上述反应具有可逆性，当 I_2 全部还原为 I^- 时，深蓝色消失。该反应是专属反应，且灵敏度很高，在没有其他颜色存在的情况下，可检出约 5×10^{-6} mol/L I_2 溶液。又如，以 Fe^{3+} 滴定 Sn^{2+} 时，可用 KSCN 作指示剂，当溶液出现红色 Fe^{3+}-SCN^- 配合物时，即为终点。

（3）氧化还原指示剂 这类指示剂本身具有氧化还原性质，其氧化型和还原型具有不同的颜色。在滴定至化学计量点后，指示剂被氧化或还原，同时伴有颜色变化，从而指示滴定终点。例如，二苯胺磺酸钠指示剂，它的还原型是无色，氧化型是红紫色。若用 $K_2Cr_2O_7$ 溶液滴定 Fe^{2+}，以二苯胺磺酸钠为指示剂，则滴定到化学计量点时，稍过量的 $K_2Cr_2O_7$ 溶液，使二苯胺磺酸钠由无色转变成红紫色，从而指示了滴定的终点。

现分别以 In(Ox) 和 In(Red) 表示指示剂的氧化型和还原型，并假定其电极反应是可逆的，则指示剂的电极反应和能斯特方程式为

$$In(Ox) + ne \rightleftharpoons In(Red)$$

$$\varphi(\text{In}) = \varphi^{\ominus\prime}(\text{In}) + \frac{0.0592}{n}\lg\frac{c(\text{In}_{\text{Ox}})}{c(\text{In}_{\text{Red}})}$$

当指示剂 $c(\text{In}_{\text{Ox}})/c(\text{In}_{\text{Red}})=1$，被滴定溶液的电势恰好等于 $\varphi^{\ominus\prime}(\text{In})$ 时，指示剂呈现中间色，称为氧化还原指示剂的理论变色点，即

$$\varphi(\text{In}) = \varphi^{\ominus\prime}(\text{In})$$

与酸碱指示剂类似，氧化还原指示剂的变色范围就相当于 $c(\text{In}_{\text{Ox}})/c(\text{In}_{\text{Red}})$ 从 10/1 变到 1/10 时的电势变化范围，即氧化还原指示剂的理论变色范围为

$$\varphi^{\ominus\prime}(\text{In}) \pm \frac{0.0592}{n}$$

表 4-2 列举了一些常用的氧化还原指示剂。这类指示剂不像前两类只对某些离子有效，而是通用型指示剂，应用广泛。

表 4-2 常用的氧化还原指示剂

指示剂	$\varphi^{\ominus\prime}(\text{In})/\text{V}$ $([\text{H}^+]=1)$	颜色变化		配制方法
		还原态	氧化态	
亚甲基蓝	+0.52	无	蓝	0.5g/L 水溶液
二苯胺磺酸钠	+0.85	无	红紫	0.5g 指示剂,加水稀释至 100mL
邻苯氨基苯甲酸	+0.89	无	红紫	0.11g 指示剂溶于 20mL50g/L Na_2CO_3 溶液中,用水稀释至 100mL
邻二氮菲亚铁	+1.06	红	浅蓝	1.485g 邻二氮菲,0.695g$\text{FeSO}_4 \cdot 7\text{H}_2\text{O}$,用水稀释至 100mL

这类指示剂的选择原则是：指示剂的变色范围应处在滴定系统的电势突跃范围内，且 $\varphi^{\ominus\prime}(\text{In})$ 与 φ_{sp} 越接近越好。

知识拓展

不可逆指示剂：在过量氧化剂存在时发生不可逆的颜色变化以指示终点的指示剂，如甲基红或甲基橙在酸性溶液中能被过量溴酸钾析出的溴，破坏呈色结构，使其红色消失来指示终点而作为不可逆指示剂。

（三）滴定曲线及指示剂的选择

在氧化还原滴定过程中，随着滴定剂的加入，被滴定物质的浓度不断发生变化，相应电对的电势也随之改变，其变化规律可用滴定曲线来表示。氧化还原滴定曲线可以通过电位滴定方法测得数据进行绘制，也可以应用能斯特方程式进行计算，求出相应的数据来描绘。

现以在 1mol/L H_2SO_4 溶液中，用 0.1000mol/L 的 $\text{Ce}(\text{SO}_4)_2$ 溶液滴定 20.00mL 0.1000mol/L 的 FeSO_4 溶液为例，计算不同滴定阶段时溶液的电势。其滴定反应为：

$$\text{Ce}^{4+} + \text{Fe}^{2+} \rightleftharpoons \text{Ce}^{3+} + \text{Fe}^{3+}$$

该反应由两个半反应组成，在 1mol/L H_2SO_4 溶液中：

$$\text{Ce}^{4+} + e \longrightarrow \text{Ce}^{3+} \qquad \varphi^{\ominus}_{\text{Ce}^{4+}/\text{Ce}^{3+}} = 1.44\text{V}$$

$$Fe^{3+} + e \longrightarrow Fe^{2+} \quad \varphi^{\ominus}_{Fe^{3+}/Fe^{2+}} = 0.68V$$

两电对的电极电势可分别表示为

$$\varphi^{\ominus}_{Ce^{4+}/Ce^{3+}} = \varphi^{\ominus'}_{Ce^{4+}/Ce^{3+}} + 0.0592 \lg \frac{c_{Ce^{4+}}}{c_{Ce^{3+}}}$$

$$\varphi^{\ominus}_{Fe^{3+}/Fe^{2+}} = \varphi^{\ominus'}_{Fe^{3+}/Fe^{2+}} + 0.0592 \lg \frac{c_{Fe^{3+}}}{c_{Fe^{2+}}}$$

上述 Ce^{4+}/Ce^{3+} 和 Fe^{3+}/Fe^{2+} 电对的反应均是可逆的,且得失电子数相等。在滴定前为 Fe^{2+} 溶液,根据上述能斯特方程式可知,当 $c_{Fe^{3+}} = 0$ 时,电极值为负无穷大,这实际上是不可能的。由于空气的氧化,溶液中或多或少总会存在痕量的 Fe^{3+},但其浓度无从得知,所以滴定前的电势无法计算。而这对滴定曲线的绘制无关紧要。因此,只需计算滴定开始后溶液的电极电势。

1. 滴定开始到化学计量点前

滴定开始后,系统中就同时存在着两个电对。在任何一个滴定点,达到平衡时,两电对的电势均相等,即

$$\varphi = \varphi^{\ominus'}_{Fe^{3+}/Fe^{2+}} + 0.0592 \lg \frac{c_{Fe^{3+}}}{c_{Fe^{2+}}}$$

$$= \varphi^{\ominus'}_{Ce^{4+}/Ce^{3+}} + 0.0592 \lg \frac{c_{Ce^{4+}}}{c_{Ce^{3+}}}$$

原则上,可以根据任何一个电对来计算溶液的电势,但是由于加入的 Ce^{4+} 几乎都被还原成 Ce^{3+},其浓度不易求得。相反,知道了 Ce^{4+} 的加入量,就可确定 $c_{Fe^{3+}}/c_{Fe^{2+}}$ 的值,所以可以采用 Fe^{3+}/Fe^{2+} 电对计算溶液的 φ 值。

为了简化计算,现用滴定分数代替浓度比。例如,当加入 19.98mL Ce^{4+} 溶液时,即有 99.9% 的 Fe^{2+} 被滴定,Fe^{2+} 剩余 0.1% (误差为 -0.1%),则

$$\varphi = \varphi^{\ominus'}_{Fe^{3+}/Fe^{2+}} + 0.0592 \lg \frac{c_{Fe^{3+}}}{c_{Fe^{2+}}}$$

$$= 0.68 + 0.0592 \lg \frac{99.9}{0.1}$$

$$= 0.86(V)$$

2. 化学计量点时

在化学计量点时,两电对的电极电势相等。其电势 φ_{sp} 可分别表示为

$$\varphi_{sp} = \varphi^{\ominus'}_{Ce^{4+}/Ce^{3+}} + 0.0592 \lg \frac{c_{Ce^{4+}}}{c_{Ce^{3+}}}$$

$$\varphi_{sp} = \varphi^{\ominus'}_{Fe^{3+}/Fe^{2+}} + 0.0592 \lg \frac{c_{Fe^{3+}}}{c_{Fe^{2+}}}$$

两式相加并整理,得

$$\varphi_{sp} = \frac{\varphi^{\ominus'}_{Ce^{4+}/Ce^{3+}} + \varphi^{\ominus'}_{Fe^{3+}/Fe^{2+}}}{2}$$

$$= \frac{1.44 + 0.68}{2} = 1.06(V)$$

可见,当两电对的电子转移数相等时,化学计量点时的电势是两个电对条件电势的算术

平均值，而与反应物的浓度无关。

3. 化学计量点后

在化学计量点后，由于 Fe^{2+} 已定量地氧化成 Fe^{3+}，$c_{Fe^{2+}}$ 很小且无法知道，而 Ce^{4+} 过量的百分数是已知的，从而可确定 $c_{Ce^{4+}}/c_{Ce^{3+}}$ 的值，即可根据 Ce^{4+}/Ce^{3+} 电对计算溶液的 φ 值。

例如，当加入 20.02mL Ce^{4+} 溶液，即 Ce^{4+} 过量 0.1%（误差为 +0.1%）时

$$\varphi = \varphi_{Ce^{4+}/Ce^{3+}}^{\ominus'} + 0.0592 \lg \frac{c_{Ce^{4+}}}{c_{Ce^{3+}}}$$

$$= 1.44 + 0.0592 \lg \frac{0.1}{100}$$

$$= 1.26(V)$$

用上述方法可计算不同滴定点的 φ 值，并绘成滴定曲线，如图 4-1 所示。

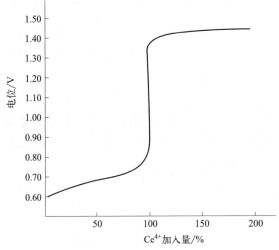

图 4-1 在 1mol/L H_2SO_4 溶液中，用 0.1000mol/L 的 $Ce(SO_4)_2$ 溶液滴定 20.00mL 0.1000mol/L 的 $FeSO_4$ 溶液的滴定曲线

在氧化还原滴定中，若用氧化剂（还原剂）滴定还原剂（氧化剂），当滴定至 50% 时的电势为还原剂（氧化剂）电对的条件电势。滴定至 200% 时的电势即是氧化剂（还原剂）电对的条件电势。两电对的条件电势相差越大，计量点附近电势的突跃越大，滴定的准确度也就越高。氧化剂和还原剂的浓度基本上不影响突跃的大小。当两电对的电子转移数相等时，化学计量点在滴定突跃的中点，但对于一般的氧化还原滴定反应

$$n_2 Ox_1 + n_1 Red_2 \rightleftharpoons n_2 Red_1 + n_1 Ox_2$$

两电对的半反应及条件电极电势（或标准电极电势）分别为

$$Ox_1 + n_1 e \rightleftharpoons Red_1 \quad \varphi_{Ox_1/Red_1}^{\ominus'}$$

$$Ox_2 + n_2 e \rightleftharpoons Red_2 \quad \varphi_{Ox_2/Red_2}^{\ominus'}$$

计算化学计量点电势的通式为

$$\varphi_{sp} = \frac{n_1 \varphi_{Ox_1/Red_1}^{\ominus'} + n_2 \varphi_{Ox_2/Red_2}^{\ominus'}}{n_1 + n_2}$$

当 $n_1 \neq n_2$ 时，滴定曲线在化学计量点前后是不对称的，φ_{sp} 不在滴定突跃的中央，而是偏向电子转移数较大的一方。

二、高锰酸钾法

1. 高锰酸钾法的原理

$KMnO_4$ 法是以 $KMnO_4$ 为滴定剂的滴定分析方法。$KMnO_4$ 是一种强氧化剂，它的氧化能力和还原产物与溶液的酸度有关，见表 4-3。

表 4-3 高锰酸钾电对及其标准电极电位

介质	电对反应	$\varphi^{\ominus}/V$	应用条件
酸性	$MnO_4^- + 8H^+ + 5e \rightleftharpoons Mn^{2+} + 4H_2O$	1.51	$0.5 \sim 1mol/L\ H_2SO_4$ 强酸性介质下使用，不宜在 HCl、HNO_3 介质中使用
中性微碱性	$MnO_4^- + 4H^+ + 3e \rightleftharpoons MnO_2 \downarrow + 2H_2O$	0.59	由于反应产物为棕色的 MnO_2 沉淀，妨碍终点观察，所以很少使用
强碱性	$MnO_4^- + e \rightleftharpoons MnO_4^{2-}$	0.56	在 pH>12 的强碱性溶液中用高锰酸钾氧化有机物

在强酸性溶液中，高锰酸钾的氧化能力最强。因此，一般都在强酸性条件下使用。酸化时常使用 H_2SO_4，避免使用 HCl 或 HNO_3。因为 Cl^- 具有还原性，能与 MnO_4^- 作用；而 HNO_3 具有氧化性，也可能氧化被测定的物质。

在近中性时，$KMnO_4$ 反应的产物为褐色 MnO_2 沉淀，影响滴定终点的观察，氧化能力也不及酸性条件下的强，故很少在中性条件下使用。

在强碱性条件下（$NaOH$ 溶液的浓度大于 $2mol/L$），$KMnO_4$ 与有机物的反应比在酸性条件下更快，所以常用 $KMnO_4$ 法在强碱性溶液中测定有机物。

高锰酸钾法的优点是：$KMnO_4$ 氧化能力强，应用范围广，可直接或间接测定多种无机物和有机物；$KMnO_4$ 是典型的自身指示剂，用它滴定无色或浅色溶液时，一般不需另加指示剂。若用很稀的 $KMnO_4$ 溶液滴定时，可以加入二苯胺磺酸钠作指示剂。

高锰酸钾法的主要缺点是：试剂含有少量杂质，溶液不够稳定；由于 $KMnO_4$ 的氧化能力强，可以和很多还原性物质作用，所以干扰也比较严重。

$KMnO_4$ 标准溶液不能直接配制，制备方法见任务 4-1 $KMnO_4$ 标准溶液的配制和标定。

2. $KMnO_4$ 法的应用

$KMnO_4$ 氧化能力强，应用广泛，可直接或间接地测定多种无机物和有机物。

（1）直接滴定法 例如 H_2O_2 的测定。可用 $KMnO_4$ 标准溶液直接滴定 H_2O_2 及碱金属、碱土金属过氧化物等物质。

（2）间接滴定法 例如 Ca^{2+} 的滴定。Ca^{2+} 没有氧化性和还原性，必须采用间接法测定。测定时，取石灰石试样，溶于酸后，在弱碱性条件下使 Ca^{2+} 与 $C_2O_4^{2-}$ 反应生成 CaC_2O_4 沉淀，经过滤洗涤后，将沉淀溶于 H_2SO_4 溶液中，然后用 $KMnO_4$ 标准溶液滴定溶液中的 $H_2C_2O_4$。反应如下：

$$Ca^{2+} + C_2O_4^{2-} \rightleftharpoons CaC_2O_4$$

$$CaC_2O_4 + 2H^+ \rightleftharpoons Ca^{2+} + H_2C_2O_4$$

$$5H_2C_2O_4 + 2MnO_4^- + 6H^+ \rightleftharpoons 2Mn^{2+} + 8H_2O + 10CO_2 \uparrow$$

许多能与 $C_2O_4^{2-}$ 定量生成沉淀的金属离子，如 Sr^{2+}、Ba^{2+}、Cd^{2+}、Zn^{2+}、Hg^{2+}、Th^{4+} 等都可用上述方法间接测定。

（3）返滴定法　例如化学需氧量（COD）的测定。COD 是量度水体积受还原物质（主要是有机物）污染程度的综合指标。它是指水体积中易被强氧化剂氧化的还原性物质所消耗的氧化剂的量，处理过程如下：

$$水样 \xrightarrow[H^+煮沸]{KMnO_4 \text{标液}} KMnO_4（过量） \xrightarrow[H^+]{Na_2C_2O_4 \text{标液}} \begin{matrix} Mn^{2+} \\ CO_2 \end{matrix} + C_2O_4^{2-}（过量） \xrightarrow{KMnO_4 \text{滴定}} \begin{matrix} CO_2 \\ Mn^{2+} \end{matrix}$$

许多有机物，在浓度大于 2mol/L 的碱性溶液中，可以用高锰酸钾法测定。在测定过程中，MnO_4^- 被还原为 MnO_4^{2-}。

$$MnO_4^- + e \rightleftharpoons MnO_4^{2-}$$

$$\varphi^{\ominus} = 0.56V$$

例如，甲酸含量的测定，具体测定方法是将待测的甲酸溶液加到略过量的碱性 $KMnO_4$ 溶液中，使甲酸与 $KMnO_4$ 反应

$$HCOO^- + 2MnO_4^- + 3OH^- \rightleftharpoons CO_3^{2-} + 2MnO_4^{2-} + 2H_2O$$

待反应完全后，再将溶液酸化，用另一种还原剂标准溶液（如 Fe^{2+} 标准溶液）滴定剩余的 MnO_4^-，根据加入的 $KMnO_4$ 溶液的总量和滴定消耗的还原剂标准溶液的量，即可计算甲酸的含量。

此法还可用于滴定甘油、甲醇、羟基乙酸、酒石酸、柠檬酸、苯酚、水杨酸、甲醛、葡萄糖等有机化合物。

【任务链接】　任务 4-1　$KMnO_4$ 标准溶液的配制和标定
　　　　　　　任务 4-2　过氧化氢（双氧水）含量的测定（$KMnO_4$ 法）

三、重铬酸钾法

1. 重铬酸钾法的原理

$K_2Cr_2O_7$ 是一种常用的氧化剂之一，它具有较强的氧化性，在酸性介质中 $Cr_2O_7^{2-}$ 被还原为 Cr^{3+}，其电极反应如下：

$$Cr_2O_7^{2-} + 14H^+ + 6e \longrightarrow 2Cr^{3+} + 7H_2O \qquad \varphi^{\ominus}_{Cr_2O_7^{2-}/Cr^{3+}} = 1.33V$$

由于其氧化能力比 $KMnO_4$ 稍弱，应用不及 $KMnO_4$ 法广泛。但是与 $KMnO_4$ 法相比，它有其独特的优点：

① $K_2Cr_2O_7$ 易提纯，基准试剂在 120℃烘至质量恒定，就可以准确称量后直接配制标准溶液。

② $K_2Cr_2O_7$ 标准溶液相当稳定，长期密闭保存，浓度不变。

③ 在 1mol/L HCl 溶液中 $\varphi^{\ominus} = 1.00V$，室温下不与 Cl^- 作用，故可在 HCl 溶液中进行

滴定。但当 HCl 溶液的浓度较大或将溶液煮沸时，$K_2Cr_2O_7$ 也能部分被 Cl^- 还原。

由于 $K_2Cr_2O_7$ 溶液的枯黄色不深，且滴定产物为绿色也很淡，不能作为自身指示剂，必须采用氧化还原指示剂确定滴定终点。常用的指示剂是二苯胺磺酸钠和邻苯氨基苯甲酸。

2. 重铬酸钾法的应用

重铬酸钾法最重要的应用是铁矿石（或钢铁）中全铁的测定，被公认为标准方法。通过 $Cr_2O_7^{2-}$ 和 Fe^{2+} 的反应，还可以测定其他氧化性或还原性物质。例如测定钒的含量，是酸性溶液中用过量 Fe^{2+} 标准溶液将 VO_2^+ 还原为 VO^{2+}，剩余的 Fe^{3+} 用 $K_2Cr_2O_7$ 标准溶液滴定。利用间接滴定法还可测定一些非氧化还原性物质。例如 Pb^{2+} 或 Ba^{2+} 的测定，先将 Pb^{2+} 或 Ba^{2+} 沉淀为铬酸盐，经过滤洗涤后，将沉淀溶于酸中，以 Fe^{2+} 标准溶液直接滴定 $Cr_2O_7^{2-}$，或加入过量的 Fe^{2+} 标准溶液，剩余的 Fe^{2+} 用 $K_2Cr_2O_7$ 标准溶液滴定。

重铬酸钾法主要用于铁矿石的勘探、采掘以及钢铁冶炼过程的控制，也用于水和废水的检验，如测定化学需氧量。

（1）铁矿石中全铁量的测定　重铬酸钾法是测定矿石中全铁量的标准方法。滴定反应为：

$$Cr_2O_7^{2-} + 6Fe^{2+} + 14H^+ \Longrightarrow 2Cr^{3+} + 6Fe^{3+} + 7H_2O$$

测定过程为：

$$铁矿 \xrightarrow{溶样} Fe^{3+}、Fe^{2+} \xrightarrow[预还原]{SnCl_2} Fe^{2+} \xrightarrow[H_2SO_4 - H_3PO_4]{K_2Cr_2O_7 \ 滴定} Fe^{3+}、Cr^{3+}$$

（2）水中化学需氧量（COD_{Cr}）　COD_{Mn} 只适用于较清洁水样测定，若需要测定污染严重的生活污水和工业废水则需要用 $K_2Cr_2O_7$ 法。用 $K_2Cr_2O_7$ 法测定的化学需氧量用 COD_{Cr}（O；mg/L）表示。COD_{Cr} 是衡量污水被污染程度的重要指标。具体测定过程为：

$$水样 \xrightarrow[\substack{H^+, Ag_2SO_4 \\ 加热回流}]{K_2Cr_2O_7 标液} K_2Cr_2O_7(过量) \xrightarrow[滴定]{Fe^{2+}} \begin{matrix} Fe^{3+} \\ Cr^{3+} \end{matrix}$$

【任务链接】 任务 4-3　$K_2Cr_2O_7$ 标准滴定溶液的制备

四、碘量法

1. 碘量法的原理

碘量法是利用 I_2 的氧化性和 I^- 的还原性来进行滴定的方法，其基本反应是：

$$I_2 + 2e \longrightarrow 2I^- \qquad \varphi_{I_2/I^-}^{\ominus} = 0.545V$$

从 $\varphi^{\ominus}$ 值可以看出，I_2 是较弱的氧化剂，能与较强的还原剂作用；I^- 是中等强度的还原剂，能与许多氧化剂作用，因此碘量法可分成两类：直接碘量法、间接碘量法。

碘量法使用专属指示剂淀粉来指示终点，I_2 遇淀粉反应生成深蓝色的化合物。当 I_2 被还原为 I^- 时，蓝色就突然褪去。

2. 直接碘量法

直接碘量法也称碘滴定法，是在微酸性或近中性溶液中，用 I_2 标准溶液直接滴定较强的还原性物质的方法。例如，测定钢铁中的硫时，先将钢样在高温下燃烧，使钢样中的硫转化为 SO_2，以水吸收后用 I_2 标准溶液滴定，其反应为

$$I_2 + SO_2 + 2H_2O \rightleftharpoons 2I^- + SO_4^{2-} + 4H^+$$

利用直接碘量法还可以测定 Sn(Ⅱ)、$S_2O_3^{2-}$、As(Ⅲ)、Sb(Ⅲ)、维生素 C 等较强还原剂。指示剂淀粉可在滴定开始时就加入，化学计量点时，稍过量的 I_2 与淀粉发生反应生成蓝色的吸附化合物，使溶液呈蓝色，从而指示滴定终点。

3. 间接碘量法

间接碘量法又称滴定碘法，是用 I^- 还原待测定的氧化性物质，定量地析出 I_2，析出的 I_2 再用 $Na_2S_2O_3$ 标准溶液滴定。例如 $KMnO_4$ 的测定，反应式为

$$2MnO_4^- + 10I^- + 16H^+ \rightleftharpoons 2Mn^{2+} + 5I_2 + 8H_2O$$
$$I_2 + 2S_2O_3^{2-} \rightleftharpoons 2I^- + S_4O_6^{2-}$$

利用这一方法可以测定许多氧化性物质，如 Cu^{2+}、H_2O_2、NO_2^-、ClO^-、ClO_3^-、SbO_3^-、BrO_3^-、IO_3^-、CrO_4^{2-}、MnO_4^-、MnO_2 等；还可以测定能与 CrO_4^{2-} 定量反应生成沉淀的 Pb^{2+}、Ba^{2+} 等。

4. 碘量法的应用

I_3^-/I^- 电对反应的可逆性好，副反应少，又有很灵敏的淀粉指示剂指示终点，因此碘量法的应用范围很广。直接碘量法和间接碘量法对比见表 4-4。

表 4-4 直接碘量法与间接碘量法对比

项目	直接碘量法（碘滴定法）	间接碘量法（滴定碘法）
应用	可以直接测定电位值比 $\varphi_{I_2/I^-}^{\ominus}$ 小的还原性物质	间接测定电位值比 $\varphi_{I_2/I^-}^{\ominus}$ 大的氧化性物质
标准溶液配制时注意要点	I_2 标准滴定溶液（配制时加入大量 KI，贮存于棕色试剂瓶）	$Na_2S_2O_3$ 标准滴定溶液，使用新煮沸并冷却的蒸馏水，加入 Na_2CO_3。贮存于棕色试剂瓶
反应式	$I_2 + 2e \longrightarrow 2I^-$（利用 I_2 的氧化性）	$2I^- - 2e \longrightarrow I_2$（利用 I^- 的还原性） $I_2 + 2S_2O_3^{2-} \longrightarrow S_4O_6^{2-} + 2I^-$
基本单元	$1/2 I_2$	$Na_2S_2O_3$
指示剂	淀粉	
终点颜色	出现蓝色	蓝色消失
何时加入	一开始就加入	近终点加入（若过早加入淀粉，它与 I_2 形成的蓝色配合物会吸留部分 I_2，往往易使终点提前且不明显）
酸度条件	中性或弱酸性	
主要误差来源	一是 I_2 易挥发；二是在酸性溶液中，I^- 易被空气中的 O_2 氧化	
防止措施	防止 I_2 的挥发：要加入过量的 KI，使 I_2 生成 I_3^-；使用碘瓶；滴定时不要剧烈摇动。 防止 I^- 被空气氧化：在反应时，应将碘瓶置于暗处；滴定前调节好酸度；析出 I_2 后立即进行滴定	

应用间接碘量法应注意以下几点。

(1) 酸度影响　溶液应为中性或弱酸性，在碱性溶液中有：
$$S_2O_3^{2-}+4I_2+10OH^- \longrightarrow 2SO_4^{2-}+8I^-+5H_2O$$
$$3I_2+6OH^- \longrightarrow IO_3^-+5I^-+3H_2O$$

在强酸性溶液中，有：
$$S_2O_3^{2-}+2H^+ \longrightarrow SO_2+S\downarrow+H_2O$$
$$4I^-+4H^++O_2 \longrightarrow 2I_2+2H_2O$$

当 pH<2 时，淀粉会水解成糊精，与 I_2 作用显红色；若 pH>9 时，I_2 转变为 IO_3^-，遇淀粉不显色。

(2) 过量 KI 作用　KI 与 I_2 形成 I_3^-，以减小 I_2 的挥发性，提高淀粉指示剂的灵敏度。另外，加入过量的 KI，可加快反应速率和提高反应进行的完全程度。

(3) 温度影响　一般在室温下进行即可。因温度升高可增大 I_2 的挥发性，I_3^- 与淀粉的蓝色在热溶液中会消失。

(4) 光线影响　光线能催化 I^- 被空气氧化。

(5) 滴定前放置　当氧化性物质与 KI 作用时，一般先在暗处放置 5min，使其反应后，再立即用 $Na_2S_2O_3$ 进行滴定。

【任务链接】　任务 4-4　$Na_2S_2O_3$ 标准滴定溶液的制备

【项目实施】

任务 4-1　$KMnO_4$ 标准溶液的配制和标定

高锰酸钾标准溶液的配制与标定

【任务导入】配制和标定 $KMnO_4$ 标准溶液。

【任务分析】市售高锰酸钾试剂常含有少量的 MnO_2 及其他杂质，使用的蒸馏水中也含有少量如尘埃、有机物等还原性物质。这些物质都能与 MnO_4^- 反应析出 $MnO(OH)_2$ 沉淀使 $KMnO_4$ 还原，致使溶液浓度发生改变。因此 $KMnO_4$ 标准滴定溶液不能直接配制，而采用间接法。配制好的标准溶液可以用来测定较清洁水质的 *COD* 值、氯化钙中钙含量、软锰矿中 MnO_2 含量等。

标定 $KMnO_4$ 溶液的基准物很多，如 $Na_2C_2O_4$、$H_2C_2O_4 \cdot 2H_2O$、$(NH_4)_2Fe(SO_4)_2 \cdot 6H_2O$ 等。其中常用的是 $Na_2C_2O_4$。

在 0.5~1mol/L H_2SO_4 溶液中，以 $KMnO_4$ 自身为指示剂，以 $Na_2C_2O_4$ 为基准物标定 $KMnO_4$ 溶液，反应式为：
$$5C_2O_4^{2-}+2MnO_4^-+16H^+ =\!=\!= 2Mn^{2+}+10CO_2\uparrow+8H_2O$$

【任务准备】

(1) 仪器、试剂　$KMnO_4$、草酸钠、硫酸溶液（8+92）、常规滴定分析玻璃仪器一套。

（2）标准规范　GB/T 601—2016《化学试剂　标准滴定溶液的制备》。

【任务计划】

1. 配制 $c_{1/5\ KMnO_4}=0.1mol/L$

称取 3.3g 高锰酸钾，溶于 1050mL 水中，缓缓煮沸 15min，冷却，于暗处放置两周，用已处理过的 4 号玻璃滤锅（在同样浓度的高锰酸钾溶液中缓缓煮沸 5min）过滤。贮存于棕色瓶中。

2. 标定

称取 0.25g 已于 105～110℃电烘箱中干燥至恒量的工作基准试剂草酸钠，溶于 100mL 硫酸溶液（8+92）中，用配制的高锰酸钾溶液滴定，近终点时加热至约 65℃，继续滴定至溶液呈粉红色，并保持 30s。同时做空白试验。

高锰酸钾标准滴定溶液的浓度（$c_{1/5\ KMnO_4}$）：

$$c_{1/5KMnO_4}=\frac{1000m}{(V_1-V_2)\times M_{1/2Na_2C_2O_4}}$$

式中　m——草酸钠质量，g；

　　　V_1——高锰酸钾溶液体积，mL；

　　　V_2——空白试验消耗高锰酸钾溶液体积，mL；

$M_{1/2Na_2C_2O_4}$——草酸钠（$1/2Na_2C_2O_4$）摩尔质量，66.999g/mol。

注意事项如下。

① 为使配制的高锰酸钾溶液浓度达到欲配制浓度，通常称取稍多于理论用量的固体 $KMnO_4$。

② 标定好的 $KMnO_4$ 溶液在放置一段时间后，若发现有沉淀析出，应重新过滤并标定。

③ 标定条件的控制：近终点时加热至约 65℃；0.5～1mol/L 硫酸溶液；滴定速度适当；终点半分钟不褪色。

【任务实施】

【数据处理】参见任务 2-2 制备 NaOH 标准溶液。

【任务反思】

1. 配制 $KMnO_4$ 标准溶液时为什么要煮沸,并放置两周后过滤?能否用滤纸过滤?

2. 滴定 $KMnO_4$ 标准溶液时,为什么第一滴 $KMnO_4$ 溶液加入后红色褪去很慢,以后褪色较快?

【任务评价】参见任务 2-2 制备 NaOH 标准溶液。

任务 4-2 过氧化氢(双氧水)含量的测定（$KMnO_4$ 法）

【任务导入】利用 $KMnO_4$ 法测定工业过氧化氢含量。

【任务分析】工业过氧化氢（俗名双氧水）为无色透明液体。该产品主要用作氧化剂、漂白剂和清洗剂等,广泛用于化工、环保、医药、航天及军工等行业。双氧水具有氧化作用,医用双氧水浓度等于或低于 3%,与细菌接触时,能破坏细菌菌体,杀死细菌。

本任务以工业过氧化氢为例,在酸性介质中,过氧化氢与高锰酸钾发生氧化还原反应。根据高锰酸钾标准滴定溶液的消耗量,计算过氧化氢的含量。其反应为:

$$2KMnO_4 + 5H_2O_2 + 3H_2SO_4 = 2MnSO_4 + K_2SO_4 + 5O_2\uparrow + 8H_2O$$

【任务准备】

（1）仪器、试剂 27.5%～35%的过氧化氢、硫酸溶液（1+15）、高锰酸钾标准滴定溶液（0.1mol/L）、常规滴定分析玻璃仪器一套。

（2）标准规范 GB/T 1616—2014 《工业过氧化氢》,GB 22216—2020《食品安全国家标准 食品添加剂 过氧化氢》,《中国药典》(2020版)。其区别见表 4-5。

表 4-5 工业过氧化氢、食品安全国家标准食品添加剂过氧化氢、药品过氧化氢溶液检查项目区别

标准	检查项目
GB/T 1616—2014《工业过氧化氢》	过氧化氢、游离酸、不挥发物、稳定度、总碳、硝酸盐
GB 22216—2020《食品安全国家标准 食品添加剂 过氧化氢》	过氧化氢、稳定度、不挥发物、酸度、磷酸盐、铁、锡、铅、砷、总有机碳
《中国药典》(2020 版)	酸度、钡盐、稳定剂、不挥发物、装量含量测定

【任务计划】27.5%～35%的过氧化氢试样的称取:用 10～25mL 的滴瓶以减量法称取约 0.16g 试样,精确至 0.0002g,置于已加有 100mL 硫酸溶液的 250mL 锥形瓶中。

用高锰酸钾标准滴定溶液滴定至溶液呈粉红色,并在 30s 内不消失即为终点。

过氧化氢含量以过氧化氢（H_2O_2）的质量分数 ω 计,其计算公式为:

$$\omega = \frac{VcM \times 10^{-3}}{m} \times 100\%$$

式中 V——滴定中消耗的高锰酸钾标准滴定溶液的体积,mL;

c——高锰酸钾标准滴定溶液的浓度,mol/L;

M——过氧化氢（$1/2H_2O_2$）的摩尔质量，17.01g/mol；

m——试料的质量，g。

注意事项如下：

① 只能用 H_2SO_4 来控制酸度，不能用 HNO_3 或 HCl 控制酸度。

② 不能通过加热来加速反应。因 H_2O_2 易分解。

③ Mn^{2+} 对滴定反应具有催化作用。滴定开始时反应缓慢，随着 Mn^{2+} 的生成而加速。

【任务实施】

【数据处理】参见任务 2-2　制备 NaOH 标准溶液。

【任务反思】

1. 用高锰酸钾法测定 H_2O_2 时，能否用 HNO_3 或 HCl 来控制酸度？为什么？
2. 用高锰酸钾法测定 H_2O_2 时，为何不能通过加热来加速反应？

【任务评价】参见任务 2-2　制备 NaOH 标准溶液。

任务 4-3　$K_2Cr_2O_7$ 标准滴定溶液的制备

【任务导入】配制 $K_2Cr_2O_7$ 标准滴定溶液。

【任务分析】$K_2Cr_2O_7$ 易提纯，可以制成基准物质，在 140～150℃ 干燥 2h 后，可直接配制成标准溶液。也可以采用分析纯 $K_2Cr_2O_7$ 间接法配制。$K_2Cr_2O_7$ 标准溶液相当稳定，保存在密闭容器中，浓度可长期保持不变。配制好的标准溶液可以用来测定污染较重水质的 COD，铁矿石中全铁量、绿矾中亚铁含量等。

【任务准备】

（1）仪器、试剂　重铬酸钾、常规滴定分析玻璃仪器一套。

（2）标准规范　GB/T 601—2016《化学试剂　标准滴定溶液的制备》。

【任务计划】称取 4.90g±0.20g 已于 120℃±2℃ 的电烘箱中干燥至恒量的工作基准试剂重铬酸钾，溶于水，移入 1000mL 容量瓶中，稀释至刻度。

重铬酸钾标准滴定溶液的浓度计算公式为：

$$c_{(1/6K_2Cr_2O_7)} = \frac{1000m}{VM}$$

式中　m——重铬酸钾质量，g；
　　　V——重铬酸钾溶液体积，mL；
　　　M——重铬酸钾的摩尔质量，49.031g/mol。

【任务实施】

【数据处理】参见任务 2-2　制备 NaOH 标准溶液。

【任务反思】
为什么可以用直接称量法配制 $K_2Cr_2O_7$ 标准滴定溶液？

【任务评价】参见任务 2-2　制备 NaOH 标准溶液。

任务 4-4　$Na_2S_2O_3$ 标准滴定溶液的制备

【任务导入】配制 $Na_2S_2O_3$ 标准滴定溶液。

【任务分析】固体 $Na_2S_2O_3 \cdot 5H_2O$ 一般都含有少量杂质，如 Na_2SO_3、Na_2CO_3、NaCl 和 S 等，并且在放置过程易风化，因此不能用直接法配制标准滴定溶液。$Na_2S_2O_3$ 溶液有 "三怕"，即怕光、怕细菌、怕空气，所以要正确配制和保存 $Na_2S_2O_3$ 溶液。配制好的 $Na_2S_2O_3$ 标准溶液可以用来测定胆矾中硫酸铜、注射液中葡萄糖、漂白粉中有效氯、加碘食盐中碘的含量等。

【任务准备】
(1) 仪器、试剂　五水合硫代硫酸钠（或无水硫代硫酸钠）、无水碳酸钠、重铬酸钾、碘化钾、硫酸溶液（20%）、淀粉指示液（10g/L）、常规滴定分析玻璃仪器一套。
(2) 标准规范　GB/T 601—2016《化学试剂　标准滴定溶液的制备》。

【任务计划】

1. 配制

称取 26g 五水合硫代硫酸钠（或 16g 无水硫代硫酸钠），加 0.2g 无水碳酸钠，溶于 1000mL 水中，缓缓煮沸 10min，冷却。放置两周后用 4 号玻璃滤锅过滤。

2. 标定

称取 0.18g 于 120℃±2℃干燥至恒重的工作基准试剂重铬酸钾，置于碘量瓶中，溶于

25mL 水，加 2g 碘化钾及 20mL 硫酸溶液（20%），摇匀，于暗处放置 10min。加 150mL 水（15～20℃），用配制好的硫代硫酸钠溶液滴定，近终点时加 2mL 淀粉指示液（10g/L），继续滴定至溶液由蓝色变为亮绿色。同时做空白试验。

硫代硫酸钠标准滴定溶液的浓度按下式计算：

$$c_{Na_2S_2O_3} = \frac{1000m}{(V_1 - V_2)M}$$

式中　m——重铬酸钾质量，g；

　　　V_1——硫代硫酸钠溶液体积，mL；

　　　V_2——空白试验消耗硫代硫酸钠溶液体积，mL；

　　　M——重铬酸钾的摩尔质量，49.031g/mol。

【任务实施】

【数据处理】 参见任务 2-2　制备 NaOH 标准溶液。

【任务反思】

如何估算重铬酸钾的称量范围？

【任务评价】 参见任务 2-2　制备 NaOH 标准溶液。

【项目检测】

一、选择题

1. 氧化还原滴定法的分类依据是（   ）。
   A. 滴定方式不同   B. 滴定剂的不同
   C. 指示剂的选择不同   D. 测定对象不同

2. 对于反应 $I_2+2ClO_3^- =\!=\!= 2IO_3^-+Cl_2$，下面说法中不正确的是（   ）。
   A. 此反应为氧化还原反应   B. I_2 得到电子，ClO_3^- 失去电子
   C. I_2 是还原剂，ClO_3^- 是氧化剂   D. 碘的化合价由 0 增至 +5

3. 对高锰酸钾滴定法，下列说法错误的是（   ）。
   A. 可在盐酸介质中进行滴定   B. 直接法可测定还原性物质
   C. 标准滴定溶液用标定法制备   D. 在硫酸介质中进行滴定

4. 用草酸钠作基准物标定高锰酸钾标准溶液，刚开始时反应速率较慢，稍后反应速率明显加快，这是（   ）起催化作用，自身催化反应。
   A. H^+ B. MnO_4^- C. Mn^{2+} D. CO_2

5. 二苯胺磺酸钠是 $K_2Cr_2O_7$ 滴定 Fe^{2+} 的常用指示剂，它属于（   ）。
   A. 自身指示剂   B. 氧化还原指示剂
   C. 特殊指示剂   D. 其他指示剂

6. 下列氧化还原滴定指示剂属于专用的是（   ）。
   A. 二苯胺磺酸钠   B. 次甲基蓝
   C. 淀粉溶液   D. 高锰酸钾

7. 下列测定中，需要加热的有（   ）。
   A. $KMnO_4$ 溶液滴定 H_2O_2 B. $KMnO_4$ 溶液滴定 $H_2C_2O_4$
   C. 酸碱滴定测醋酸含量   D. EDTA 滴定法测定水的硬度

8. 在间接碘量法中，滴定终点的颜色变化是（   ）。
   A. 蓝色恰好消失   B. 出现蓝色
   C. 出现浅黄色   D. 黄色恰好消失

9. 配制 I_2 标准溶液时，通常是将 I_2 溶解在（   ）。
   A. H_2O B. KI 溶液
   C. HCl 溶液   D. KOH 溶液

10. 不属于氧化还原滴定法的是（   ）。
    A. 铬酸钾指示剂法   B. 高锰酸钾法
    C. 碘量法   D. 溴量法

二、简答题

1. 高锰酸钾法的优缺点是什么？重铬酸钾法的优缺点是什么？
2. 碘量法的主要误差来源是什么？

三、计算题

1. 用 $KMnO_4$ 法测定钙片中的钙含量。精密称取钙片样品粉末 0.9978g，溶解后在一定

条件下，将钙沉淀为 CaC_2O_4，过滤，洗涤沉淀，将洗净的 CaC_2O_4 溶于稀 H_2SO_4 中，用 0.02002mol/L 的 $KMnO_4$ 标准溶液滴定，消耗 21.12mL，计算钙片中钙的质量分数。（已知 M_{Ca}=40.08g/mol）

2. 碘量法测定维生素 $C(C_6H_8O_6)$ 的含量。精密称取维生素 C 样品 0.2034g，加入新沸过的冷水 100mL 与稀乙酸 10mL 使溶解，加入淀粉指示液 1mL，立即用碘滴定液（0.05016mol/L）滴定，至溶液显蓝色并在 30s 内不褪色，消耗 22.18mL。求样品中维生素 C 的含量？（已知维生素 C 分子量 176.13）

项目五
沉淀滴定和重量分析技术

【项目目标】▶▶▶

知识目标：

1. 掌握莫尔法、佛尔哈德法和法扬司法的基本原理、指示滴定终点的方法和滴定的条件。
2. 熟悉硝酸银标准溶液、硫氰酸铵（或硫氰酸钾）标准溶液的配制与标定。
3. 了解沉淀滴定法对沉淀反应的要求。

技能目标：

1. 学会配制硝酸银标准溶液、硫氰酸铵（或硫氰酸钾）等标准溶液。
2. 学会沉淀重量法的操作过程及要求。
3. 学会应用沉淀滴定技术测定药品、化工产品的待测产品含量。

素质目标：

1. 增强同学们对中国传统中医药、文化传统的信心。
2. 增强学生民族自信心和自豪感。

【思维导图】

沉淀滴定和重量分析技术

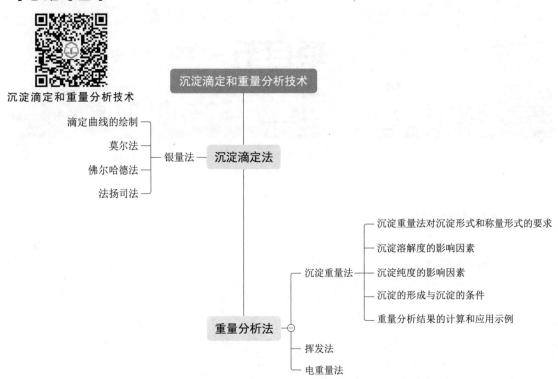

> **我看世界**
>
> 从青蒿素到双氢青蒿素再到青蒿琥酯,屠呦呦及其研究团队锲而不舍,克服种种困难,从中药中提取分离出青蒿素,并与同事以身试药对青蒿素进行了系统研究,开创了疟疾治疗新方法。屠呦呦老师获得了诺贝尔生理学或医学奖,在接受采访时她说:"我的团队继承了两弹一星团队对于国家使命的高度责任感,正是由于这种爱国精神,才有了奋斗与奉献,才有了团结与协作,才有了创新与发展,也才有了青蒿素联合疗法拯救了众多疟疾患者的生命。"
>
> 青蒿素的发现之路充满荆棘,但坚定的理想信念让青蒿素成为人类福祉。当代大学生在现在的学习生活和将来的工作中也一定要坚定理想信念,强化使命担当,为实现中华民族伟大复兴做出自己应有的贡献。

【项目简介】

沉淀滴定法是以沉淀反应为基础,用滴定的方式以指示剂确定终点的滴定分析方法。沉淀反应有很多,但是能用于沉淀滴定的并不多,目前应用较广的主要是形成难溶性银盐的沉淀反应。这种利用生成难溶性银盐的反应进行沉淀滴定的方法称为银量法,主要用于测定能生成银盐沉淀的离子。

本项目任务包括:任务 5-1　硝酸银标准溶液的配制和标定;任务 5-2　氯化钠注射液中氯化钠含量的测定;任务 5-3　中药芒硝中 Na_2SO_4 的含量测定。

一、沉淀滴定法

沉淀滴定是以沉淀反应为基础的滴定分析法。符合沉淀滴定法的沉淀反应必须具备以下条件:

沉淀反应按一定化学反应式进行;沉淀反应迅速;生成的沉淀的溶解度很小;有适当的指示终点的方法;沉淀的吸附现象不引起显著的误差。

虽然形成沉淀的反应很多,但能满足沉淀滴定条件的沉淀反应并不多。目前沉淀滴定法应用较广泛的是生成难溶性银盐的反应。

利用生成难溶盐性银盐沉淀的滴定方法称为银量法。银量法主要用于化工、冶金、农业、环保等生产部门的检测工作。银量法按照其滴定终点的判断方法不同,可分为莫尔法、佛尔哈德法、法扬司法。在沉淀滴定法中,除银量法外,还有利用其他沉淀反应的方法。本项目将着重讨论银量法。

银量法的滴定反应用通式表示为:

$$Ag^+ + X^- \rightleftharpoons AgX\downarrow$$

$$X^-:Cl^-、Br^-、I^-、SCN^-、CN^- 等$$

(一)滴定曲线的绘制

沉淀滴定的滴定曲线是以加入沉淀剂的体积或滴定百分数为横坐标,以溶液中阴离子浓度的负对数（pX）或金属离子浓度的负对数（pM）为纵坐标绘制的曲线。下面以 0.1000mol/L 的 $AgNO_3$ 滴定液滴定 20.00mL 0.1000mol/L 的 NaCl 溶液为例讨论绘制沉淀滴定曲线。

沉淀反应式为： $Ag^+ + Cl^- \rightleftharpoons AgCl \downarrow$

整个滴定过程分为四个阶段。

(1) 滴定前　溶液中的 $[Cl^-] = 0.1000 \text{mol/L}$，pCl=1.00。

(2) 滴定开始至化学计量点前　此阶段根据溶液中剩余的 $[Cl^-]$ 计算 pCl。当加入 19.98mL 的 $AgNO_3$ 滴定液时，溶液中剩余的 $[Cl^-]$ 为：

$$[Cl^-] = \frac{0.1000 \times 20.00 - 0.1000 \times 19.98}{20.00 + 19.98} = 5.0 \times 10^{-5} (\text{mol/L})$$

$$pCl = 4.30$$

(3) 化学计量点　此时，沉淀反应完全，溶液是 AgCl 的饱和溶液。

$$[Cl^-] = [Ag^+] = \sqrt{K_{sp}} = \sqrt{1.8 \times 10^{-10}} = 1.3 \times 10^{-5} (\text{mol/L})$$

$$pCl = 4.89$$

(4) 化学计量点后　此时，$AgNO_3$ 过量，根据过量的 $[Ag^+]$ 计算 pCl。当加入 20.02mL 的 $AgNO_3$ 滴定液时，溶液中 $[Ag^+]$ 为：

$$[Ag^+] = \frac{0.1000 \times 20.02 - 0.1000 \times 20.00}{20.02 + 20.00} = 5.0 \times 10^{-5} (\text{mol/L})$$

因为 $[Ag^+][Cl^-] = K_{sp} = 1.8 \times 10^{-10}$

$$pCl = 5.44$$

表 5-1 列出了滴定中加入不同体积的 $AgNO_3$ 滴定液的 pCl 计算结果，并依据计算结果绘制出 $AgNO_3$ 滴定 NaCl 溶液的滴定曲线，见图 5-1。

表 5-1　0.1000mol/L $AgNO_3$ 滴定液滴定 20.00mL 0.1000mol/L NaCl 溶液

加入 $AgNO_3$ 滴定液的体积/mL	滴定百分数/%	pCl
0.00	0.0	1.00
10.00	50.0	1.48
19.80	99.0	3.30
19.98	99.9	4.30
20.00	100.0	4.89
20.02	100.1	5.44
40.00	200.0	8.26

从图 5-1 的沉淀滴定曲线中可以看出，其与酸碱滴定曲线相似。滴定开始后，随着 Ag^+ 的加入，Cl^- 的浓度变化不大，曲线比较平坦；接近化学计量点时，加入极少量的 Ag^+ 就能使 Cl^- 的浓度发生很大的变化，在滴定曲线上形成突跃。

沉淀滴定突跃范围的大小与溶液的浓度和生成沉淀的 K_{sp} 有关。反应物溶液的浓度越大，沉淀的 K_{sp} 越小，突跃范围就会越大。如图 5-2 所示，浓度相同时，因为 AgI 的溶解度最小，所以在测定卤素离子时，用 Ag^+ 滴定 NaI 时的滴定突跃最大。

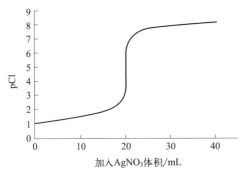

图 5-1　AgNO₃ 滴定 NaCl 溶液的滴定曲线

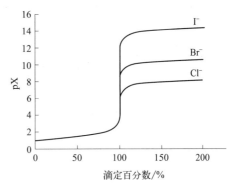

图 5-2　AgNO₃ 滴定卤素离子（X⁻）的滴定曲线

（二）莫尔法

莫尔法是用 K_2CrO_4 作为指示剂，在中性或弱碱性溶液中，用 $AgNO_3$ 标准溶液直接滴定 Cl^-（或 Br^-）。

以含有 Cl^- 的溶液为例，在溶液中 Cl^- 和 CrO_4^{2-} 能分别与 Ag^+ 形成白色的 AgCl 沉淀及砖红色的 Ag_2CrO_4 的沉淀。根据分步沉淀的原理，在用 $AgNO_3$ 溶液滴定过程中，溶液中首先析出 AgCl 沉淀，等 AgCl 定量沉淀后，稍过量的 $AgNO_3$ 溶液将与 K_2CrO_4 形成红色 Ag_2CrO_4 沉淀，从而确定滴定终点。

滴定反应和指示剂的反应分别为

$$Ag^+ + Cl^- \rightleftharpoons AgCl\downarrow（白色）$$

$$2Ag^+ + CrO_4^{2-} \rightleftharpoons Ag_2CrO_4\downarrow（砖红色）$$

 知识拓展

> 当溶液中同时存在的多种离子（如 Cl^-、Br^-、I^-）均可与所加的试剂（$AgNO_3$）发生沉淀反应时，如果它们的起始浓度接近，则沉淀溶解度小的离子（AgI）先沉淀出来，沉淀溶解度大的离子（AgCl）后沉淀出来，这种先后沉淀的现象称为分步沉淀。

1. 滴定条件选择

（1）指示剂的用量　若能使 Ag_2CrO_4 沉淀恰好在滴定反应的计量点时产生，就能准确滴定 Cl^-。关键问题是控制指示剂用量。如果指示剂加入过多或过少，Ag_2CrO_4 沉淀的析出就会偏早或偏迟，滴定的终点就会提前或推迟，因而需要计算出指示剂的合理用量。

计量点时溶液的 Ag^+ 浓度为

$$[Ag^+] = [Cl^-] = \sqrt{K_{sp}} = \sqrt{1.8 \times 10^{-10}} = 1.34 \times 10^{-5}(mol/L)$$

生成 Ag_2CrO_4 沉淀所需的 CrO_4^{2-} 浓度为

$$[CrO_4^{2-}] = \frac{K_{sp}}{[Ag^+]^2} = \frac{1.2 \times 10^{-12}}{(1.34 \times 10^{-5})^2} = 6.68 \times 10^{-3}(mol/L)$$

由于在该浓度下 K_2CrO_4 显黄色且颜色较深，会影响终点的观察，因而在实际测定时，所用的指示剂的浓度往往会略低一些。

K_2CrO_4 浓度降低后，终点将在计量点后出现，但滴定误差一般小于 0.1%，可认为不影响分析结果的准确度。通常滴定时液体体积为 50～100mL，因此加入 5%（g/mL）铬酸钾指示剂 1～2mL 即可。

（2）溶液酸度　滴定必须在中性或弱碱性溶液中进行，一般溶液的 pH 值控制在 6.5～10.0 之间。

在酸性溶液中，CrO_4^{2-} 与还原剂发生如下反应：

$$2H^+ + 2CrO_4^{2-} \Longleftrightarrow Cr_2O_7^{2-} + H_2O$$

该反应降低了 CrO_4^{2-} 的浓度，影响 Ag_2CrO_4 沉淀的生成。

在强碱溶液中，Ag^+ 沉淀为 Ag_2O

$$2Ag^+ + 2OH^- \longrightarrow 2AgOH\downarrow \longrightarrow Ag_2O\downarrow + H_2O$$

若实际操作中酸性太强，可用 $NaHCO_3$、$Na_2B_4O_7$ 等中和，若碱性太强，可用 HNO_3 中和。

（3）干扰成分排除　莫尔法的选择性较差，受干扰的情况较多。凡是能与 Ag^+ 生成沉淀或配合物的物质（如：PO_4^{3-}、AsO_4^{3-}、SO_3^{2-}、NH_3 等），在滴定前应先排除。此外，在滴定条件下易水解的离子，如 Fe^{3+}、Al^{3+} 等也应在滴定前分离出去。

（4）滴定速度　滴定时应充分振摇，以释放出被 AgCl 和 AgBr 沉淀吸附的 Cl^- 和 Br^-，防止滴定终点提前。

（5）应用范围　莫尔法只能用于测定低浓度的 Cl^- 和 Br^-，不能用于直接测定 I^-、SCN^-，因为 AgI、AgSCN 沉淀对其离子具有较强的吸附作用，会产生较大的测定误差。

【课堂活动】使用莫尔法测定时，测定的条件有哪些？

2. 硝酸银标准溶液的配制

硝酸银有市售的分析纯 $AgNO_3$ 或基准 $AgNO_3$，所以 $AgNO_3$ 标准溶液既可以采用直接配制法也可以采用间接配制法获得。

（1）直接配制法　精密称取一定量的基准 $AgNO_3$（经过 110℃ 干燥至恒重），用纯化水配制成一定体积的溶液，然后直接计算其准确浓度。

（2）间接配制法　称取一定量的分析纯 $AgNO_3$，先配制成近似浓度的溶液，再用基准 NaCl（经过 110℃ 干燥至恒重）标定，然后通过称量的基准 NaCl 的质量和消耗 $AgNO_3$ 标准溶液的体积计算其准确浓度。

配制好的 $AgNO_3$ 标准溶液应储存于棕色试剂瓶中，置于暗处，贴上标签备用。

知识拓展

恒重是指供试品连续两次干燥或灼烧后称重的差异，2020 版《中国药典》规定的是 0.3mg 以下。恒重的目的在于检查试样在经过一定温度加热后其中的挥发成分是否挥发完全。

【任务链接】 任务5-1 硝酸银标准溶液的配制和标定
任务5-2 氯化钠注射液中氯化钠含量的测定

（三）佛尔哈德法

佛尔哈德法是以铁铵矾 $[NH_4Fe(SO_4)_2 \cdot 12H_2O]$ 为指示剂，在酸性介质中，用 $KSCN$ 或 NH_4SCN 为标准溶液来滴定的银量法。由于测定的对象不同，佛尔哈德法可分为直接滴定法和间接滴定法。

1. 直接滴定法

在含有 Ag^+ 的酸性溶液中，加入铁铵矾指示剂，用 NH_4SCN 或 $KSCN$ 标准溶液滴定，现析出白色的 $AgSCN$ 沉淀，当 Ag^+ 沉淀完全（即化学计量点）后，过量的 SCN^- 就与指示剂中的 Fe^{3+} 生成红色的 $[FeSCN]^{2+}$ 配合物，从而指示终点到达。其反应如下：

滴定终点前： $Ag^+ + SCN^- \rightleftharpoons AgSCN \downarrow$（白色）

滴定终点时： $Fe^{3+} + SCN^- \rightleftharpoons [FeSCN]^{2+}$（红色）

滴定条件选择如下：

① 控制溶液酸度。滴定应在酸性（HNO_3 浓度为 $0.1 \sim 1 mol/L$）溶液中进行，否则指示剂中的 Fe^{3+} 在中性和碱性（$pH \geqslant 6$）溶液中易水解形成 $[Fe(H_2O)_5OH]^{2+}$ 等一系列深色配合物，影响终点观察，甚至可能产生 $Fe(OH)_3$ 沉淀，失去指示剂作用。

② 指示剂的用量。根据终点反应分析知道，在滴定终点恰好能观察到 $[FeSCN]^{2+}$ 明显的红色，需要 $[FeSCN]^{2+}$ 的最低浓度为 $6.0 \times 10^{-6} mol/L$。如果 Fe^{3+} 的浓度过大，其黄色会干扰终点颜色的观察，在实际工作中，一般在 $50 \sim 100 mL$ 溶液中加入 10% 铁铵矾指示剂 $2mL$，此时所产生的误差不超过滴定分析对误差的要求。

2. 间接滴定法

在含有卤素离子的硝酸溶液中，先加入略过量的 $AgNO_3$ 标准溶液，将卤素离子转化为卤化银沉淀后，过量的 $AgNO_3$，用 NH_4SCN 或 $KSCN$ 标准溶液回滴。通过加入的 $AgNO_3$ 的量和滴定消耗掉的 NH_4SCN 或 $KSCN$ 的量，便可测出溶液中的卤素离子的含量。

滴定终点前： Ag^+（定量并过量）$+ X^- \rightleftharpoons AgX \downarrow$

Ag^+（剩余）$+ SCN^- \rightleftharpoons AgSCN \downarrow$（白色）

滴定终点时： $Fe^{3+} + SCN^- \rightleftharpoons [FeSCN]^{2+}$（红色）

滴定条件选择如下：

① 溶液酸碱度。为防止 Fe^{3+} 在中性或碱性介质中水解，滴定反应必须在 HNO_3 溶液中进行，HNO_3 溶液浓度一般在 $0.1 \sim 1 mol/L$。

② 振荡速度。在滴定过程中，由于生成的 $AgSCN$ 沉淀要吸附溶液中的 Ag^+，所以滴定时必须剧烈振荡，使被吸收的 Ag^+ 释放出来，避免指示剂过早地显色，以减小滴定误差。但在间接法滴定 Cl^- 时，由于 $AgSCN$ 的溶解度小于 $AgCl$，稍过量的 SCN^- 可能与 $AgCl$ 作用，使 $AgCl$ 转化为 $AgSCN$：

$$AgCl + SCN^- \rightleftharpoons AgSCN \downarrow + Cl^-$$

该沉淀的转化是缓慢的，影响不大。如果剧烈振荡溶液，上式反应将不断向右进行，溶液红色逐渐消失，又需要继续滴加 NH_4SCN，从而引入了另一个滴定误差。

③ 指示剂加入时间。在直接法测定时，指示剂加入时间可任意，但在间接法测定 I^- 时，由于指示剂中的 Fe^{3+} 会与 I^- 发生如下的氧化还原反应：

$$2Fe^{3+} + 2I^- = 2Fe^{2+} + I_2$$

因而必须先加入 $AgNO_3$ 溶液后再加指示剂。

3. 佛尔哈德法的应用

用佛尔哈德法可测定 Ag^+、Cl^-、Br^-、I^- 和 SCN^- 等离子，在生产上常用来测定有机氯化物。由于该法是在 HNO_3 中进行的，因此有弱酸阴离子存在时，对卤素离子的测定不干扰，比莫尔法应用较为广泛。

4. 硫氰酸铵（硫氰酸钾）标准溶液的配制

由于 NH_4SCN（或 $KSCN$）易吸湿，并常含有杂质，很难得到符合基准试剂所要求的纯度，所以配制 NH_4SCN（或 $KSCN$）标准溶液只能用间接配制法。称取一定量的 NH_4SCN（或 $KSCN$）固体，先配制成近似浓度的溶液，然后以铁铵矾为指示剂，用基准 $AgNO_3$（经过110℃干燥至恒重）标定或者用已知准确浓度的 $AgNO_3$ 标准溶液比较法标定。

【课堂活动】佛尔哈德法中，可以用 H_2SO_4、HCl 调酸性？为什么？

在佛尔哈德法中，直接滴定法和返滴定法有哪些区别？它们测定的条件分别是什么？

（四）法扬司法

法扬司法是以吸附指示剂确定滴定终点的银量法。

吸附指示剂是一类有色的有机化合物，当它被吸附在胶体微粒表面之后，由于形成某种表面化合物，分子结构发生改变，从而引起颜色的变化。

例如以荧光黄为指示剂，用 $AgNO_3$ 标准溶液测定 Cl^- 时，其变色作用原理如下。

荧光黄是一种有机弱酸，可以用 HFIn 表示，在水溶液中可离解为 H^+ 和 FIn^-，即：

$$HFIn \Longleftrightarrow H^+ + FIn^- \text{（黄绿色）} \qquad pK_a = 7.0$$

其中，FIn^- 为黄绿色，在化学计量点前，溶液中的 Cl^- 过量，AgCl 胶粒优先吸附 Cl^- 使胶粒带负电荷（$AgCl \cdot Cl^-$），因排斥而不吸附 FIn^-，此时溶液仍是黄绿色。当滴定稍过化学计量点时，溶液中的 Ag^+ 过量，AgCl 胶粒则优先吸附 Ag^+ 使胶粒带正电荷（$AgCl \cdot Ag^+$），带正电荷的胶粒通过静电引力吸附指示剂的 FIn^-，生成了吸附化合物（$AgCl \cdot Ag^+ \cdot FIn^-$），指示剂的结构发生变化，导致 AgCl 沉淀的表面呈现微红色，从而指示滴定到达终点，吸附反应过程如下：

滴定终点前 Cl^- 过量： $AgCl \cdot Cl^- + FIn^-$（黄绿色）

滴定终点后 Ag^+ 过量： $AgCl \cdot Ag^+ + FIn^- \Longleftrightarrow AgCl \cdot Ag^+ \cdot FIn^-$（粉红色）

1. 吸附指示剂的配制

荧光黄，又称为荧光素，在银量法中用作硝酸银滴定 Cl^- 的吸附指示剂。荧光黄为橙红色结晶性粉末，不溶于水、乙醚、氯仿和苯；易溶于丙酮、乙醇。配制荧光黄指示剂的方法是用托盘天平称取 0.1g 荧光黄，然后溶于 100mL 沸腾的无水乙醇中，冷却转移入滴瓶中，贴标签备用。

2. 滴定条件的选择

（1）控制溶液的酸度　常用的吸附指示剂大多是有机弱酸，而起指示剂作用的是指示剂阴离子，滴定时溶液的pH值应根据指示剂的离解常数来确定。例如荧光黄，$pK_a \approx 7$，当溶液的pH值低时，荧光黄大部分以酸形式存在，不被卤化物吸附，故无法指示终点。所以用荧光黄作指示剂时，溶液的pH值应大于7，但并不是pH越大越好，当pH太大时，溶液的碱性太强，不利于AgCl沉淀形成。

（2）控制沉淀的表面积　由于吸附指示剂的颜色变化是发生在沉淀微粒的表面上，因此，应尽量使沉淀的表面大一些，即沉淀的颗粒要小一些。为此，滴定时常加入糊精或淀粉等胶体保护剂，以防止AgCl沉淀的聚沉。

（3）选择被测离子的浓度　由于沉淀滴定的终点判断是在沉淀的表面上，因而生成沉淀的量不能太少，沉淀量太少，观察终点比较困难。一般情况下，测定Cl^-时，要求其浓度在0.005mol/L以上，测定Br^-、I^-、SCN^-时，浓度应在0.001mol/L以上。

（4）控制光线强弱　由于胶状的卤化银沉淀易感光分解，析出金属银，使沉淀很快转变为黑色，影响终点观察，因此在滴定过程中应避免强光照射。常见的吸附指示剂如表5-2。

表5-2　常用吸附指示剂

指示剂名称	待测离子	滴定剂	颜色变化	适用pH范围
荧光黄	Cl^-	Ag^+	黄绿→粉红	7～10
二氯荧光黄	Cl^-	Ag^+	黄绿→红	4～10
曙红	Br^-,I^-,SCN^-	Ag^+	橙→紫红	2～10
酚藏花红	Cl^-,Br^-	Ag^+	红→蓝	酸性

【课堂活动】采用法扬司法测定样品中KI含量的时候，应选择什么指示剂？为什么？

二、重量分析法

重量分析法是用物理或化学方法将被测组分与试样中的其他组分分离，然后测定该组分的重量，根据测得的重量计算试样中被测组分的含量。

按被测组分与试样中其他组分分离方法的不同，重量分析法可分为三种：挥发法、电重量法和沉淀重量法。

挥发法一般是通过加热或其他方法使试样中的被测组分逸出，然后根据试样重量的减轻计算该组分的含量；或者当该组分逸出时，选择某种吸收剂将它吸收，然后根据吸收剂重量的增加计算该组分的含量。电重量法是利用电解反应使被测组分在电极上析出，然后根据电极重量的增加以计算组分的含量。沉淀重量法是重量分析法中的主要方法。这种方法是利用沉淀反应使被测组分生成难溶化合物沉淀，再将沉淀过滤、洗涤、烘干或灼烧，最后称重，计算出被测组分的含量。

重量分析法直接用分析天平称量而获得分析结果，不同于常规滴定方法，它具有以下几个特点：不需要基准物质和标准试样；不需从容量器皿中引入数据；操作过程麻烦，程序多，费时长；只适用于常量分析，对微量分析不适用。

重量分析法只要分析方法可靠，操作细心，其误差一般都很小，对于常量组分的测定，通常能得到准确的分析结果。重量分析法中以沉淀重量法应用最普遍而又最重要，因此本项目主要讨论沉淀重量法。

（一）沉淀重量法对沉淀形式和称量形式的要求

采用重量分析法进行分析时生成的难溶化合物（未经干燥、灼烧），称为沉淀形式；沉淀经过过滤、洗涤、烘干或灼烧后的组成形式，称为称量形式。沉淀形式和称量形式可以相同也可以不同。例如，用 $BaSO_4$ 重量法测定 Ba^{2+} 或 SO_4^{2-} 时，沉淀形式和称量形式都是 $BaSO_4$，两者相同；而用草酸钙重量法测定 Ca^{2+} 时，沉淀形式是 $CaC_2O_4 \cdot H_2O$，灼烧后转化为 CaO 形式称重，两者不同。

对沉淀形式的要求

① 沉淀要完全，沉淀的溶解度要小，要求测定过程中沉淀的溶解损失不应超过分析天平的称量误差。一般要求溶解损失应小于 0.1mg。

② 沉淀必须纯净，并易于过滤和洗涤。沉淀纯净是获得准确分析结果的重要因素之一。

③ 沉淀经烘干、灼烧时，应易于转化为称量形式。

对称量形式的要求

① 称量形式的组成必须与化学式相符，这是定量计算的基本依据。

② 称量形式要有足够的稳定性，不易吸收空气中的 O_2、CO_2、H_2O。

③ 称量形式的摩尔质量尽可能大。如：

$$Al^{3+} \rightarrow Al(OH)_3 \downarrow \rightarrow Al_2O_3 \quad 2\frac{M_{Al}}{M_{Al_2O_3}} = 2 \times \frac{26.96}{101.96} = 0.5(mg)$$

$$\downarrow$$

$$Al(C_9H_6NO)_3 \downarrow \quad \frac{M_{Al}}{M_{Al(C_9H_6NO)_3}} = \frac{26.96}{459.4} = 0.06(mg)$$

（二）沉淀溶解度的影响因素

利用沉淀反应进行重量分析时，误差的主要来源之一是沉淀的溶解损失。为了保证测量的准确度，要求沉淀反应进行得越完全越好。因此，要提高重量分析法的准确度，首先要考虑沉淀溶解度的影响因素。

1. 同离子效应

组成沉淀的离子称为构晶离子，当沉淀反应达到平衡后如果向溶液加入含有某一构晶离子的试剂或溶液则沉淀的溶解度减小，这就是同离子效应。

例如，25℃时，$BaSO_4$ 在水中的溶解度为：

$$S = [Ba^{2+}] = [SO_4^{2-}] = \sqrt{K_{sp}} = \sqrt{1.1 \times 10^{-10}} = 1.05 \times 10^{-5}(mol/L)$$

如果使溶液中的 SO_4^{2-} 增到 0.1mol/L，则此时 $BaSO_4$ 的溶解度为：

$$S = [Ba^{2+}] = \frac{K_{sp}}{[SO_4^{2-}]} = \frac{1.1 \times 10^{-10}}{0.10} = 1.1 \times 10^{-9}(mol/L)$$

即 $BaSO_4$ 的溶解度从原来的 1.05×10^{-5} mol/L 降低到 1.1×10^{-9} mol/L，减小为原来的万分之一。

在实际工作中，通常利用同离子效应，即加大沉淀剂的用量，使被测组分沉淀完全，但也不能片面理解为沉淀剂加得越多越好。沉淀剂加得太多，有时可能引起盐效应、酸效应及配合效应等副反应，反而使沉淀的溶解度增大。一般情况下，沉淀剂过量 50%～100% 是合适的。

2. 盐效应

盐效应是指在难溶电解质的饱和溶液中，加入其他易溶强电解质，使难溶电解质的溶解度比同温度下在纯水中的溶解度增大的现象。例如，在 $PbSO_4$ 饱和溶液中加入 KNO_3 后，其溶解度就比在纯水中的大，而且溶解度随强电解质的浓度增大而增大。

利用同离子效应降低沉淀的溶解度时，应考虑盐效应的影响，即沉淀剂不能过量太多，否则将使沉淀的溶解度增大，反而不能达到预期的效果。但是，盐效应的影响一般来说是较小的，对于溶解度很小的沉淀，盐效应的影响可不予考虑。

3. 酸效应

酸效应是指溶液的酸度影响沉淀溶解度的现象。酸效应主要发生在沉淀为弱酸或多元酸盐及难溶酸（如硅酸、钨酸）形成的沉淀。若沉淀为强酸盐（如 $BaSO_4$ 等），其溶解度受酸度影响不大，如 $CaCO_3$、CaC_2O_4 等弱酸盐能在盐酸溶液中溶解。

4. 配位效应

溶液中如有配位剂能与构成沉淀离子形成可溶性配合物，则增大沉淀的溶解度，甚至不产生沉淀，这种现象称为配位效应。如 $AgCl$、$Cu(OH)_2$ 沉淀能溶于 NH_3 的水溶液中。

5. 温度的影响

溶解一般是吸热过程，绝大多数沉淀的溶解度随温度升高而增大。

6. 溶剂的影响

无机物沉淀大部分是离子型晶体，它们在水中的溶解度一般比在有机溶剂中大一些。例如，$PbSO_4$ 沉淀在水中的溶解度为 4.5g/100mL，而在 30% 乙醇的水溶液中，溶解度降低为 0.23g/100mL。在分析化学中，经常于水溶液中加入乙醇、丙酮等有机溶剂来降低沉淀的溶解度。

上面介绍了六种对沉淀溶解度有影响的因素，除了上面几种影响因素外，沉淀的颗粒大小、沉淀的结构等都能影响沉淀的溶解度。在实际分析中应根据具体情况确定哪种影响是主要的。

（三）沉淀纯度的影响因素

重量分析中，要求获得的沉淀要有足够的纯度，不混有其他杂质。但是，沉淀从溶液中析出，总会或多或少地夹杂溶液中的其他组分。因此，必须了解沉淀生成过程中混入杂质的各种原因，找出减少杂质混入的方法，以获得合乎重量分析要求的沉淀。

1. 共沉淀现象

共沉淀现象是指在进行沉淀反应时，溶液中某些可溶性杂质会同时被沉淀带下而混杂于沉淀中的现象。如重量法测定溶液中的 SO_4^{2-}，加入过量的沉淀剂 $BaCl_2$，生成 $BaSO_4$ 沉淀，剩余的 $BaCl_2$ 本不会沉淀，但实际上在 $BaSO_4$ 沉淀的同时有少量 $BaCl_2$ 随之沉淀出来。这一共沉淀作用使得 $BaSO_4$ 沉淀沾污了 $BaCl_2$ 杂质。

共沉淀作用根据其产生的原因，可分为表面吸附共沉淀、混晶共沉淀及包藏和吸留共沉淀三类。

(1) 表面吸附　表面吸附是在沉淀表面吸附了杂质使沉淀沾污。产生表面吸附的原因是，由于在沉淀晶体的表面上离子电荷的作用力未完全平衡，因而产生一种具有带相反电荷离子的能力，使沉淀表面吸附了其他杂质。例如，在 AgCl 晶体中，每个 Ag^+ 周围被 6 个相反电荷的 Cl^- 所包围，整个晶体内部处于静电平衡状态，但处于沉淀表面或边、角上的 Ag^+ 或 Cl^- 连接，因此就具有吸附溶液中带相反电荷离子的能力。首先被沉淀表面吸附的离子是溶液中过量的构晶离子，在沉淀过程中，溶液中若有过量的 Ag^+，则沉淀表面将吸附 Ag^+，组成吸附层并带正电荷。为了保持电中性，吸附层外边又吸附异电荷离子作为抗衡离子，组成扩散层。

沉淀表面对杂质离子的吸附是具有选择性的。选择吸附的规律是：沉淀表面首先吸附溶液中的构晶离子；其次吸附与构晶离子大小相近、电荷相同的离子；再次离子的价数越高，浓度越大，越容易被吸附。如果各离子的浓度相同，则先吸附与构晶离子形成溶解度最小或离解度最小的化合物的离子。

(2) 混晶　当杂质离子与某一种构晶离子的电荷相同，半径相近，特别是杂质离子与另一种构晶离子可形成与沉淀具有同种晶型的晶体时，在沉淀过程中杂质离子可以取代构晶离子占据结晶点位，形成混晶共沉淀。如沉淀 $BaSO_4$ 时，溶液中如果共存有 Pb^{2+}，由于 Pb^{2+} 和 Ba^{2+} 半径相近，电荷相同，$BaSO_4$ 与 $PbSO_4$ 晶型相同，则 Pb^{2+} 可取代 $BaSO_4$ 沉淀中的部分 Ba^{2+} 并占据在 Ba^{2+} 的正常点位上，形成 $BaSO_4$ 与 $PbSO_4$ 混晶共沉淀。有时取代者并不占据正常点位，而是处于晶格的空隙之中，叫作固溶体，也可称之为混晶共沉淀。

(3) 包藏和吸留　在沉淀过程中，如果沉淀的成长速度较快。开始时吸附在沉淀表面上的杂质来不及被构晶离子所转换离开沉淀表面，就被随后沉积下来的沉淀覆盖，包藏在沉淀的内部。这种由于吸附而留在沉淀内部的共沉淀现象叫作包藏和吸留。包藏是造成晶型沉淀沾污的主要因素，并且由于杂质包藏在沉淀的内部，所以不能用洗涤的方法除去，但可以借助改变沉淀条件、陈化或重结晶等方法来减免这类共沉淀。

2. 后沉淀现象

沉淀过程结束后，将沉淀与母液一起放置一段时间（通常是几个小时），溶液中某些本来难以沉淀的杂质会逐渐析出在沉淀的表面上，放置时间越长，杂质析出越多，这种现象叫作后沉淀。后沉淀现象产生的原因，是在该沉淀条件下，杂质离子已能与沉淀剂生成沉淀，但由于形成非常稳定的过饱和溶液，所以，沉淀并没有立即析出。在沉淀表面上，由于表面吸附的原因，沉淀剂离子浓度比溶液中大得多，经过一段时间以后，过饱和溶液被破坏而析出杂质的沉淀，新生成的杂质沉淀微粒作为晶种促进了更多的杂质沉淀的沉积，所以后沉淀的随时间的延长而增加得很快。后沉淀现象虽然没有共沉淀现象普遍，但杂质的沾污量大。因此，在重量分析时，若共存有可能产生后沉淀物质，应在沉淀完毕后尽快过滤，缩短沉淀和母液的共置时间，另外还应避免高温浸煮，因为升高温度也会促使后沉淀的发生。

（四）沉淀的形成与沉淀的条件

为了获得纯净且易分离和洗涤的沉淀，必须了解沉淀形成的过程和选择适当的沉淀的条件。

1. 沉淀的形成

沉淀的形成一般要经过晶核形成和晶核长大两个过程。将沉淀剂加入试液中，当形成沉淀的离子浓度的乘积超过该条件下该沉淀的溶度积时，离子通过相互碰撞聚集成微小的晶核，晶核形成后，溶液中的构晶离子向晶核表面扩散，并沉积在晶核上，晶核就逐渐长大成沉淀微粒。所以，沉淀是晶型或非晶型，主要是由聚集速度和定向速度的相对大小所决定的。形成沉淀的具体过程如下：

聚集速度（或称为"形成沉淀的初始速度"）主要由沉淀时的条件所决定，其中最重要的是溶液中生成沉淀物质的过饱和度。聚集速度与溶液的相对过饱和度成正比。冯·韦曼根据有关实验现象，综合出一个经验公式，用来描述沉淀大小与溶液过饱和度的关系。

$$v = K \frac{Q-S}{S}$$

式中　v——形成沉淀的初始速度（聚集速度）；

　　　Q——加入沉淀剂瞬间，生成沉淀物质的浓度；

　　　S——沉淀的溶解度；

　　　$Q-S$——沉淀物质的过饱和度；

　　　$\frac{Q-S}{S}$——相对过饱和度；

　　　K——比例常数，它与沉淀的性质、温度、溶液中存在的其他物质等因素有关。

从以上公式可看出，相对过饱和度越大，则聚集速度越大。若要聚集速度小，必须使相对过饱和度小，就是要求沉淀的溶解度（S）大，加入沉淀剂瞬间生成沉淀物质的浓度（Q）不太大，这样就可能获得晶型沉淀。反之，则形成非晶型沉淀。定向速度主要取决于沉淀物质的本性。一般极性强的盐类，具有较大的定向速度，易形成晶型沉淀；而氢氧化物、金属离子的硫化物定向速度较小，因此生成的沉淀一般是非晶型的。

2. 沉淀条件的选择

为了得到重量法所需的沉淀，应当根据不同类型沉淀的特点，选用适宜的沉淀条件。

（1）晶型沉淀的沉淀条件　对于晶型沉淀来说，关键是设法得到大颗粒的沉淀，因为这种沉淀沾污少，易过滤、洗涤。为了得到大颗粒的晶型沉淀，沉淀应在以下条件下进行：

① 在适当稀的溶液中沉淀，尽量降低相对过饱和程度。

② 慢慢滴加沉淀剂，并快速搅拌，以降低局部过饱和程度，避免大量晶核的产生。

③ 在热溶液中进行沉淀，因为一般沉淀在热溶液中的溶解度大，可降低局部过饱和程度，同时也可减少表面吸附共沉淀。但温度较高时，沉淀的溶解度大，所以沉淀完毕后应将溶液冷却后再进行过滤。

④ 需要陈化。沉淀形成后，在沉淀物中所发生的一系列不可逆的结构变化，称为陈化。

（2）非晶型沉淀的沉淀条件　由于非晶型沉淀的颗粒很小，总表面积大，表面吸附了大量的剩余构晶离子，从而带有电荷。带相同电荷的沉淀微粒互相排斥，使之进一步拆散成更小的胶体粒子，并分散在溶液之中，形成具有一定稳定性的胶体溶液，这种现象叫作胶溶。由于胶溶作用，非晶型沉淀在过滤时胶溶部分会穿过滤纸造成损失。可见沉淀的关键在于增加沉淀的紧密度，防止胶溶。因此，非晶型沉淀的条件应该是：

① 在较浓的溶液中沉淀。对于非晶型沉淀，已无法避免形成小颗粒的沉淀，控制过饱和程度意义不大。相反，在浓溶液中沉淀，可降低沉淀的含水量，利于形成结构紧密的沉淀，可防止胶溶，也便于过滤和洗涤。但是浓度大时杂质吸附严重，为减少沉淀的沾污，可以沉淀完毕后加热水稀释，并充分搅拌，使被吸附的杂质尽量转移到溶液中。

② 在热溶液中沉淀。在热溶液中，离子的水化程度小，有利于得到含水量少、结构紧密的沉淀。加热还可促进沉淀微粒的凝聚，防止胶溶，又可降低沉淀对杂质的吸附。

③ 沉淀完毕后立即过滤。由于非晶型沉淀的表面积大，若不及时过滤，会使沉淀失去水分聚集得更紧密，使已被吸附的杂质包藏在沉淀内部难以洗去。

④ 加入强电解质。加入适量的强电解质，并用强电解质的稀溶液洗涤沉淀，以使带电荷的胶体粒子相互凝聚，沉降。电解质通常选用在灼烧时易挥发的铵盐或稀的强酸溶液。

(3) 均相沉淀法 在晶型沉淀的沉淀过程中，尽管在前面所述的沉淀条件下进行，仍不可避免地存在局部过饱和现象。如果沉淀剂不是前面所述的直接加入溶液中，而是通过溶液中发生化学反应，缓慢而均匀地在溶液中产生沉淀剂，从而使沉淀在整个溶液中均匀地、缓慢地析出，便可避免局部过饱和现象，从而生成的沉淀颗粒较粗，结构紧密，纯净而易过滤。例如，在含有 Ba^{2+} 的试液中加入硫酸甲酯，利用硫酸甲酯水解产生的 SO_4^{2-}，均匀缓慢地生成 $BaSO_4$ 沉淀。

$$(CH_3)_2SO_4 + 2H_2O = 2CH_3OH + SO_4^{2-} + 2H^+$$

均相沉淀法是重量沉淀法的一种改进方法。但均相沉淀法对避免生成混晶及后沉淀的效果不大，且长时间的放置使溶液在容器壁上沉积一层黏结的沉淀，不易洗下，又造成了额外的误差。

(五) 重量分析结果的计算和应用示例

在重量分析中，分析结果通常以被测组分在试样中所占的含量表示，即

$$被测组分含量 = \frac{被测组分的重量}{试样重量} \times 100\%$$

如果最后得到的称量形式就是被测组分的形式，则分析结果的计算比较简单。例如，重量法测定岩石中的 SiO_2，称样 0.4000g，析出硅胶沉淀后灼烧成 SiO_2 的形式称量，得 0.3000g，则试样中 SiO_2 的含量为

$$SiO_2 含量 = \frac{0.3000}{0.4000} \times 100\% = 75.00\%$$

但是，在很多情况下，沉淀的称量形式与被测组分的表示形式不一样，这时就需要由称量形式的重量计算出被测组分的重量。

$$被测组分重量 = F \times 称量形式的重量$$

F 为被测组分重量和称量形式的重量的比例系数，即换算因数；也就是说，只要知道了称量形式的重量后，乘以换算因数，便可求得被测组分的重量。

【课堂练习】

在含 Mg^{2+} 的溶液中，加入 $(NH_4)_2HPO_4$ 后，将 Mg^{2+} 沉淀为 $MgNH_4PO_4$，再将沉淀灼烧成 $Mg_2P_2O_7$，称重，得 0.4025g，则该溶液中的 Mg^{2+} 的重量为多少？

解：从称量形式可看出每一个 $Mg_2P_2O_7$ 分子含有两个 Mg 原子，所以

$$F = \frac{2 \times \text{Mg 的摩尔质量}}{\text{Mg}_2\text{P}_2\text{O}_7 \text{ 的摩尔质量}} = \frac{2 \times 24.32}{222.60} = 0.2185$$

$$\begin{aligned}\text{Mg}^{2+} \text{ 的重量} &= F \times \text{Mg}_2\text{P}_2\text{O}_7 \text{ 的重量} \\ &= 0.2185 \times 0.4025 \\ &= 0.08795(\text{g})\end{aligned}$$

【任务链接】 任务 5-3 中药芒硝中 Na_2SO_4 的含量测定

【项目实施】

任务 5-1 硝酸银标准溶液的配制和标定

硝酸银标准溶液
的配制和标定

【任务导入】配制硝酸银标准溶液。

【任务分析】$AgNO_3$ 标准滴定溶液可以用经过预处理的基准试剂 $AgNO_3$ 直接配制。但非基准试剂 $AgNO_3$ 中常含有杂质，如金属银、氧化银、游离硝酸、亚硝酸盐等，因此用间接法配制。先配成近似浓度的溶液后，用基准物质 NaCl 标定。

以 NaCl 作为基准物质，溶样后，在中性或弱碱性溶液中，用 $AgNO_3$ 溶液滴定，以电位滴定法（参见项目六）确定终点，其反应如下：

$$NaCl + AgNO_3 \longrightarrow AgCl \downarrow + NaNO_3$$

【任务准备】

（1）仪器、试剂 硝酸银、氯化钠、淀粉溶液（10g/L）、电位滴定仪器一套。

（2）标准规范 GB/T 601—2016《化学试剂 标准滴定溶液的制备》。

【任务计划】

1. 配制

称取 17.5g 硝酸银，溶于 1000mL 水中，摇匀。溶液贮存于密闭的棕色瓶中。

2. 标定

按 GB/T 9725—2007 的规定测定，其中，称取 0.22g 于 500～600℃ 的高温炉中灼烧至恒量的工作基准试剂氯化钠，溶于 70mL 水中，加 10mL 淀粉溶液（10g/L），采用电位滴定法，用配制的硝酸银溶液滴定。

硝酸银标准滴定溶液的浓度按下式计算：

$$c_{AgNO_3} = \frac{1000m}{V_0 M}$$

式中 m——氯化钠质量，g；

V_0——硝酸银溶液体积，mL；

M——氯化钠的摩尔质量，58.442g/mol。

注意事项：

① $AgNO_3$ 试剂及其溶液具有腐蚀性，破坏皮肤组织，注意切勿接触皮肤及衣服。

② 配制 $AgNO_3$ 标准溶液的水应无 Cl^-，用前应进行检查。

【任务实施】

【数据处理】参见任务 2-2　制备 NaOH 标准溶液。

【任务反思】
1. 为何要选用电位滴定法确定终点？
2. 配制好的硝酸银溶液为何要保存在密闭的棕色瓶中？

【任务评价】参见任务 2-2　制备 NaOH 标准溶液。

任务 5-2　氯化钠注射液中氯化钠含量的测定

【任务导入】现有一批氯化钠注射液，检查含量是否合格，并出具检验报告单。

【任务分析】氯化钠注射液，无色的澄明液体，为氯化钠的等渗灭菌水溶液。含氯化钠（NaCl）应为 0.850%～0.950%（g/mL）。可用于各种原因所致的失水（包括低渗性、等渗性和高渗性失水），低氯性代谢性碱中毒；还可外用生理盐水冲洗眼部、洗涤伤口等。

氯化钠含量测定反应原理如下：

$$NaCl + AgNO_3 \longrightarrow AgCl\downarrow + NaNO_3$$

【任务准备】
(1) 仪器、试剂　氯化钠注射液、2%糊精溶液、2.5%硼砂溶液、荧光黄指示液、硝酸银滴定液（0.1mol/L）、常规滴定分析玻璃仪器一套。

(2) 标准规范：《中国药典》（2020 版）二部　氯化钠注射液。

【任务计划】 精密量取氯化钠注射液 10mL，加水 40mL、2%糊精溶液 5mL、2.5%硼砂溶液 2mL 与荧光黄指示液 5～8 滴，用硝酸银滴定液（0.1mol/L）滴定。每 1mL 硝酸银滴定液（0.1mol/L）相当于 5.844mg 的 NaCl。

氯化钠含量计算：

$$氯化钠含量 = \frac{VTF}{m} \times 100\%$$

式中　V——硝酸银滴定液消耗的体积，mL；

　　　T——滴定度，5.844mg/mL；

　　　F——滴定液浓度校正系数；

　　　m——供试品取样量，mg。

【任务实施】

【数据处理】 参见任务 2-2　制备 NaOH 标准溶液。

【任务反思】

1. 沉淀滴定法是根据什么原理来判断终点？
2. 药品含量检测和化工原料检测有何区别？

【任务评价】 参见任务 2-2　制备 NaOH 标准溶液。

任务 5-3　中药芒硝中 Na_2SO_4 的含量测定

【任务导入】现有一批芒硝，需检查含量是否合格，并出具检验报告单。

【任务分析】芒硝，为硫酸盐类矿物芒硝族芒硝，经加工精制而成的结晶体。主含含水硫酸钠（$Na_2SO_4 \cdot 10H_2O$）。其含量测定原理如下式：

$$Ba^{2+} + SO_4^{2-} \longrightarrow BaSO_4 \downarrow \xrightarrow{\text{过滤、洗涤}} \xrightarrow{\text{灼烧至恒重}} BaSO_4（称量形式）$$

【任务准备】

(1) 仪器、试剂　芒硝、盐酸、氯化钡试液、分析天平。

(2) 标准规范　《中国药典》(2020 版) 一部 132 页芒硝。

【任务计划】取样品芒硝，置 105℃ 干燥至恒重后，取约 0.3g，精密称定，加水 200mL 溶解后，加盐酸 1mL，煮沸，不断搅拌，并缓缓加入热氯化钡试液（约 20mL），至不再生成沉淀，置水浴上加热 30min，静置 1h，用无灰滤纸过滤，沉淀用水分次洗涤，至洗液不再显氯化物的反应，干燥，并炽灼至恒重，精密称定，与 0.6086 相乘，即得供试品中 Na_2SO_4 的含量。

本品按干燥品计算，含 Na_2SO_4 不得少于 99.0%。

【任务实施】

_____

_____

_____

_____

_____

_____

_____

【数据处理】参见任务 2-2　制备 NaOH 标准溶液。

【任务反思】

1. 实验前为什么要将芒硝置于 105℃ 干燥至恒重？

2. 0.6086 是什么数据？如何得到的？

【任务评价】参见任务 2-2　制备 NaOH 标准溶液。

【项目检测】

一、选择题

1. 符合沉淀滴定法的沉淀反应必须具备的条件不包括（　　）。
   A. 沉淀反应按一定化学反应式进行　　　　B. 沉淀形式为称量形式
   C. 生成的沉淀的溶解度很小　　　　　　　D. 有适当的指示终点的方法

2. 银量法按照其滴定终点的判断方法不同，可分为不同方法，不包括（　　）。
   A. 莫尔法　　　　B. 佛尔哈德法　　　　C. 法扬司法　　　　D. 碘量法

3. 不能使用银量法测定的离子是（　　）。
   A. Cl^-　　　　B. Br^-　　　　C. SCN^-　　　　D. Ac^-

4. 铬酸钾指示剂法能测定的离子是（　　）。
   A. Cl^-　　　　B. Ba^{2+}　　　　C. S^{2-}　　　　D. SCN^-

5. 铁铵矾指示剂法测定 Ag^+ 时，其滴定方式是（　　）。
   A. 直接滴定　　　B. 间接滴定　　　C. 置换滴定　　　D. 返滴定

6. 用吸附指示剂法测定 NaCl 含量时，在滴定终点前 AgCl 沉淀优先吸附（　　）。
   A. Ag^+　　　　　　　　　　　　B. Cl^-
   C. 荧光黄指示剂阴离子　　　　　　D. Na^+

7. 硝酸银滴定液应贮存在（　　）。
   A. 棕色容量瓶　　　　　　　　　　B. 白色容量瓶
   C. 棕色试剂瓶　　　　　　　　　　D. 白色试剂瓶

8. 莫尔法所使用的指示剂是（　　）。
   A. $K_2Cr_2O_7$　　　　　　　　　B. K_2CrO_4
   C. $NH_4Fe(SO_4)_2 \cdot 12H_2O$　　　D. $AgNO_3$

9. 法扬司法中，为了使沉淀保持胶体状态，一般加入（　　）。
   A. 糊精　　　　B. 磷酸　　　　C. 氢氧化钠　　　　D. 硝酸

10. 铁铵矾指示剂法中调整酸性用（　　）。
    A. HCl　　　　B. H_3PO_4　　　　C. HNO_3　　　　D. H_2SO_4

11. 沉淀纯度的影响因素不包括（　　）。
    A. 表面吸附　　　　　　　　　　B. 同离子效应
    C. 包藏和吸留　　　　　　　　　D. 混晶

12. 根据 $Mg_2P_2O_7$（称量形式）测定 MgO，其换算因数应是（　　）。
    A. $Mg_2P_2O_7/2MgO$　　　　　B. $2MgO/Mg_2P_2O_7$
    C. $MgO/Mg_2P_2O_7$　　　　　　D. $Mg_2P_2O_7/MgO$

二、简答题

1. 银量法的类型有哪些？
2. 铁铵矾指示剂法测定 Cl^- 时，可以采取什么措施来防止沉淀转化反应？
3. 沉淀溶解度的影响因素有哪些？

三、计算题

1. 精密称取食盐 0.3639g 溶于水，以铬酸钾为指示剂，用 0.2106mol/L AgNO$_3$ 滴定液滴定，终点时消耗 AgNO$_3$ 滴定液 29.22mL。做空白实验，消耗 AgNO$_3$ 滴定液 0.05mL，问食盐中 NaCl 的百分含量为多少？（已知 $M_{NaCl}=58.44$g/mol）

2. 精密称取银合金 1.4682g，将其溶于硝酸中，以铁铵矾为指示剂然后用 0.1161mol/L 的 NH$_4$SCN 滴定液滴定，终点时消耗 NH$_4$SCN 滴定液 34.62mL，试计算此合金中银的含量。（已知 $M_{Ag}=107.9$g/mol）

项目六

电化学分析技术

【项目目标】▶▶▶

知识目标：

1. 了解指示电极与参比电极的特征，熟悉pH玻璃电极与饱和甘汞电极的结构原理。
2. 掌握直接电位法、电位滴定法和永停滴定法的基本原理。
3. 掌握pH计、自动电位滴定仪和永停滴定仪的使用方法并能进行仪器保养维护及装配使用。

技能目标：

1. 能使用酸度计、电位滴定仪等常见电位分析仪器并能进行一般故障排除。
2. 学会应用电化学分析技术测定化工产品、药品等样品的pH或电位等。

素质目标：

1. 培养学生独立完成对实际样品的分析，养成认真务实的职业态度。
2. 培养学生用辩证唯物主义分析电化学。

【思维导图】▶▶▶

电化学分析技术

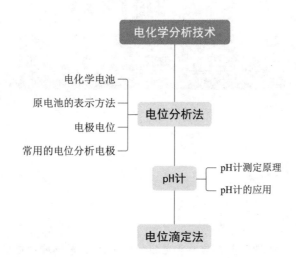

> **我看世界**
>
> 糖尿病是由遗传和环境因素相互作用而引起的常见病，临床以高血糖为主要标志，是世界三大难症之一。人和动物胰脏内有一种岛形细胞，其所分泌的胰岛素，具有降低血糖和调节体内糖类代谢的功能。胰岛素分子是由 21 肽的 A 链和 30 肽的 B 链通过二硫键连接起来的。
>
> 1958 年 12 月中国科学院上海分院组成一支强有力的科研队伍，联合攻关。中国科学院上海有机化学研究所和北京大学化学系合力负责合成 A 链，中国科学院生物化学研究所负责合成 B 链。经历六百多次失败、经过近二百步合成，1965 年 9 月 17 日，中国在世界上首次用人工方法合成了牛胰岛素结晶。这是一项复杂而艰巨的工作。国家科学技术委员会先后两次组织著名科学家进行科学鉴定，证明人工合成牛胰岛素具有与天然牛胰岛素相同的生物活力和结晶形状。
>
> 人工牛胰岛素的合成，标志着人类在认识生命、探索生命奥秘的征途中，迈出了关键性的一步，其意义与影响是巨大的。

> **知识拓展**
>
> 对于糖尿病患者来说，血糖水平的监测尤为重要，通常都需要一台血糖仪来协助实现。1986 年，第一台电化学法血糖仪在美国获准上市。采用了电化学技术的血糖仪体积小、使用便捷，为糖尿病患者带来福音。电化学技术也因此逐步成了这个领域的主流技术。目前，市面上绝大多数家用血糖仪是采用电化学法的原理设计的。

【项目简介】

电化学分析法是根据物质的电学及电化学性质来测定物质含量的仪器分析方法。电化学分析法种类繁多，一般可以分为三类：

（1）直接测定法　以待测物质浓度在某一特定实验条件下与某些电化学参数间的函数关系为基础的分析方法。

（2）电容量分析法　以滴定过程中某些电化学参数的突变作为滴定分析中指示终点的方法。

（3）电称量分析法　试液中某种待测物质通过电极反应转化为固相沉积在电极上，然后通过称量确定被测组分含量的方法。

电化学分析法设备简单，操作方便快速，测试费用低，易于普及；灵敏性、选择性和准确性很高，适用面广；试样用量少，若使用特制的电极，所需试液可少至几微升；由于测定过程中得到的是电信号，可以连续显示和自动记录，因而这种方法更有利于实现连续、自动和遥控分析。该法特别适合用于生产过程的在线分析，自动化程度高。电化学分析法的缺点是精密度较差，当要求精密度较高时不宜采用此法，电极电位值的重现性受实验条件的影响较大。

本项目任务包括：任务 6-1　常用水质的 pH 值的测定；任务 6-2　盐酸普鲁卡因的含量

项目六　电化学分析技术

测定（永停滴定法）。

> **【相关知识】**

一、电位分析法

电位分析法是通过测量电极电位或根据电极电位的变化来确定物质含量的方法。电位分析法起源于 18 世纪末，是一种较古老的仪器分析方法。20 世纪 60 年代末，离子选择性电极的出现，给电位法增添了新的活力，使电位法跻身于近代仪器分析方法之列。

电位分析法包括直接电位法和电位滴定法。直接电位法是通过测量工作电池电动势以确定待测离子活度的分析方法。电位滴定法则是依据滴定过程中电池电动势的变化以确定滴定终点的分析方法。与化学分析中的滴定分析不同的是电位滴定的滴定终点是由测量电位突跃来确定，而不是由观察指示剂颜色变化来确定的。

（一）电化学电池

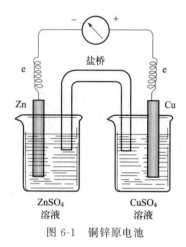

图 6-1 铜锌原电池

将铜棒和锌棒插入 $CuSO_4$ 和 $ZnSO_4$ 的混合溶液中，便构成了一个电化学池，简称电池，如图 6-1。若用导线将铜棒和锌棒连接起来，则有以下过程发生：

正极：$Cu^{2+} + 2e \longrightarrow Cu$

负极：$Zn - 2e \longrightarrow Zn^{2+}$

由这两个半反应可知，在铜棒和锌棒表面上分别有氧化还原反应完成，从电子导电到离子导电的转换，每个金属片可以与其离子的溶液组成一个半电池，称为一个电极。例如铜锌原电池即由一个铜电极和一个锌电极组成。每个电极上发生的氧化或还原反应称为半电池反应，两个半电池反应构成一个电池反应。除电导法外，几乎所有其他的电化学分析方法都是在研究此界面上以及界面附近发生的反应及其规律。

（二）原电池的表示方法

原电池常用符号表示，如铜锌原电池可以表示为

（−）$Zn \mid Zn^{2+}$（c_1）$\parallel Cu^{2+}$（c_2）$\mid Cu$（+）

习惯上把负极写在左边，用（−）表示，把正极写在右边，用（+）表示；"∣"表示电极和接触界面，"∥"表示盐桥，当同一组中存在多种组分时，用","隔开；c_1、c_2 表示溶液的浓度，如有气体，则应注明温度、压强，若不注明，即为 298.15K 及 $1.013 \times 10^5 Pa$（标准大气压）。

（三）电极电位

铜锌原电池中有电流产生，表明构成原电池的两个电极之间有电位差存在，用 $\varphi_{(+)}$ 表示正极的电极电位，用 $\varphi_{(-)}$ 表示负极的电极电位，两个电极电位之间的电位差，称为原电

池的电动势,用 E 表示

$$E=\varphi_{(+)}-\varphi_{(-)}$$

金属与溶液之间产生的稳定电势称为电极电位,用符号 $\varphi_{M^{n+}/M}$ 表示。例如在铜锌原电池中锌片和 Zn^{2+} 溶液构成一个电极,电极电位用 $\varphi_{Zn^{2+}/Zn}$ 表示;铜片和 Cu^{2+} 溶液构成一个电极,电极电位用 $\varphi_{Cu^{2+}/Cu}$ 表示。各电极的标准电极电位可查阅标准电极电位表数据。

> 【课堂活动】电极电位的大小主要取决于电极的本性,另外还和哪些外界因素有关?单个电极电位的绝对值可以测定吗?

(四)常用的电位分析电极

电位分析所用的电极,总体上可以分为参比电极和指示电极两类。每类中又有若干品种。

1. 参比电极

参比电极是测量电池电动势,计算电极电位的基准。标准氢电极(以 NHE 表示)是最精确的参比电极,是参比电极的一级标准,规定它的电位值在任何温度下都是 0V。用标准氢电极与另一电极组成电池,测得的电池两极的电位差即为另一电极的电极电位,实际工作中常用的参比电极是甘汞电极和银-氯化银电极。

(1) 甘汞电极 是金属汞和 Hg_2Cl_2(甘汞)及 KCl 溶液组成的电极。其构造如图 6-2 所示。甘汞电极内玻璃管中封接一根铂丝,铂丝插入纯汞中,下置一层甘汞和汞的糊状物,外玻璃管中装入 KCl 溶液,即构成甘汞电极。电极下端与待测溶液接触部分是熔接陶瓷芯或玻璃砂芯等多孔物质或一个毛细管通道。

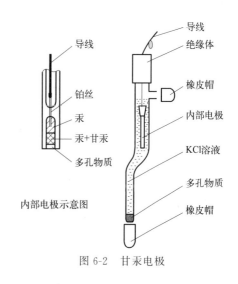

图 6-2 甘汞电极

它的电极反应为

$$Hg_2Cl_2+2e \Longrightarrow 2Hg+2Cl^-$$

电极电位(25℃)为

$$\varphi_{Hg_2Cl_2/Hg}=\varphi^{\ominus}_{Hg_2Cl_2/Hg}-\frac{0.0592}{2}\lg a^2_{Cl^-}$$
$$=\varphi^{\ominus}_{Hg_2Cl_2/Hg}-0.0592\lg a_{Cl^-}$$

由以上公式可以看出,当温度一定时甘汞电极电位主要取决于 a_{Cl^-}。当 a_{Cl^-} 一定时,其电极电位是个恒定值。不同浓度的 KCl 溶液,使甘汞电极的电位具有不同的恒定值,如表 6-1 所示。

表 6-1 25℃时甘汞电极的电极电位(对 NHE)

名称	KCl 溶液的浓度	电极电位 φ/V
0.1mol/L 甘汞电极	0.1mol/L	+0.3365

续表

名称	KCl溶液的浓度	电极电位 φ/V
标准甘汞电极(NCE)	1.0mol/L	+0.2828
饱和甘汞电极(SCE)	饱和溶液	+0.2438

(2) 银-氯化银电极　银丝镀上一层AgCl，浸在一定浓度的KCl溶液中，即构成银-氯化银电极（图6-3）。

电极反应为

$$AgCl + e \Longrightarrow Ag + Cl^-$$

电极电位

$$\varphi_{AgCl/Ag} = \varphi^{\ominus}_{AgCl/Ag} - 0.0592\lg a_{Cl^-}$$

25℃时，不同浓度KCl溶液在一定的银-氯化银电极的电极电位值如表6-2所示。

表6-2　25℃时银-氯化银电极的电极电位（对NHE）

名称	KCl溶液的浓度	电极电位 φ/V
0.1mol/L银-氯化银电极	0.1mol/L	+0.2880
标准银-氯化银电极	1.0mol/L	+0.2223
饱和银-氯化银电极	饱和溶液	+0.2000

由于银-氯化银电极结构简单、体积小，因此常被用作玻璃电极和其它离子选择电极的内参比电极及复合玻璃电极的参比电极。

2. 指示电极

指示电极的种类较多，这里主要介绍用于测定溶液pH的玻璃电极。玻璃电极的构造如图6-4所示。

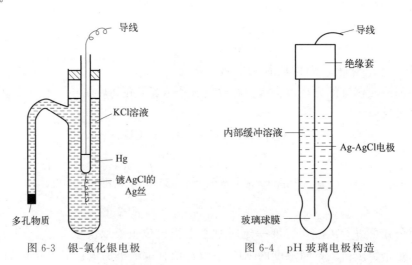

图6-3　银-氯化银电极　　图6-4　pH玻璃电极构造

玻璃电极的主要部分是玻璃管下端接的由特殊玻璃制成的软质玻璃球膜，膜厚0.03~0.1mm，玻璃球膜中装有一定pH的缓冲溶液作为内参比溶液，在溶液中插入银-氯化银电极内参比电极。

玻璃电极的电位由膜电位和内参比电极的电位决定，而内参比电极的电位是一定值，而膜电位又决定于待测溶液的 pH 值，因此 25℃时玻璃电极的电位可表示为：

$$\varphi_{玻} = \varphi^{\ominus}_{AgCl/Ag} + (K - 0.0592pH)$$
$$= K_{玻} - 0.0592pH$$

式中　K——常数，与玻璃电极性质有关。

从上式可以看出，玻璃电极的电极电位 $\varphi_{玻}$ 在一定条件下与待测溶液的 pH 呈线性关系，只要测出 $\varphi_{玻}$，便可求出 pH。

二、pH 计

测定溶液 pH 的仪器是 pH 计（又称酸度计），是根据 pH 的实用定义设定而成的。pH 计是一种高阻抗的电子管或晶体管式的直流毫伏计，既可以用于测量溶液的酸度，又可以用作毫伏计测量电池的电动势。根据测量要求不同，酸度计可分为普通型、精密型和工业型三类，读数值精度最低的为 0.1pH，最高的为 0.001pH，使用者可以根据需要选择不同类型的仪器。

实验室用的 pH 计型号很多，如图 6-5，但其结构一般均由两部分组成，即电极系统和高阻抗毫伏计两部分。电极与待测溶液组成原电池，以毫伏计测量电极间电位差，电位差经放大电路放大后，由电流表或数码管显示。

1. pH 计测定原理

直接电位法测定溶液的 pH 值，常用玻璃电极作为指示电极，饱和甘汞电极作为参比电极，将两只电极插入待测溶液中组成原电池，测量其电动势。具体测定时常采用两次测定法，两次测定法可以消除玻璃电极的不对称电位和仪器中若干不确定因素所产生的误差。

图 6-5　pH 计

将两个电极插入已知 pH 值的标准 pH 缓冲溶液（pHs）中组成原电池，测量其电动势（Es）为

$$Es = \varphi_{甘汞} - \varphi_{玻} = 0.2412 - (K_{玻} - 0.0592pHs) = K + 0.0592pHs$$

然后再测量待测溶液（pHx）组成的原电池的电动势（Ex），即

$$Ex = \varphi_{甘汞} - \varphi_{玻} = 0.2412 - (K_{玻} - 0.0592pHx) = K + 0.0592pHx$$

两式相减得：

$$Es - Ex = 0.0592(pHs - pHx)$$

$$pHx = pHs - \frac{Es - Ex}{0.0592}$$

常用水质的
pH 值测定
（pH 计）

实际工作中，pH 计可以直接显示出溶液的 pH 值，因此不必计算待测溶液的 pH 值。

2. pH 计的应用

pH 标准缓冲溶液是具有准确 pH 的缓冲溶液，是 pH 测定的基准，所以缓冲溶液的配制及 pH 的确定是至关重要的。我国国家标准物质研究中心通过长期工作，采用尽可能完善的方法，确定 30～90℃水溶液的 pH 工作基准。这些缓冲物质按比例配制出的标准缓冲液的 pH 均匀地分布在 0～13 的 pH 范围内。标准缓冲溶液的 pH 与温度有关，随温度的变化而改变。表6-3列出了不同温度下常用的标准缓冲溶液的pH，供参考选用。

表6-3 不同温度下常用的标准缓冲溶液pH

温度/℃	0.05mol/L 草酸三氢钾	0.05mol/L 邻苯二甲酸氢钾	0.025mol/L KH_2PO_4和Na_2HPO_4	0.01mol/L 硼砂
10	1.67	4.00	6.92	9.33
15	1.67	4.00	6.90	9.28
20	1.68	4.00	6.88	9.23
25	1.68	4.00	6.86	9.18
30	1.68	4.01	6.85	9.14
35	1.69	4.02	6.84	9.10

配制好的pH标准缓冲溶液应贮存在玻璃试剂瓶或聚乙烯试剂瓶中，硼酸盐和氢氧化钙标准缓冲溶液存放时应防止空气中的CO_2进入。标准缓冲溶液一般可保存2~3个月，若溶液中出现浑浊等现象，不能再使用，应重新配制。

以碳酸氢钠注射液作为待测溶液，测定其pH值。

碳酸氢钠注射液为碱性溶液，pH为7.5~8.5，因此对仪器进行校正时，先用偏中性的标准缓冲溶液（pH=7.41磷酸盐）进行一次校正，再用碱性较为接近的标准缓冲溶液（pH=9.18硼砂）进行二次校正。具体分析步骤如下。

(1) pH标准缓冲溶液的配制

① pH7.41磷酸盐。取标准磷酸二氢钾1.36g，加0.1mol/L氢氧化钠溶液79mL，用水稀释至200mL，即得。

② pH9.18硼砂。精密称取标准硼砂（$Na_2B_4O_7 \cdot 10H_2O$）3.80g，加水使溶解并稀释至1000mL，即得。

(2) 仪器校正

① 连接复合电极，并夹在电极夹上，调节到适当位置。

② 用纯化水清洗电极，用滤纸吸干。

③ 接通电源，预热30min。

④ 将选择开关旋钮调到pH挡。

⑤ 用温度计测定标准溶液温度，调节温度补偿旋钮指向测得的温度值。

⑥ 把斜率旋钮调到100%位置。

⑦ 将电极浸入磷酸盐标准缓冲溶液（pH=7.41）中，调节定位旋钮，使仪器显示读数与缓冲溶液pH值一致。

⑧ 再用纯化水清洗电极，用滤纸吸干。

⑨ 将电极浸入硼砂标准缓冲溶液（pH=9.18）中复核，如果仪器显示读数与缓冲溶液pH值不一致，则调节斜率旋钮使一致。

(3) pH值测定 用纯化水清洗电极头部，用滤纸吸干。把电极浸入待测溶液中，轻轻摇动烧杯使溶液均匀，待稳定后记录显示屏上pH值。

【任务链接】 任务6-1 常用水质的pH值的测定

三、电位滴定法

电位滴定法是根据滴定过程中电极电位的突跃代替指示剂颜色的变化来确定滴定终点的一种滴定分析方法。对于一些有色溶液、浑浊溶液，或具有荧光的溶液和某些离子的连续滴定、某些非水滴定等，都可以采用电位滴定法。

电位滴定法以测量电位变化为基础，它比直接电位法具有较高的准确度和精密度，但分析时间长，如用自动电位滴定仪、计算机处理数据，则可达到简便快速的目的。

电位滴定法所用的基本仪器装置如图 6-6 所示。它包括滴定管、滴定池、指示电极、参比电极、搅拌器和测量电动势的仪器，市售的电位滴定计也是由这些部件构成的。

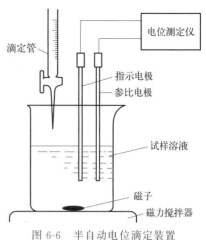

图 6-6　半自动电位滴定装置

【课堂活动】电位滴定法和传统的指示剂确定终点的方法相比有何优缺点？

进行电位滴定时，在待测溶液中插入指示电极和参比电极，随着滴定剂的加入，待测离子或与之有关的离子浓度不断变化，指示电极的电位也发生相应的变化，而在化学计量点附近离子浓度发生突跃从而引起电位突跃，因此，测量电池电动势的变化，就能确定滴定终点。

与滴定分析法相比，电位滴定法有以下特点：
① 准确度高，用该法确定终点更为客观，不存在观测误差，结果更为准确。
② 可用于有色溶液、浑浊液及无优良指示剂情况下的滴定。
③ 可用于连续滴定、自动滴定、微量滴定。
④ 操作麻烦，数据处理费时。

电位滴定法在滴定分析中应用较为广泛，可应用于酸碱滴定法、氧化还原滴定法、沉淀滴定法、配位滴定法等各类滴定分析中。自动电位滴定仪的应用，使测定更为简便快速，适用范围也更为广泛。

电位滴定法是测定无机化工产品中氯化物含量的通用方法。

依据《无机化工产品中氯化物含量测定的通用方法　电位滴定法》（GB/T 3050—2000）对化工产品进行分析测定。

(1) 试验溶液的制备　称取适量的试样用合适的方法处理，或移取经化学处理后的适量试验溶液（使干扰离子不大于规定的限量），置于烧杯中，加 1 滴溴酚蓝指示液，用氢氧化钠溶液或硝酸溶液调节溶液的颜色恰呈黄色，移入适当大小的容量瓶中，加水至刻度，摇匀。此试液为溶液 A，氯离子的浓度为 $1\sim 1.5\times 10^3$ mg/L。

(2) 滴定　准确移取定量的溶液 A，使氯含量为 0.01～75mg，置于 50mL 烧杯中，加乙醇，使乙醇与所取溶液 A 的体积之比为 3∶1，总体积不大于 40mL。当所用的硝酸银标准滴定溶液的浓度大于 0.02mol/L 时可不加乙醇，以下操作可参考国标（GB/T 3050—2000）中的规定进行，但不再一次加入 4mL（或 9mL）硝酸银标准滴定溶液。

当试验溶液中氯离子浓度太低，滴定所消耗硝酸银标准滴定溶液的体积小于 1mL 时，可采用标准加入法测定，在计算结果时应扣除加入的氯化钾标准溶液中的氯所消耗的硝酸银标准滴定溶液的体积。

同时进行空白试验。

（3）分析结果的表述　以质量分数表示的氯化物（以 Cl 计算）X 的含量计算如下：

$$X 的含量 = \frac{0.03545(V_3 - V_4)c}{m} \times 100\%$$

$$= \frac{3.545c(V_3 - V_4)}{m}$$

式中　c——硝酸银标准滴定溶液的浓度，mol/L；

V_3——滴定所消耗的硝酸银标准滴定溶液的体积，mL；

V_4——空白滴定所消耗的硝酸银标准滴定溶液的体积，mL；

m——被滴定试样的质量，g；

0.03545——与 1.00mL 硝酸银标准滴定溶液（$c_{AgNO_3}=1.00mol/L$）相当的以克表示的氯化物（以 Cl 计算）的质量。

【课堂活动】电位滴定法与指示剂法都是确定滴定终点的方法，两种方法在终点判断上有什么差异？

【任务链接】　任务 6-2　盐酸普鲁卡因的含量测定（永停滴定法）

【项目实施】

任务 6-1　常用水质的 pH 值的测定

【任务导入】利用 pH 计测定常用水质的 pH 值。

【任务分析】配制混合磷酸盐标准缓冲溶液（pH=6.86）和邻苯二甲酸氢钾标准缓冲溶液（pH=4.00），对 pH 计进行校正，校正后测定常用水质的 pH 值。

【任务准备】

1. 仪器与设备

① 酸度计或离子浓度计。常规检验使用的仪器，至少应当精确到 0.1pH 单位，pH 范围 0～14。如有特殊需要，应使用精度更高的仪器。

② 玻璃电极与甘汞电极。

③ 电热恒温干燥箱。

④ 分析天平：感量 0.0001g。

⑤ 称量瓶：直径 50mm，高 30mm，具磨口塞。

2. 试剂与试样

① 标准缓冲溶液（简称标准溶液）的配制。配制 pH 值为 4.01、6.86、9.18 的缓冲溶

液，用于 pH 计校正。具体配制见表 6-4。

② 标准溶液的 pH 值随温度变化而稍有差异。

表 6-4 pH 值标准溶液的制备

	标准溶液 (溶质的质量摩尔浓度,mol/kg)	25℃的 pH 值	每1000mL 25℃水溶液 所需药品重量
基本标准	酒石酸氢钾(25℃饱和)	3.557	6.4g $KHC_4H_4O_6$①
	柠檬酸二氢钾(0.05)	3.776	11.4g $KH_2C_6H_5O_7$
	邻苯二甲酸氢钾(0.05)	4.028	10.1g $KHC_8H_4O_4$
	磷酸二氢钾(0.025)	6.865	3.388g $KH_2PO_4$②
	磷酸氢二钠(0.025)		3.533g $Na_2HPO_4$②③
	磷酸二氢钾(0.008695)	7.413	1.179g $KH_2PO_4$②③
	磷酸氢二钠(0.03043)		4.392g Na_2HPO_4
	硼砂(0.01)	9.180	3.80g $Na_2B_4O_7 \cdot 10H_2O$③
	碳酸氢钠(0.025)	10.012	2.092g $NaHCO_3$③
	碳酸钠(0.025)		2.640g Na_2CO_3
辅助标准	四草酸钾(0.05)	1.679	12.61g $KH_3C_4O_8 \cdot 2H_2O$④
	氢氧化钙(25℃饱和)	12.454	1.5g $Ca(OH)_2$①

① 大约溶解度。
② 在 110～130℃烘 2～3h。
③ 必须用新煮沸并冷却的蒸馏水（不含 CO_2）配制。
④ 别名草酸三氢钾，使用前在 54℃±3℃干燥 4～5h。

3. 标准规范

GB 6920—1986《水质 pH 值的测定 玻璃电极法》。

【任务计划】

pH 值由测量电池的电动势而得。该电池通常由饱和甘汞电极为参比电极，玻璃电极为指示电极所组成。在 25℃，溶液中每变化 1 个 pH 单位，电位差改变 59.16mV，据此在仪器上直接以 pH 的读数表示。温度差异在仪器上有补偿装置。

(1) 仪器校准 操作程序按仪器使用说明书进行。先将水样与标准溶液调到同一温度，记录测定温度，并将仪器温度补偿旋钮调至该温度上。

用标准溶液校正仪器，该标准溶液与水样 pH 相差不超过 2 个 pH 单位。从标准溶液中取出电极，彻底冲洗并用滤纸吸干。再将电极浸入第二个标准溶液中，其 pH 大约与第一个标准溶液相差 3 个 pH 单位，如果仪器响应的示值与第二个标准溶液的 pHs 值之差大于 0.1pH 单位，就要检查仪器、电极或标准溶液是否存在问题。当三者均正常时，方可用于测定样品。

(2) 样品测定 测定样品时，先用蒸馏水认真冲洗电极，再用水样冲洗，然后将电极浸入样品中，小心摇动或进行搅拌使其均匀，静置，待读数稳定时记下 pH 值。

本实验相对用时很少，且操作简单。在使用时应保护好电极，使用完毕后，关闭电源，并将电极浸在保护液中。

【任务实施】

【数据记录】

试样测定			
试样编号	1	2	3
测得 pH 值			
试样的 pH 值			

【任务反思】

1. 如何正确使用 pH 计？
2. 如何正确选择缓冲溶液？

【任务评价】

考核点	考核内容	分值	得分
pH 计校准 （25 分）	pH 计使用前的斜率、灵敏度及温度调节是否正确	5	
	选取合适的两种标准缓冲溶液	3	
	玻璃电极使用前全面准备	2	
	pH 计冲洗至中性	2	
	玻璃电极上的水分稀释正确	3	
	校准过程中电极在校准液中的位置放置正确	2	
	pH 数据显示稳定后正确读取数值	3	
	整个操作过程是否规范	5	
取样 （10 分）	争取进行水样的取样及处理	5	
	平行实验	5	
试样测定 （50 分）	pH 计冲洗至中性	5	
	玻璃电极上的水分正确稀释	10	
	校准过程中电极在待测液中正确摆放	10	
	pH 值读数时要读数稳定 1min 后再读数	10	
	调节合适的搅拌速度	5	
	正确处理水样	10	
数据记录 （15 分）	每次实验结果不应有擅自涂改	5	
	两次结果误差大于 10%	10	
注：实验过程中如电极、烧杯等出现损坏，则该实验计 0 分。			
总得分			

任务 6-2 盐酸普鲁卡因的含量测定（永停滴定法）

【任务导入】现有一批盐酸普鲁卡因原料药，用永停滴定法测定含量。

【任务分析】盐酸普鲁卡因作用于外周神经产生传导阻滞作用，具有良好的局部麻醉作用。盐酸普鲁卡因为 4-氨基苯甲酸-2-（二乙氨基）乙酯盐酸盐，其结构式如图 6-7。白色结晶或结晶性粉末；无臭。在水中易溶，在乙醇中略溶，在三氯甲烷中微溶，在乙醚中几乎不溶。

按干燥品计算，含 $C_{13}H_{20}N_2O_2 \cdot HCl$ 不得少于 99.0%。

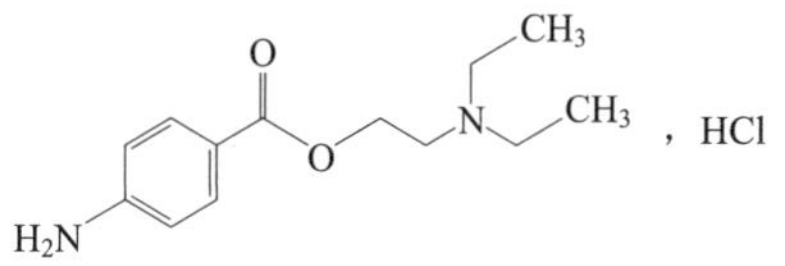

$C_{13}H_{20}N_2O_2 \cdot HCl$ 272.77

图 6-7 盐酸普鲁卡因化学结构式

盐酸普鲁卡因结构中含有伯芳胺基，在酸性溶液中与亚硝酸钠定量反应，生成重氮盐，可用永停滴定法指示反应终点。《中国药典》中通常用亚硝酸钠滴定法测定其含量。

【任务准备】

(1) 仪器、试剂 盐酸普鲁卡因原料药、亚硝酸钠滴定液（0.1mol/L）、盐酸（1→2）、KBr、永停滴定仪、分析天平、吸量管、量筒、烧杯（50mL）、电子天平。

(2) 标准规范：《中国药典》（2020 版）二部 盐酸普鲁卡因。

【任务计划】

取样品约 0.6g，精密称定，照永停滴定法，在 15~25℃，用亚硝酸钠滴定液（0.1mol/L）滴定。每 1mL 亚硝酸钠滴定液（0.1mol/L）相当于 27.28mg 的 $C_{13}H_{20}N_2O_2 \cdot HCl$。

① 取装量差异项下的内容物，混合均匀，精密称取适量（约相当于盐酸普鲁卡因 0.6g）。

② 加水 40mL，盐酸（1→2）15mL，充分搅拌，再加 KBr 2g，调节电极电压为 50mV，在 15~25℃下，将滴定管的尖端插入液面下约 2/3 处，用亚硝酸钠（0.1mol/L）滴定液迅速滴定，随滴随搅拌，近终点时，将滴定管尖端提出液面，用少量纯化水冲洗尖端，洗液并入溶液中，继续缓缓滴定，直至检流计发生明显偏转，不再回复，即为滴定终点。

③ 记录所用 $NaNO_2$（0.1mol/L）的体积，计算盐酸普鲁卡因的含量。每 1mL 亚硝酸钠滴定液（0.1mol/L）相当于 27.28mg $C_{13}H_{20}N_2O_2 \cdot HCl$。

注意事项如下：

① 实验前，检查永停滴定仪线路连接和外加电压，并进行电极活化处理，临用时用水冲洗。

② 酸度一般在 1~2mol/L 为宜。

③ 滴定时电磁搅拌不宜过快，以不产生空气漩涡为宜。

④ 重氮化反应为分子反应，反应速率较慢，在滴定过程中应充分搅拌。近滴定终点时，盐酸普鲁卡因浓度极小，反应速率减慢，应缓慢滴定。

【任务实施】

_____

_____

_____

_____

【数据记录】

记录项目	Ⅰ	Ⅱ	Ⅲ	备用
初始 V_{NaNO_2}/mL				
终点 V_{NaNO_2}/mL				
消耗 V_{NaNO_2}/mL				
$C_{13}H_{20}N_2O_2 \cdot HCl$ 含量/(mg/mL)				
$C_{13}H_{20}N_2O_2 \cdot HCl$ 平均含量/(mg/mL)				
相对平均偏差				

【任务反思】
永停滴定法的注意事项有哪些？

【任务评价】参见任务 2-2　制备 NaOH 标准溶液（其中，终点判断不依据颜色变化，依据永停滴定仪示数变化情况）。

【项目检测】

一、选择题

1. 电化学分析种类繁多，一般可以分为三类，其中不包括（　　）。
   A. 直接测定法　　　B. 电容量分析法　　　C. 电称量分析法　　　D. 电极分析法
2. 标准氢电极（以 NHE 表示）是（　　）。
   A. 参比电极　　　B. 指示电极　　　C. 玻璃电极　　　D. 铂电极
3. pH 计所用的指示电极为（　　）。
   A. 敏感膜材料　　　B. 甘汞电极　　　C. 玻璃电极　　　D. 铂电极
4. 用玻璃电极测量溶液的 pH 时，一般采用的分析方法为（　　）。
   A. 校正曲线法　　　B. 标准对照法　　　C. 标准加入法　　　D. 内标法
5. Ag-AgCl 参比电极的电极电位取决于电极内部溶液中的（　　）。
   A. Ag^+ 活度　　　B. Cl^- 活度　　　C. AgCl 活度　　　D. Ag^+ 活度和 Cl^- 活度
6. pH 计标定所选用的 pH 标准缓冲溶液同被测样品 pH 值应（　　）。
   A. 相差较大　　　B. 尽量接近　　　C. 完全相等　　　D. 无关系

7. 电位滴定法与化学滴定分析相比，具备的优点不包括（　　）。
A. 准确度高　　　　　　　　　　B. 可用于有色溶液滴定
C. 可用于连续滴定、微量滴定　　D. 操作简便

二、简答题

1. 电化学分析法包括哪两种？简单介绍。
2. 简述常用的指示电极和参比电极的类型。
3. 与滴定分析法相比，电位滴定法有哪些特点？

三、计算题

将 pH 玻璃电极与饱和甘汞电极浸入 pH＝6.86 的标准缓冲溶液中，测得电动势为 0.352V；测定另一未知试液时，测得电动势为 0.296V。计算未知试液的 pH。

项目七 光谱分析技术

【项目目标】▶▶▶

知识目标：

1. 掌握紫外-可见分光光度法的基本原理、朗伯-比尔定律的应用及其适用范围。
2. 掌握红外吸收光谱法的基本原理；掌握依据红外谱图确定有机化合物结构，推断未知物的结构方法。
3. 了解其他光谱仪工作原理及主要部件；运用现代仪器进行物质含量检测的程序。
4. 了解电磁辐射及其与物质的相互作用。

技能目标：

1. 知道朗伯-比尔定律的应用范围，学会正确进行相关计算。
2. 学会使用红外光谱仪并分析红外光谱图。
3. 学会对物质进行定性定量分析。

素质目标：

1. 树立分析检验的责任感和使命感。
2. 培养脚踏实地、锲而不舍的精神，培养分析问题和解决问题的能力。
3. 树立科学强国的理念。

【思维导图】▶▶▶

光谱分析技术

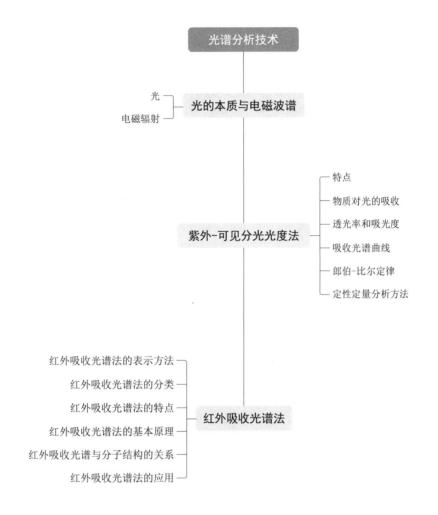

> **我看世界**
>
> 　　吴学周是中国分子光谱研究的开拓者、奠基人之一。新中国成立之初,百废待兴,吴学周动员并说服了物理化学研究所30多名科研人员,从上海出发一路北上来到长春,与长春综合研究所合并,成立了中国科学院长春应用化学研究所。
>
> 　　到长春后,吴学周把主要精力花在了科研组织和管理中,这为长春应用化学研究所后来的发展打下了坚实的基础。选择好研究课题,组建一支训练有素、具有高科学水平的研究队伍,以及配备良好的试验设施,是吴学周主抓的三件大事。在他的带领下,长春应用化学研究所形成了包括无机化学、分析化学、物化与结构、有机高分子四大中心的综合研究机构,在合成橡胶、塑料、稀土材料,电分析化学,痕量分析,催化等方面取得诸多成绩。
>
> 　　在病床上,吴学周向党组织表示:"争取早日出院,更加积极工作,直到生命的最后一息。"当得知所在的党小组要开组织生活会时,他坚定地表示:"我虽然年龄大,但我是新党员,我身体还可以,一定参加生活会。"
>
> 　　"为党奉献,科学报国"8个字贯穿吴学周院士的一生,表现了一个爱国知识分子的高风亮节和赤胆忠心。

【项目简介】

　　紫外-可见分光光度法(UV)是根据物质分子对波长为200～780nm的电磁波的选择性吸收特性所建立起来的一种分析方法。按所吸收光的波长区域不同,分为紫外分光光度法(200～400nm)和可见分光光度法(400～780nm),合称为紫外-可见分光光度法。这种分子吸收光谱源于价电子或分子轨道上电子的电子能级间跃迁,用于物质的鉴定和定量分析,在化学、药学、检验等学科中得到广泛的应用。

　　用波长连续变化的红外辐射照射物质的分子时,若红外辐射恰好具有使分子振动能级产生跃迁所需要的能量,分子则会吸收这一频率的红外光,由基态振动跃迁到较高的振动能级(伴随有转动能级的跃迁),产生与其结构相对应官能团的振动——转动光谱,即红外吸收光谱,利用这种光谱进行官能团定性和定量分析的方法,称为红外吸收光谱法(IR)。

　　本项目主要介绍紫外-可见分光光度法和红外吸收光谱法及其他光谱分析法。

　　本项目任务为水中微量铁的含量测定。

【相关知识】

一、光的本质与电磁波谱

1. 光

　　光是一种电磁辐射(又称电磁波),是一种在空间不需任何传播媒介而高速传播的粒子流,具有波动性和粒子性,即波粒二象性。

光与物质发生作用时,能产生吸收、发射和光电效应等现象,说明光具有粒子性。光的粒子性可用每个光子具有的能量 E 作为表征,其能量 E 与光速 c、波长 λ、频率 ν 之间的关系是:

$$E = h\nu = h\frac{c}{\lambda}$$

式中　h——普朗克常数,6.6262×10^{-34} J·s;
　　　c——光速,2.9979×10^{8} m/s。

该式表明:电磁辐射的波长越短,频率越高,其能量越大,反之亦然。

2. 电磁辐射

光是电磁辐射的一部分,同其它电磁辐射一样,它们在本质上是完全相同的,区别仅在于波长或频率不同。若把电磁辐射按照波长大小顺序排列起来,就称为电磁波谱,如表 7-1。

表 7-1　电磁波谱分区表

电磁辐射区段	波长范围	能级跃迁的类型
γ射线	$10^{-3}\sim0.1$nm	原子核能级
X射线	$0.1\sim10$nm	内层电子能级
远紫外区	$10\sim200$nm	内层电子能级
近紫外区	$200\sim400$nm	价电子或成键电子能级
可见光区	$400\sim780$nm	价电子或成键电子能级
近红外区	$0.78\sim2.5\mu$m	分子振动能级
中红外区	$2.5\sim50\mu$m	分子振动能级
远红外区	$50\sim1000\mu$m	分子转动能级
微波区	$0.1\sim1000$cm	分子转动能级
无线电波区	$1\sim1000$m	磁场诱导核自旋能级

二、紫外-可见分光光度法

当待测物质与辐射能相互作用时,发生能量交换,使待测物质内部发生能级跃迁,记录由能级跃迁所产生的辐射能强度随波长的变化,所得到的图谱称为光谱,利用物质的光谱进行定性、定量和结构分析的方法称为光谱分析法。紫外-可见分光光度法是根据待测物质对紫外可见光区电磁辐射的吸收程度不同而建立起来的。紫外-可见分光光度法因其灵敏、快速、准确及高选择性,现在已广泛地用于地质、冶金、石油、化工、农业、医药、食品、检验、环保等众多领域,成为应用最广泛的分析方法之一。

紫外-可见分光光度计(UV1800)的使用

紫外-可见分光光度计(UV5900)的使用

(一)特点

(1)选择性好　在多组分共存的溶液中,可以不经分离单独测定某一组分的含量或同时测定两种及以上组分的含量,省去复杂的分离操作。

(2)灵敏度高　相对灵敏度可达到千万分之一至十亿分之一,绝对灵敏度可达 $10^{-8}\sim10^{-9}$ g,常用于微量或痕量分析。

项目七　光谱分析技术

（3）操作简便，测定快速　分析操作简便，有些样品在数秒至几分钟之内便可测出结果。

（4）准确度和精密度高　在定量分析中相对误差一般为1%～3%。

（5）应用范围广　既可以测定元素，也可以测定化合物；既可以测定无机物，也可测定有机物。

（二）物质对光的吸收

图 7-1　互补色光示意图

在电磁波谱中，人眼睛能感觉到的光称为可见光，其波长在400～780nm。具有单一波长的光称为单色光。由不同波长的光混合而成的光称为复合光，如日光、白炽灯光等。如果让一束白光通过棱镜，就能色散出红、橙、黄、绿、青、蓝、紫七种颜色的光，这种现象称为光的色散。如果将两种适当颜色的单色光按一定强度和比例混合后得到白光，则这两种单色光称为互补色光，如图 7-1 所示，直线连接的两种色光可以混合成白光。

物质呈现不同的颜色正是因为物质选择性地吸收了白光中某种颜色的光。如果物质选择性地吸收了白光中某一颜色的光，则它就呈现出与吸收光颜色为互补色光的颜色。

【课堂活动】一束白光透过高锰酸钾溶液后，何种颜色的光被吸收了？何种颜色的光几乎不被吸收？

（三）透光率和吸光度

当一束平行的单色光垂直照射均匀溶液时（如图 7-2），光的一部分被吸收。

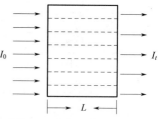

图 7-2　光通过溶液示意图

1. 透光率

透射光强度 I_t 与入射光强度 I_0 的比值称为透光率，也称为透光比，它是物质吸光强度的一种量度，用 T 表示，其值常用百分数表示：

$$T = \frac{I_t}{I_0} \times 100\% \tag{7-1}$$

溶液的透光率 T 越大，表明它对光的吸收程度越弱；反之，透光率 T 越小，表明它对光的吸收越强。当入射光全部被吸收时，$I_t=0$，则 $T=0$；当入射光不被吸收时，$I_t=I_0$，则 $T=1$，故 $0 \leq T \leq 1$。

2. 吸光度

透光率能够反映物质对光的吸收程度，考虑到实际应用，常用吸光度表示物质对光的吸收程度。透光率倒数的对数称为吸光度，用 A 表示，即：

$$A = \lg \frac{I_0}{I_t} = \lg \frac{1}{T} = -\lg T \tag{7-2}$$

透光率 T 及吸光度 A 都是表示物质对光吸收程度的一种量度，两者可以互相换算：

$$T = 10^{-A}$$

（四）吸收光谱曲线

在溶液浓度和液层厚度一定的条件下，分别测定溶液对不同波长入射光的吸光度，以波长 λ 为横坐标，对应的溶液吸光度 A 为纵坐标绘制曲线，称为吸收光谱曲线，简称吸收光谱或吸收曲线，如图 7-3 所示。它能够清楚地表明吸光性物质对不同波长的光的吸收特性。对吸收光谱曲线特征的描述，常用到以下术语。

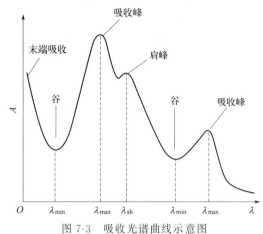

图 7-3 吸收光谱曲线示意图

（1）吸收峰　吸收曲线上凸起的部分。所对应的波长称为最大吸收波长，常用 λ_{max} 表示。

（2）吸收谷　吸收曲线上凹下去的部分。所对应的波长称为最小吸收波长，常用 λ_{min} 表示。

（3）肩峰　在吸收峰上出现的不成峰形的小曲折，形状类似肩膀，称为肩峰，常用 λ_{sh} 表示。

（4）末端吸收　在吸收光谱短波长端所呈现出来的强吸收而不呈峰形的部分。

【课堂活动】在相同条件下，用 3 种不同浓度的 $KMnO_4$ 溶液绘制出 3 条吸收光谱曲线，如图 7-4。请回答：

(1) 这 3 条吸收曲线有何异同点？

(2) 在一定波长处，$KMnO_4$ 溶液浓度的大小与其吸光度有何关系？

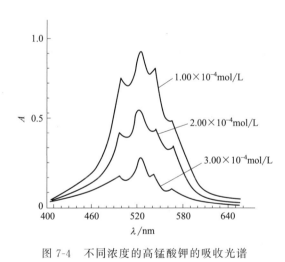

图 7-4 不同浓度的高锰酸钾的吸收光谱

（五）朗伯-比尔定律

朗伯和比尔分别研究了有色溶液对光的吸收与液层厚度及溶液浓度的定量关系，共同奠定了分光光度法的理论基础。

当一束平行的单色光通过均匀、无散射的含有吸光性物质的溶液时，在入射光的波长、强度及溶液的温度等条件不变的情况下，溶液的吸光度 A 与溶液的浓度 c 及液层厚度 L 的乘积成正比，这就是朗伯-比尔定律，又称为光的吸收定律，即：

$$A = KcL \tag{7-3}$$

式中 K——比例常数，称为吸光系数，表示吸光物质在单位浓度及单位厚度时的吸光度。

K 值随 c 和 L 采用的单位不同而异，主要的表示方式有两种：摩尔吸光系数和百分吸光系数。

1. 摩尔吸光系数

入射光波长一定时，溶液浓度为 1mol/L，液层的厚度为 1cm 时的吸光度称为摩尔吸光系数，用 ε 表示，其量纲为 L/(mol·cm)。

2. 百分吸光系数

入射光波长一定时，溶液质量浓度为 1%（g/100mL）、液层的厚度为 1cm 时的吸光度称为百分吸光系数，也称为比吸光系数，用 $E_{1cm}^{1\%}$ 表示，其量纲为 100mL/(g·cm)。

摩尔吸光系数与百分吸光系数两者之间的换算关系是：

$$\varepsilon = \frac{M}{10} E_{1cm}^{1\%} \tag{7-4}$$

式中 M——吸光物质的摩尔质量。

摩尔吸光系数和百分吸光系数是物质的特征常数，所以吸光系数可作为物质定性的依据。不同物质对同一波长的单色光有不同的吸光系数，同一物质对不同波长的单色光也会有不同的吸光系数。吸光系数越大，表明该物质的吸光能力越强，测定的灵敏度越高。通常将 $\varepsilon \geqslant 10^4$ 时称为强吸收，$\varepsilon \leqslant 10^2$ 时称为弱吸收。一般要求 ε 值在 10^3 以上时即可进行分光光度法测定。

【课堂练习】

用氯霉素（分子量为 323.15）纯品配制 100mL 含 2.00mg 的溶液，以 1.00cm 厚的吸收池在 278nm 波长处测得其吸光度为 0.614，试计算氯霉素在 278nm 波长处的摩尔吸光系数和百分吸光系数。

解： 已知 $M = 323.15$g/mol，$c = 2.00 \times 10^{-3}$g/100mL，$A = 0.614$，$L = 1.00$cm

根据朗伯-比尔定律 $A = E_{1cm}^{1\%} cL$，可求得百分吸光系数，即：

$$E_{1cm}^{1\%} = \frac{A}{cL} = \frac{0.614}{2.00 \times 10^{-3} \times 1.00} = 307$$

根据摩尔吸光系数与百分吸光系数之间的换算关系可求得摩尔吸光系数，即：

$$\varepsilon = E_{1cm}^{1\%} \frac{M}{10} = 307 \times \frac{323.15}{10} = 9921$$

（六）定性定量分析方法

1. 定性分析

利用紫外-可见分光光度法进行定性分析的主要依据是吸收光谱的特征。

（1）比较吸收光谱的一致性　将试样与已知标准品配制成相同浓度的溶液，在相同的条件下，分别绘制吸收光谱，核对其一致性。如果没有标准品，也可将试样的吸收光谱与文献所收载的该物质的标准图谱进行严格核对。只有在吸收光谱曲线完全一致的情况下才有可能是同一种物质。

（2）比较吸收光谱的特征数据　最大吸收波长（$\lambda_{\max}$）和吸光系数（$E_{1\mathrm{cm}}^{1\%}$）是用于定性鉴别的主要光谱特征数据。不同化合物的吸收光谱中，最大吸收波长（$\lambda_{\max}$）可能相同，但因为其分子量不同，百分吸光系数（$E_{1\mathrm{cm}}^{1\%}$）一定会有差别。若化合物的吸收光谱中有几个吸收峰，并存在谷或肩峰，这些应该同时作为鉴定的依据，更能显示光谱特征的全面性。如安宫黄体酮和炔诺酮，它们的最大吸收波长都在（240±1）nm，但是安宫黄体酮的 $E_{1\mathrm{cm}}^{1\%}=408$，而炔诺酮的 $E_{1\mathrm{cm}}^{1\%}=571$。

（3）对比吸光度的比值　有多个吸收峰的化合物，可用不同吸收峰处测得的吸光度的比值作为鉴别的依据。如维生素 B_{12} 的鉴别，维生素 B_{12} 的吸收光谱有 3 个吸收峰，分别为 278nm、361nm 和 550nm。《中国药典》规定在 361nm 与 278nm 吸光度的比值应为 1.70～1.88；361nm 与 550nm 吸光度的比值应为 3.15～3.45。

知识拓展

《中国药典》对水杨酸二乙胺（消炎镇痛药）的鉴别：取本品，加乙醇溶液制成每 1mL 含 20μg 的溶液，采用紫外-可见分光光度法测定，在 227nm 与 297nm 波长处有最大吸收，在 257nm 波长处有最小吸收。

2. 纯度检查和杂质的限量检查

紫外-可见分光光度法可以利用吸收光谱的形状或吸光度的数值进行含杂质程度的检查或药物中杂质限量的检查。

（1）纯度检查　当化合物在某一个波长有强吸收，而杂质在此波长无吸收或吸收很弱，杂质的存在会使化合物的吸光系数值降低；若杂质在此波长的吸收更强，将会使化合物的吸光系数值变大，而且杂质的存在也可能使吸收光谱曲线变形。因此，对于在紫外-可见光区有吸收的化合物，很容易通过紫外-可见分光光度法判断是否含有杂质。

（2）杂质的限量检查　药物中的杂质，有一个允许存在的最大量即杂质限量。利用紫外-可见分光光度法可以进行杂质的限量检查。如肾上腺素中的特殊杂质肾上腺酮的检查：取供试品适量，用 0.05mol/L 的 HCl 溶液配制成每 1mL 含 2mg 的溶液，在 1cm 吸收池中，于 310nm 处测定吸光度 A，A 值不得超过 0.05。因为肾上腺素在 310nm 处无吸收，而肾上腺酮在 310nm 处有最大吸收。因此，控制供试品溶液在 310nm 处的吸光度值，实际上就是控制杂质肾上腺酮的含量。

3. 定量分析

朗伯-比尔定律指出，一定条件下，待测溶液的吸光度与其浓度成正比，这就是紫外-可见分光光度法进行定量分析的基础。

三、红外吸收光谱法

用波长连续变化的红外辐射照射物质的分子时，若红外辐射恰好具有使分子振动能级产生跃迁所需要的能量，分子则会吸收这一频率的红外光，由基态振动跃迁到较高的振动能级（伴随有转动能级的跃迁），产生与其结构相对应的振动——转动光谱，即红外吸收光谱。利用这种光谱进行定性和定量分析的方法,称为红外吸收光谱法(IR)。

(一)红外吸收光谱法的表示方法

红外光谱仪的使用

在红外光谱图中,纵坐标一般表示百分透光度($T\%$),横坐标常表示波长(λ)或波数(σ),其单位分别为 μm 和 cm^{-1},它们之间的关系是(括号中标出了所用的单位):

$$\sigma(cm^{-1})=\frac{1}{\lambda(cm)}=\frac{10^4}{\lambda(\mu m)} \tag{7-5}$$

(二)红外吸收光谱法的分类

红外光的波长范围为 $0.78\sim1000\mu m$,通常又将其划分为近红外、中红外和远红外三个区域,如表7-2所示。由于绝大多数有机化合物和无机离子的基频吸收带都出现在中红外区,因此中红外吸收光谱对研究化合物的分子结构和化学组成十分重要,成为红外光谱中应用最广泛的部分。

表 7-2 红外光谱区域

区域	$\lambda/\mu m$	σ/cm^{-1}	能级跃迁类型
近红外区	0.78~2.5	4000~13300	O—H,N—H 及 C—H 键的倍频吸收
中红外区	2.5~25	400~4000	分子中原子的振动和分子的转动
远红外区	25~1000	10~400	分子转动、晶格振动

(三)红外吸收光谱法的特点

① 应用面广,能对分子结构提供较多的、特征性的信息,主要应用于有机化合物的鉴定和分子结构的测定。除单原子分子和同核双原子分子(例如 He、Ne、O_2、N_2 等)之外,几乎所有的有机化合物在红外光区均有吸收,因此红外光谱有"分子指纹"之称。

② 无论固体、液体或气体样品都能通过不同的操作技术进行测定。

③ 分析速度快,样品用量少,属于非破坏分析。

④ 红外吸收光谱法可用于定量分析,但由于红外辐射能量较小,分析时需要较宽的光谱通带,而物质的红外吸收峰又较多,故难以找到不受干扰的监测峰。因此,红外吸收光谱法很少用于定量分析。

由于近红外区和远红外区的开拓,红外吸收光谱研究的对象已从有机化合物扩展到金属有机化合物、无机化合物和配合物。

(四)红外吸收光谱法的基本原理

当红外辐射的频率与分子振动能级能量差所对应的辐射频率相匹配时,就会因相互作用(振动偶合)而发生能量交换,从而使分子振动的振幅加大,即吸收红外辐射,发生振动能级的跃迁。因此,仅有偶极矩发生变化的振动才能吸收红外辐射,产生相应的红外吸收光谱。这种振动称为红外活性振动。

非极性的同核双原子分子发生振动和转动时,没有偶极矩的变化,因而不吸收红外辐射。这种振动方式是非红外活性的。故在实际工作中不必考虑空气中 O_2 和 N_2 的影响。

(五)红外吸收光谱与分子结构的关系

1. 基团特征频率和特征吸收谱带

在红外光谱图中,吸收带的位置和强度与分子中各基团的振动形式和所处的化学环境有关。研究了大量化合物的红外光谱后发现,不同化合物中的同种基团都在一定的波长范围内显示其特征吸收,受分子其余部分的影响较小。例如羰基的伸缩振动吸收出现在 $1600\sim1900cm^{-1}$ 范围。通常将这种出现在一定位置,能代表某种基团的存在且具有较高强度的吸收谱带称为基团的特征吸收谱带,其吸收最大值对应的波数位置称为基团特征频率。

2. 基团特征频率和红外光谱区域的关系

通常将中红外区分为 $1300\sim4000cm^{-1}$ 和 $600\sim1300cm^{-1}$ 两个区域。前一区域称为基团频率区。有机化合物在此区域内的吸收带有较明确的基团和频率的对应关系。吸收带一般由伸缩振动产生,振动频率较高,受分子其余部分的影响较小,是确定某些基团存在与否的主要依据。

不同的分子在 $600\sim1300cm^{-1}$ 区域内具有各自特有的吸收谱带。分子结构稍有不同,在该区的吸收就有细微差异,犹如人的指纹各有区别,因此这一区域称为指纹区。除某些单键的伸缩振动外,该区还包括 C—H 等键的变形振动产生的吸收带。

对于大多数的化合物,其红外光谱和结构的关系实际上只能通过经验积累,即在比较大量已知化合物的红外光谱的基础上,总结出各种基团的吸收规律,将其编成基团特征频率表。依据这些图表和化合物的红外光谱,可以较方便地推断分子中可能存在的某些基团。

(六)红外吸收光谱法的应用

红外吸收光谱广泛应用于化合物官能团的鉴定和结构分析。进行分析时,首先应根据试样的来源、性质和测定目的选择适宜的制样方法和光谱测量条件,绘制出所需的红外光谱图,对混合物则需进行分离后再行测定。

1. 定性分析

(1) 已知化合物的验证 在相同的条件下,绘制被鉴定化合物和已知纯物质的红外光谱并进行对照,亦可查阅标准红外光谱图集。如两张谱图中各吸收谱带的位置、谱带的数目和形状以及相对强度都完全一致时,即可认为样品就是此种已知物。

(2) 未知化合物结构的测定

定性分析的步骤如下:

① 根据样品的元素分析值、分子量、熔点和沸点等物理常数初步推测化合物的类型。由元素分析值并结合分子量可以推算化合物的经验式或化学式。

② 计算化合物的不饱和度 U,其经验公式为

$$U = 1 + n_4 + \frac{n_3 - n_1}{2} \tag{7-6}$$

式中 n_4,n_3,n_1——四价、三价和一价原子的数目。

双键(C=C、C=O 等)和饱和环状结构的 $U=1$;三键(C≡C 和 C≡N 等)的 $U=2$;苯环的 $U=4$。

③ 推断分子的结构。首先从基团频率区着手，根据特征吸收谱带的位置、强度和形状判断未知物分子中可能含有的基团和结构单元，并结合指纹区的吸收情况作进一步的验证。

对于结构复杂或单凭红外光谱尚难以区分的化合物，还需结合其紫外-可见吸收光谱、核磁共振谱或质谱等测试手段，综合分析考虑。

④ 验证分子的结构。按照以上步骤所推断的分子结构，查找其红外光谱图。当两图上所有吸收谱带的位置、相对强度和形状均能一一对应时，可以验证推断的分子结构正确。

上述整个过程称为红外谱图的解析。

在与标准谱图进行对照时，试样的物理状态和制样方法等均应与获得标准谱图时的情形相同。如果与标准样品进行对照，则应在相同的实验条件下测试和记录。

2. 定量分析

红外吸收光谱法用于定量分析的依据是朗伯-比尔定律。对于单组分试样的含量测定，以及混合物中各组分吸收峰不重叠时各组分的含量测定，可以采用与紫外-可见分光光度法相同的标准曲线法。如果混合物中各组分的吸收峰有重叠时，可使用解联立方程组法。但由于光的单色性较差、散射现象严重等，导致红外吸收光谱在进行定量分析时出现偏离朗伯-比尔定律的现象。此外，红外吸收光谱法的准确度低于紫外-可见分光光度法，且实验条件较为苛刻，灵敏度低，这些均限制了其在定量分析方面的应用。

 知识拓展

维生素B_2（化学式：$C_{17}H_{20}N_4O_6$，分子量376.37），又叫核黄素，微溶于水，在中性或酸性溶液中加热是稳定的。

维生素B_2在430～440nm蓝色光照下发射绿色荧光，荧光峰值波长为535nm。在pH为6～7的溶液中荧光最强，在pH约为11时荧光消失。维生素B_2在碱性溶液中经光线照射会发生分解而转化为光黄素，光黄素的荧光比核黄素的荧光强得多，故测定维生素B_2的荧光时溶液要控制在酸性范围内，且在避光条件下进行。

对于维生素B_2稀溶液，当入射光强度I_0一定时，低浓度物质的荧光强度与浓度呈线性关系，可表示为：

$$F = Kc$$

利用标准曲线法即可测定维生素B_2的含量。

问题：(1) 此法属于哪种仪器分析方法？

(2) 该方法的原理是什么？

【项目实施】

任务　水中微量铁的含量测定

【任务导入】运用紫外-可见分光光度法对水中微量铁含量进行测定。

【**任务分析**】用分光光度法测定试样中微量铁，可选用显色剂邻二氮菲（又称邻菲咯啉），邻二氮菲分光光度法是测定微量铁的通用方法，在 pH 值为 2～9 的溶液中，邻二氮菲和二价铁离子结合生成红色配合物，如图 7-5 所示。

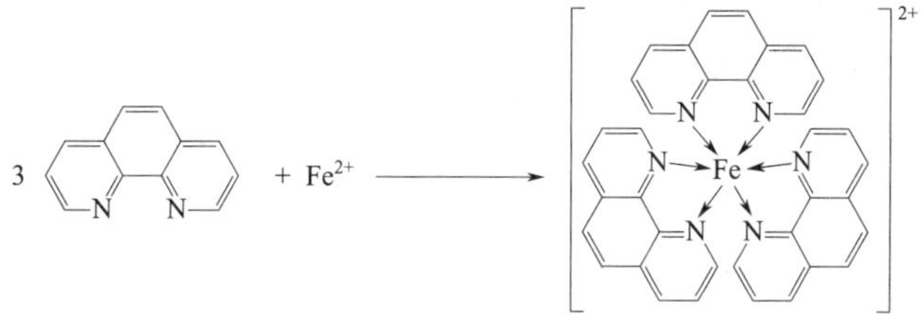

图 7-5 邻二氮菲和二价铁离子反应式

此配合物的 $\lg K_{稳}=21.3$，最大吸收波长为 510nm，摩尔吸光系数为 $1.1\times10^4 L/(mol\cdot cm)$，而 Fe^{3+} 能与邻二氮菲生成 1∶3 配合物，呈淡蓝色，$\lg K_{稳}=14.1$。所以在加入显色剂之前应用盐酸羟胺（$NH_2OH\cdot HCl$）将 Fe^{3+} 还原为 Fe^{2+}，其反应式如下：

$$2Fe^{3+}+2NH_2OH\cdot HCl\longrightarrow 2Fe^{2+}+N_2+2H_2O+4H^++2Cl^-$$

测定时酸度高，反应进行较慢；酸度太低，则离子易水解，本实验采用 HAc-NaAc 缓冲溶液控制溶液 pH≈5.0，使显色反应进行完全。

为判断待测溶液中铁元素含量，需首先绘制标准曲线，根据标准曲线中不同浓度铁离子引起的吸光度的变化，对应实测样品引起的吸光度，计算样品中铁离子浓度。

【**任务准备**】
（1）仪器　UV-1800 型分光光度计、酸度计、容量瓶、吸量管、比色皿、吸耳球、擦镜纸、滤纸。
（2）试剂　硫酸铁铵（A.R.）、盐酸（1∶1）、乙酸钠（A.R.）、乙酸（A.R.）、邻二氮菲（0.15%）、盐酸羟胺溶液（10%）新鲜配制。

【**任务计划**】
根据朗伯-比尔定律 $A=KcL$，当入射光波长 λ 与液层厚度 L 一定时，在一定浓度范围内，有色物质的吸光度 A 与该物质的浓度 c 成正比。只要绘制出以吸光度 A 为纵坐标，浓度 c 为横坐标的标准曲线，测出试液的吸光度，就可以由标准曲线查得对应的浓度值，即未知样的含量。同时，还可应用相关的回归分析软件，将数据输入计算机，得到相应的分析结果。

1. 准备工作

① 清洗容量瓶、吸量管及需用的玻璃器皿。
② 分光光度计开机并调试至工作状态。
③ 检查仪器波长的正确性和比色皿的配套性。

2. 标准溶液的配制

（1）100μg/mL 铁标准溶液配制　准确称取 0.8634g 铁盐 $NH_4Fe(SO_4)_2\cdot 12H_2O$ 置于烧杯中，加入 20mL 6mol/L HCl 溶液和少量水，溶解后，定量转移到 1000mL 容量瓶中，加水稀释到容量瓶刻度，充分摇匀。

（2）10μg/mL 铁标准溶液配制　用吸量管吸取上述 100μg/mL 铁标准溶液

10.00mL，置于100mL容量瓶中，加入2mL 6mol/L HCl溶液，用水稀释至刻度，充分摇匀。

（3）HAc-NaAc缓冲溶液（pH≈5.0）　称取136g乙酸钠，加水使之溶解，在其中加入120mL冰乙酸，加水稀释至500mL。

3. 邻二氮菲-Fe^{2+}吸收曲线的绘制

用吸量管吸取铁标准溶液（10μg/mL）6.0mL，放入50mL容量瓶中，加入1mL 10%盐酸羟胺溶液，2mL 0.15%邻二氮菲溶液和5mL HAc-NaAc缓冲溶液，加水稀释至刻度，充分摇匀。放置10min，选用1cm比色皿，以实际空白（即在0.0mL铁标准溶液中加入相同试剂）为参比溶液，选择400～560nm之间，每隔5nm测定一次吸光度。以所得吸光度A为纵坐标，以相应波长λ为横坐标，在坐标纸上绘制A与λ的吸收曲线。从吸收曲线上选取测定Fe的适宜波长，一般选用最大吸收波长λ_{max}为测定波长。

4. 标准曲线（工作曲线）的绘制

用吸量管分别移取铁标准溶液（10μg/mL）0.0、1.0、2.0、4.0、6.0、8.0、10.0mL分别放入7个50mL容量瓶中，分别依次加入1mL 10%盐酸羟胺溶液、2mL 0.15%邻二氮菲溶液、5mL HAc-NaAc缓冲溶液，每加1种试剂后摇匀。加水稀释至刻度，充分摇匀。放置10min，用1cm比色皿，以试剂空白（即在0.0mL铁标准溶液中加入相同试剂）为参比溶液，选择λ_{max}为测定波长，测量各溶液的吸光度。在坐标纸上（亦可利用计算机软件绘图），以铁含量c为横坐标，吸光度A为纵坐标，绘制标准曲线。

5. 试样中铁含量的测定

从实验教师处领取含铁未知液一份，放入50mL容量瓶中，按以上方法显色，并测其吸光度。此操作应与系列标准溶液显色、测定同时进行。

依据试液的A值，从标准曲线上即可查得其浓度，最后计算试液中铁含量c（以μg/mL表示），并选择相应回归分析软件，将所得的各次测定结果绘入计算机，得出相应的分析结果。

6. 结束工作

测量完毕，关闭电源插头，取出比色皿，清洗晾干后装入盒内保存。清理工作台，罩上仪器防尘罩，填写仪器使用记录。清洗容量瓶和其他所用的玻璃仪器并放回原处。

【任务实施】

【数据处理】

1. 邻二氮菲-Fe^{2+} 吸收曲线的绘制

（1）数据记录

不同波长吸收

λ/nm	440	450	460	470	480	490	500	505	508	509	510
A											
λ/nm	511	512	513	514	515	520	530	540	550	560	
A											

（2）作吸收曲线图，确定最大吸收波长 λ_{max} = _____ nm

2. 标准曲线的制作和铁含量的测定

（1）数据记录（0 号为参比溶液）

项目	0	1	2	3	4	5	6
10μg/mL 的 Fe^{2+} 标准溶液的体积/mL							
吸光度（A）							

（2）作标准曲线图

（3）从坐标曲线上查得曲线方程为_____

（4）计算未知溶液中 $c_{Fe^{2+}}$ = _____ μg/mL

【任务反思】

1. 用邻二氮菲测定铁时，为什么要加入盐酸羟胺？
2. 吸收曲线与标准曲线有何区别？在实际应用中有何意义？
3. 测绘标准曲线和测定试液时，为什么要以试剂空白溶液为参比？

【任务评价】

考核点	考核内容	分值	得分
紫外-可见分光光度计的操作（13 分）	仪器预热时间为 20min	2	
	进行吸收池校正或配对	3	
	手拿吸收池毛面或用滤纸擦吸收池毛面	2	
	吸收池中溶液体积为 2/3~4/5	3	
	参比溶液选择正确	3	
原始记录（15 分）	原始数据记录及时	10	
	测量数据保存和打印	5	
结束工作（21 分）	考核结束，玻璃仪器、吸收池清洗干净	7	
	考核结束，紫外-可见分光光度计关机	5	
	考核结束，按规定处理废液	3	
	考核结束，整理工作台并摆放整齐	3	
	使用后天平或紫外-可见分光光度计进行登记	3	

考核点	考核内容	分值	得分
重大失误 倒扣分项 （51分）	溶液配制错误	14	
	移取溶液错误	14	
	损坏仪器	5	
	七个点分布不合理	10	
	未知溶液稀释方法错误	8	
总得分			

【项目检测】

一、选择题

1. 在分光光度法中，应用光的吸收定律进行定量分析，应采用的入射光为（　　）。
   A. 白光　　　　B. 单色光　　　　C. 可见光　　　　D. 复合光
2. 紫外-可见分光光度法的工作原理主要依据（　　）。
   A. 光的互补原理　　B. 光谱分析原理　　C. 光的吸收定律　　D. 光的波粒二象性
3. 一般所说的红外光谱区域是指（　　）。
   A. 远红外区　　　B. 中红外区　　　C. 近红外区　　　D. 红外区
4. 以下四种气体不产生红外吸收峰的是（　　）。
   A. H_2O　　　　B. CO_2　　　　C. HCl　　　　D. N_2
5. 已知分子式 $C_8H_8O_2$，计算不饱和度为（　　）。
   A. 5　　　　　B. 6　　　　　C. 4　　　　　D. 7

二、简答题

1. 朗伯-比尔定律的内容是什么？
2. 简述紫外-可见分光光度法的特点。
3. 简述红外吸收光谱法的特点。

三、计算题

安络血的分子量为236，将其配成100mL含安络血0.4300mg的溶液，盛于1cm吸收池中，在 $\lambda_{max}=255nm$ 处测得 A 值为0.483，试求安络血的 $E_{1cm}^{1\%}$ 和 ε 值。

项目八 色谱及其他分析技术

【项目目标】▶▶▶

知识目标：

1. 掌握色谱法的基本概念，吸附和分配色谱法的分离机制。
2. 掌握薄层色谱法的基本原理和应用。
3. 熟悉气相色谱法和高效液相色谱法的基本理论和定性定量分析原理、方法及应用。
4. 熟悉气相色谱法和高效液相色谱法的特点和分类、工作流程。
5. 理解各色谱法的实际应用。

技能目标：

1. 学会利用薄层色谱法对试样进行分离分析。
2. 学会利用气相色谱仪和高效液相色谱仪的基本操作技能进行测定。

素质目标：

1. 培养学生良好的职业道德。
2. 培养学生严谨的工作作风和安全意识。
3. 培养学生精益求精的学习态度。

【思维导图】 ▶▶▶

色谱及其他分析技术

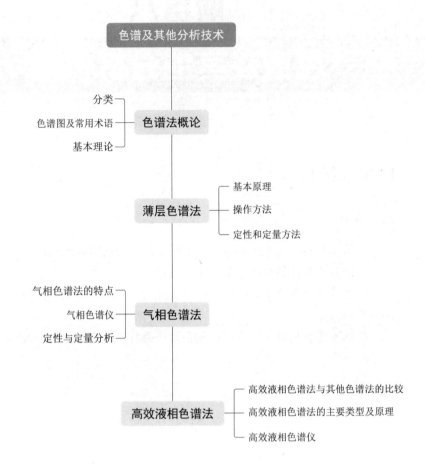

> **我看世界**
>
> 古罗马时代人们将一滴含有混合色素的溶液滴到一块布（或纸片）上，随着溶液的扩展，在布（或纸片）上会呈现一个一个的同心圆环，人们通过观察这些同心圆环的差异来分析染料和色素。
>
> 20世纪初，俄国植物学家Tswett在研究植物叶子色素组成时做了一个著名实验：他将碳酸钙粉末放在竖立的玻璃管中，从顶端注入植物色素的提取液，然后不断加入石油醚冲洗。结果发现，植物色素慢慢地向下移动并逐渐分散成数条不同颜色的色带，这种分离方法被Tswett命名为色谱法。此后，随着色谱法的飞速发展，其不仅应用于有色物质的分离，且更多应用于无色物质的分离，但"色谱法"的名称一直沿用至今。
>
> 分析工作者面临的分析对象往往是多种组分混合的复杂体系。对复杂体系的分析需要将样品中的各种组分先分离，然后再逐个进行定性或定量分析。当代分析工作者每天都要面临大量的多组分复杂样品，其分离分析主要采用色谱分析方法，分离效果好，速度快，可大幅提高工作效率。

【项目简介】

色谱分析法简称色谱法，是利用物质在做相对运动的两相之间反复多次的分配过程中产生差速迁移，从而实现混合物的分离分析的方法。1906年俄国植物学家Tswett将混合的植物色素分离为不同的色带，并将这种方法命名为色谱法。现在的色谱法已经失去了颜色的意义，但是色谱法的名称一直沿用至今。

当前，色谱法已广泛应用于各个领域，成为多组分混合物的最重要的分析方法，在各学科中起着重要作用。

本项目任务为水果蔬菜中乙烯利残留量的测定（气相色谱法）。

【相关知识】

一、色谱法概论

（一）分类

色谱分析法有多种不同的分类方法，通常按照以下三种标准分类。

1. 按流动相和固定相的状态分类

按流动相的物理状态的不同，色谱分析法可分为气体作流动相的气相色谱法（GC）和液体作流动相的液相色谱法（LC）。GC根据固定相物理状态的不同又可分为气-固色谱法（GSC）和气-液色谱法（GLC）；LC可分为液-固色谱法（LSC）和液-液色谱法（LLC）。此外还有超临界流体作色谱流动相的超临界流体色谱法（SFC）。

2. 按固定相外形分类

按固定相外形可分为柱色谱法、平板色谱法等。

(1) 柱色谱法　将色谱填料装填在色谱柱管内作固定相的色谱方法，色谱分离过程在色谱柱中进行。气相色谱法、高效液相色谱法、毛细管电泳法及超临界流体色谱法等都属于柱色谱法。

(2) 平板色谱法　固定相呈平板状的色谱，称为平板色谱，它又可分为用吸附水分的滤纸作固定相的纸色谱法、将固定相涂在玻璃板或铝箔板等上的薄层色谱法以及将高分子固定相制成薄膜的薄膜色谱法等。平板色谱法属于液相色谱范畴。

3. 按色谱过程的分离机制分类

按色谱过程的分离机制可分为吸附色谱法、分配色谱法、离子交换色谱法和凝胶色谱法。

(1) 吸附色谱法　利用吸附剂表面对被分离的各组分吸附能力不同进行分离的色谱法。

(2) 分配色谱法　利用不同组分在两相的分配系数或溶解度不同进行分离的色谱法。

(3) 离子交换色谱法　利用不同组分对离子交换剂亲和力的不同进行分离的色谱法。

(4) 凝胶色谱法　又称分子排阻色谱法，是利用凝胶对分子的大小和形状不同的组分所产生的阻碍作用不同而进行分离的色谱法。

（二）色谱图及常用术语

1. 色谱图

把混合物样品（A＋B）经色谱柱分离，在柱后安装一个检测器，用于检测被分离的组分，所检测到的响应信号对时间或流动相流出体积作图得到的曲线称为色谱图。由于检测器上产生的信号强度与物质的浓度成正比，所以色谱图实际上是浓度-时间曲线，如图 8-1 所示。

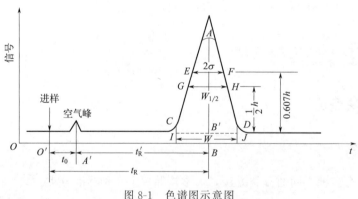

图 8-1　色谱图示意图

2. 基本术语

(1) 基线　基线是在正常实验操作条件下，仅有流动相通过检测器时，所得到的流出曲线。实验条件稳定时基线应是一条平行于横轴的直线，若基线上下波动称为噪声，基线上斜或下斜称为漂移。

知识拓展

基线噪声与基线漂移

基线噪声是指由各种因素引起的基线波动，产生噪声的原因有很多，主要是色谱柱未老化好，气化室或检测器不干净、有电磁干扰等。

基线漂移是指基线随时间定向缓慢变化。产生漂移的原因有很多，主要是色谱柱本身的问题，如没有活化好、载气不纯、漏气、色谱柱温度控制器不够灵敏或者热电阻离加热丝太近等。

(2) 色谱峰　当某组分从色谱柱流出时，检测器对该组分的响应信号随时间变化所形成的峰形曲线称为该组分的色谱峰，正常的色谱峰为对称的正态分布曲线，如图 8-1 所示。

① 峰高 h。色谱峰最高点与基线之间的垂直距离。

② 峰宽。色谱峰的宽度是色谱流出曲线中很重要的参数，它直接和分离效果有关。描述色谱峰宽有三种方法。

标准偏差 σ：峰高 0.607 倍处的色谱峰宽的一半。σ 值的大小表示组分离开色谱柱的分散程度。σ 值越大，流出的组分越分散，分离效果越差；反之流出组分集中，分离效果较好。

峰宽 W：通过色谱峰两侧的拐点作切线在基线上的截距称为峰宽，或称基线宽度，见图 8-1 中的 W。根据正态分布的原理，可得峰宽和标准差的关系是 $W=4\sigma$。

半峰宽 $W_{1/2}$：峰高一半处色谱峰的宽度称为半峰宽。$W_{1/2}=2.354\sigma$。

$W_{1/2}$ 与 W 都是由 σ 派生而来的，它们除可衡量柱效外，还可用于峰面积计算。半峰宽测量较方便，最为常用。

③ 峰面积 A。色谱峰与峰底所围的面积，是色谱定量的依据。色谱峰的面积可由色谱仪中的微处理器（微机）或积分仪求得。亦可以通过计算求得，对于对称的色谱峰：$A=1.065hW_{1/2}$；对于非对称的色谱峰：$A=1.065h(W_{0.15}+W_{0.85})/2$。

(3) 保留值　保留值是色谱法定性分析的依据，它表示组分在色谱柱中停留的数值，可用时间 t 和所消耗流动相的体积 V 来表示，分别称为保留时间和保留体积。组分在固定相中溶解性能越好，或固定相的吸附性越强，在柱中滞留的时间就越长，消耗的流动相体积也越大。

① 死时间 t_0。不能被固定相吸附或溶解的组分从进样开始流经色谱柱到出现峰最大值所需要的时间为死时间，亦即流动相到达检测器所需的时间。例如气相色谱法中惰性气体（空气、甲烷等）流出色谱柱所需的时间就是死时间。

② 保留时间 t_R。组分从进样开始到色谱峰顶点对应的时间间隔称为该组分的保留时间。当操作条件不变时，组分的 t_R 为定值，因此保留时间是色谱法的基本定性参数。

③ 调整保留时间 t_R'。扣除了死时间后的保留时间，即 $t_R'=t_R-t_0$。调整保留时间 t_R' 体现的是组分在柱中被吸附或溶解的时间。

④ 死体积 V_0。不能被固定相滞留的组分从进样到出现峰最大值所消耗的流动相的体积。也可以说死体积 V_0 是从进样器到检测器的流路中未被固定相占有的空隙的总体积。死时间相当于流动相充满死体积所需的时间。死体积大，色谱峰扩张（展宽），柱效降低。

⑤ 保留体积 V_R。指组分从进样开始到出现峰最大值时所需流动相的体积。一般可用保留时间乘载气流速求得：$V_R = t_R F_0$（F_0 为载气流速）。

⑥ 调整保留体积 V_R'。保留体积扣除死体积后的体积称为调整保留体积，它真实地反映将待测组分从固定相中携带出柱子所需的流动相体积，即 $V_R' = t_R' F_0$。调整保留体积和调整保留时间同属于色谱定性参数。

(4) 分配系数 K 和容量因子 k　色谱过程是相平衡过程，在一定温度下，组分在流动相和固定相之间所达到的平衡叫分配平衡，组分在两相中的分配行为常用分配系数 K 和容量因子 k 来表示，是色谱峰分离的重要依据。

① 分配系数 K。色谱过程中，在流动相与固定相中的溶质分子处于动态平衡。平衡时组分在固定相（s）与流动相（m）中的浓度（c）之比为分配系数

$$K = \frac{\text{组分在固定相中的浓度}}{\text{组分在流动相中的浓度}} = \frac{c_s}{c_m} \tag{8-1}$$

K 随温度变化而变化，与固定相、流动相的体积无关，在不同分离机制的色谱中 K 都可用式(8-1)表示，但名称有所不同。在吸附色谱中称为吸附系数；在离子交换色谱中称为选择性系数；凝胶色谱中称为渗透系数。其物理意义都表示在平衡状态下组分在固定相和流动相中的浓度之比，也叫平衡常数。

② 容量因子 k。在平衡状态下，组分在固定相与流动相中的质量之比称为容量因子。

$$k = \frac{\text{组分在固定相中的质量}}{\text{组分在流动相中的质量}} = \frac{m_s}{m_m} = \frac{c_s V_s}{c_m V_m} = K \frac{V_s}{V_m} \tag{8-2}$$

从式(8-2)看出，容量因子与分配系数存在着内在的联系。组分的容量因子大，也表示组分有较长的保留时间。容量因子与柱效参数及定性参数密切相关，而且比分配系数更易于测定，在色谱分析中一般都是用容量因子代替分配系数。

【课堂练习】

请解释：组分的分配系数 K 与组分在固定相中的停留时间之间的关系。

(5) 分离度 R　分离度 R 是同时反映色谱柱效能和选择性的一个综合指标，也称总分离效能指标或分辨率。其定义为相邻两个峰的保留值之差与两峰宽平均值之比。数学表达式如下：

$$R = \frac{t_{R2} - t_{R1}}{\frac{1}{2}(W_1 + W_2)} = \frac{2(t_{R2} - t_{R1})}{W_1 + W_2} \tag{8-3}$$

在式(8-3)中分子反映了溶质在两相中分配行为对分离的影响，是色谱分离的热力学因素。分母反映了动态过程组分区带的扩展对分离的影响，是色谱分离的动力学因素。因此，两组分保留时间相差越大，色谱峰越窄，R 越大，相邻组分分离越好。一般来说，当 $R<1.0$ 时，两峰有部分重叠；当 $R=1.0$ 时，两组分能分开，满足分析要求；当 $R \geqslant 1.5$ 时，两个组分能完全分开。除另有规定外，待测物质色谱峰与相邻色谱峰之间的分离度应大于1.5。

（三）基本理论

通过色谱的实验可以证明，在两组分的色谱分离过程中，随着时间的延长，两组分间的距离逐渐加大，每一组分的分布也趋于分散，即色谱峰变宽。显然，色谱分离的效果和峰的宽度及出峰时间相关。能够解释这一现象的理论有塔板理论和速率理论。

1. 塔板理论

塔板理论是把色谱柱看作一个分馏塔,把色谱柱中的某一段距离(长度)假设为一层塔板,在此段距离中完成的分离就相当于分馏塔中的一块塔板所完成的分离,在每个塔板间隔内样品混合物在两相中达到分配平衡。经过多次的分配平衡后,分配系数小的组分先达到塔顶流出色谱柱。由于色谱柱内的塔板数可高达几十甚至几万,因此即使组分分配系数只有微小差异,仍然可以获得较好的分离效果。据此理论,色谱柱的某一段长度就称为理论塔板高度。

若色谱柱的总长度为 L,塔板高度为 H,则色谱柱中塔板数 n 为:

$$n = \frac{L}{H} \tag{8-4}$$

由式(8-4)可知,若色谱柱长度 L 固定,每一个塔板高度 H 越小,塔板数目越多,分离的效果越好,柱效越高。塔板数 n 与 W 和 $W_{1/2}$ 的关系为:

$$n = 5.54 \left(\frac{t_R}{W_{1/2}}\right)^2 = 16 \left(\frac{t_R}{W}\right)^2 \tag{8-5}$$

由式(8-5)说明,在 t_R 一定时,若峰越窄,即 W 或 $W_{1/2}$ 越小,理论塔板数越大,则理论塔板高度越小,柱的分离效率越高。因此,一般把理论塔板数称为柱效指标。

2. 速率理论

1956 年荷兰学者 Vandeomter 等在塔板理论基础上,研究了影响板高的因素,提出一个描述色谱柱分离过程中复杂因素使色谱峰变宽而致柱效降低的关系,这一关系叫范第姆特方程式,此方程经简化为:

$$H = A + \frac{B}{u} + Cu \tag{8-6}$$

式中 H——理论塔板高度;

u——流动相的线速度;

A——涡流扩散项;

B/u——分子扩散项;

Cu——传质阻力项。

由式(8-6)可知,当 u 一定时,只有 A、B、C 三个常数越小,塔板高度 H 才越小,色谱峰越尖锐,柱效越高。

范第姆特方程说明了色谱柱填充均匀程度、载体的性质与粒度、载气种类、载气流速、柱温、固定液层厚度及固定液涂渍均匀程度等对柱效的影响,对于分离条件的选择具有指导意义。

二、薄层色谱法

薄层色谱法(TLC),是将细粉状的吸附剂或载体涂布于玻璃板、塑料板或铝箔上,形成一均匀薄层固定相,然后将样品配制成溶液,经点样、展开剂(流动相)展开与显色后,进行定性鉴别或含量测定的方法。薄层色谱法应用广泛,具有判别样品纯度、鉴别组分、监测反应进度等多种用途。

薄层色谱法是色谱法中应用最广泛的方法之一,已广泛应用于医药学各研究领域中,具有六大特点:①分离能力强;②灵敏度高,能检出几微克,甚至几十纳克的物质;③分析时间短,一般只需十至几十分钟,一次可以同时展开多个试样;④试样预处理简单;⑤上样量比较大,可点成条状;⑥所用仪器简单,操作方便。

在薄层色谱法中,常用比移值 R_f 来表示各组分在色谱中的保留行为。比移值 R_f 的定义为:

$$R_f = \frac{原点到斑点中心的距离}{原点到溶剂前沿的距离} \tag{8-7}$$

在给定条件下,R_f 值为常数,其值在 0~1 之间。当 R_f 值为 0 时,表示化合物在薄层上不随溶剂的扩散而移动,仍在原点位置;R_f 值为 1 时,表示溶质不进入固定相,即表示溶质和溶剂同步移动。R_f 值一般要求在 0.2~0.8 之间。

薄层色谱法中,由于影响 R_f 值的因素很多,很难得到重复的 R_f 值。为此可采用相对比移值 R_s 代替 R_f 值,以消除系统误差。相对比移值 R_s 的定义为:

$$R_s = \frac{原点到样品组分斑点中心的距离}{原点到对照品斑点中心的距离} \tag{8-8}$$

用相对比移值 R_s 定性时,必须有参考物作对照。参考物可以是样品中某一组分,也可以是外加的对照品。R_s 值可以大于 1。

在吸附薄层色谱法中,吸附剂的选择十分重要。吸附剂的选择应从两个方面考虑:被分离物质的性质(如极性、酸碱性、溶解度等)和吸附剂吸附能力的强弱。与吸附柱色谱法一样,若被分离的物质极性强,应选择吸附能力弱的吸附剂;若被分离的物质极性弱,则应选择吸附能力强的吸附剂。最常用的吸附剂是硅胶、氧化铝和聚酰胺。

薄层色谱法中展开剂的选择直接关系到能否获得满意的分离效果,是薄层色谱法的关键所在。在吸附薄层色谱法中,选择展开剂一般主要根据被分离物质的极性、吸附剂的活性以及展开剂本身的极性来决定。

薄层色谱法中常用的溶剂,按极性由强到弱的顺序排列是:水>酸>吡啶>甲醇>乙醇>丙醇>丙酮>乙酸乙酯>乙醚>三氯甲烷>二氯甲烷>甲苯>苯>三氯乙烷>四氯化碳>环己烷>石油醚。

 知识拓展

大黄的薄层色谱鉴别

取本品粉末 0.1g,加甲醇 20mL,浸泡 1h,过滤,取滤液 5mL,蒸干,残渣加水 10mL 使溶解,再加盐酸 1mL,加热回流 30min,立即冷却,用乙醚分 2 次振摇提取,每次 20mL,合并乙醚液,蒸干,残渣加三氯甲烷 5mL 使溶解,作为供试品溶液。照薄层色谱法试验,吸取上述溶液各 2μL,分别点于同一以羧甲基纤维素钠为黏合剂的硅胶 G 薄层板上,以石油醚(30~60℃)-甲酸乙酯-甲酸(15:5:1)的上层溶液为展开剂,展开,取出,晾干,置紫外光灯(365nm)下检视。供试品色谱中,应显五个橙黄色荧光主斑点;置氨蒸气中熏后,斑点变为红色。

三、气相色谱法

(一)气相色谱法的特点

1952 年英国生物化学家、诺贝尔奖得者马丁和辛格在研究液-液分配色谱的同时,创立了气相色谱法（GC）。

目前，在药物分析中，气相色谱法已成为用于有关杂质检查、原料药和制剂的含量测定、中草药成分分析、药物的纯化和制备等的一种重要的手段。气相色谱法能够被广泛应用，主要有以下特点：分离效能高，样品用量少，灵敏度高，分析速度快，应用范围广等。

【课堂活动】高级脂肪酸沸点高，难以气化，如何用气相色谱法对其进行处理和分析？

气相色谱法的不足之处在于不能直接分析在操作温度下不易挥发或易分解的物质，同时由于色谱法的局限性，不能对未知样品直接进行定性分析，但用其他的分析方法辅助或配合气相色谱法可以实现。

（二）气相色谱仪

气相色谱仪主要部件的工作流程如图 8-2 所示。

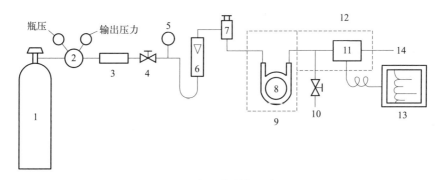

图 8-2　气相色谱仪示意图

1—载气瓶；2—压力调节器；3—净化器；4—稳压阀；5—柱前压力表；6—转子流量计；
7—进样器；8—色谱柱；9—色谱柱恒温箱；10—馏分收集口；11—检测器；
12—检测器恒温箱；13—记录器；14—尾气出口

 知识拓展

气相色谱仪的商用发展

1955 年，第一台商品气相色谱仪问世，半个多世纪以来，国外有五六十个厂家，国内有十多个厂家供应着不同型号、不同用途的各种气相色谱仪。在中国有影响的外国厂家有：美国安捷伦科技有限公司、日本岛津公司、美国热电公司等。国内主要生产厂家有：南京分析仪器厂、重庆川仪九厂、上海天美科学仪器公司、北京北分瑞利分析仪器（集团）公司等。

色谱柱由柱管和固定相组成，气相色谱法分离是在色谱柱中完成的，因此色谱柱是气相色谱的核心部件。色谱柱的分离效果主要取决于柱中固定相的性质。气相色谱法所用的固定相主要有液体固定相、固体固定相、聚合物固定相三类，需要根据待测物的不同性质选择合适的固定相。

> **知识拓展**
>
> **检测器的主要技术指标**
>
> 对检测器性能的要求主要有以下几个性能指标：灵敏度高；检出限低；死体积小；响应迅速；线性范围宽和稳定性好。通用型检测器要求适用范围广；选择性检测器要求选择性好。
>
> （1）噪声和漂移　在无样品通过检测器时，由仪器本身及工作条件等偶然因素引起的基线起伏波动称为噪声。噪声的大小用噪声带（峰-峰值）的宽度来衡量。基线随时间朝某一方向的缓慢变化称为漂移。通常用一小时内基线水平的变化来表示。
>
> （2）灵敏度　又称响应值或应答值。它是指单位物质的含量（质量或浓度）通过检测器时所产生的信号变化率。
>
> （3）检出限　又称敏感度。信号被放大器放大时，使灵敏度增高，但噪声也同时放大，弱信号仍难以辨认。因此评价检测器不能只看灵敏度，还要考虑噪声的大小。其定义为某组分的峰高为噪声的两倍时，单位时间内载气引入检测器中该组分的质量（或浓度）。检出限综合灵敏度与噪声来评价检测器的性能。

（三）定性与定量分析

1. 定性分析

各种色谱分析的定性和定量的方法基本一致，最常用的方式为通过对比组分的保留值与已知标准物质的保留值来进行定性鉴定。

在相同色谱条件下，将标准物和样品分别进样，两者保留值相同，推测可能为同一物质。此法要求在相同的条件下，在同一台仪器上进行比照定性，操作条件稳定一致，尤其是流速，且须有样品的标准物，不适用于不同仪器上获得的数据之间的对比。

2. 定量分析

定量的依据是组分的色谱峰面积或峰高，常用的定量分析方法有内标法、内标对比法、外标法及归一化法，归一化法应用较少。在进行样品测定之前要进行系统适应性试验，即用规定的方法对仪器进行试验和调整，以检查仪器系统是否符合药品质量标准的规定。《中国药典》（2020版）规定的色谱系统适应性试验包括：分离度、理论塔板数、灵敏度、拖尾因子和重复性。

（1）内标法　选择合适的物质作为内标物，以待测组分和内标物的峰高比或峰面积比求算试样含量的方法。

精密称（量）取对照品和内标物质，分别配成溶液，各精密量取适量，混合配成校正因子测定用的对照溶液。取一定量注入仪器，记录色谱图。测量对照品和内标物质的峰面积或峰高，按式(8-9)计算校正因子 f：

$$f = \frac{A_s / c_s}{A_R / c_R} \tag{8-9}$$

式中　A_s——内标物质的峰面积或峰高；

　　　A_R——对照品的峰面积或峰高；

c_s——内标物质的浓度;

c_R——对照品的浓度。

再取含有内标物质的试样溶液,注入仪器,记录色谱图,测量试样中待测组分(或其杂质)和内标物质的峰面积(或峰高),按式(8-10)计算含量(c_x):

$$c_x = \frac{fA_x}{A'_s/c'_s} \tag{8-10}$$

式中 A_x——试样中待测组分(或其杂质)的峰面积或峰高;

c_x——试样中待测组分(或其杂质)的浓度;

A'_s——内标物质的峰面积或峰高;

c'_s——内标物质的浓度;

f——校正因子。

(2)外标法 用待测组分的标准品作对照品,以对照品的量对比求算试样含量的方法。

精密称(量)取对照品和试样,配制成溶液,分别精密取一定量,注入仪器,记录色谱图,测量对照品溶液和试样溶液中待测成分的峰面积(或峰高),按式(8-11)计算含量。

$$c_x = c_R \frac{A_x}{A_R} \tag{8-11}$$

式中 A_x——待测组分的峰面积或峰高;

A_R——对照品的峰面积或峰高;

c_x——待测组分的浓度;

c_R——对照品的浓度。

四、高效液相色谱法

高效液相色谱法(HPLC)是在 20 世纪 60 年代后期,在经典液相色谱法基础上,引入气相色谱理论和实验技术而发展起来的一种以液体为流动相的新型分离分析技术。它是以高压泵输送流动相(最高输送压力可达 $4.9 \times 10^7 Pa$)并采用高效固定相及高灵敏度的检测器,因此能够对流出物进行连续检测。总之,高效液相色谱法具有分离效能高、分析速度快、选择性好、自动化程度高及应用范围广等特点,故又称为高压液相色谱法、高速液相色谱法或现代液相色谱法。

高效液相色谱法

高效液相色谱法(HPLC)与经典液相色谱法(LC)相比,具有高速、高效、高灵敏度的特点。经典液相色谱法靠重力加料,完成一次分析需数小时;HPLC 采用高压输液设备,压力可达 15~30MPa,流速大,为 0.1~10.0mL/min,分析速度快,可以在数分钟内完成数百种物质的分离。

气相色谱法(GC)仅适于分析蒸气压低、沸点低的样品而不适用于分析高沸点有机物、高分子和热稳定性差的化合物以及生物活性物质,因而使其应用范围受到限制,在全部有机化合物中仅有 20% 的样品适用于气相色谱分析。高效液相色谱法可以分析高沸点、高分子量的稳定或不稳定化合物,可对 80% 的有机化合物进行分离和分析。

高效液相色谱仪由高压输液系统、进样系统、分离系统、检测系统和数据记录与处理系统五个主要部分组成。高效液相色谱仪基本工作流程是样品由微量进样器自进样口注入后随流动相流经色谱柱完成组分分离,分离后的组分随流动相离开色谱柱进入检测器,检测器将检测到的信号输给信号记录与处理系统,见图 8-3。

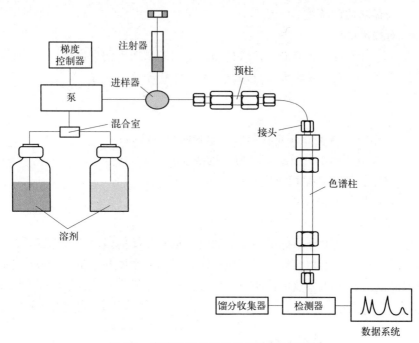

图 8-3　高效液相色谱仪结构组成示意图

(1) 高压输液系统　高效液相色谱仪输液系统包括储液瓶、脱气装置、高压输液泵、梯度洗脱装置。

(2) 进样系统　进样器安装在色谱柱入口处，其作用是将试样引入色谱柱。进样器有手动进样阀和自动进样装置两种。对进样器的要求是：密封性好，死体积小，重复性好，进样时对色谱系统的压力和流量影响小。六通进样阀为高效液相色谱分析常用的手动进样器，其具有进样量准确、重复性好、可带压进样等优点。

六通进样阀如图 8-4 所示，六通阀处于进样"load"位置，用微量注射器将试样注入定量管。进样时，转动六通进样阀手柄至取样"inject"位置，定量管内的试样被流动相带入色谱柱。进样体积由定量管的容积严格控制，因此进样量准确，重复性好。为了确保进样的准确度，装样时微量注射器取的试样必须大于定量管的容积，定量管的体积固定，可按需更换。

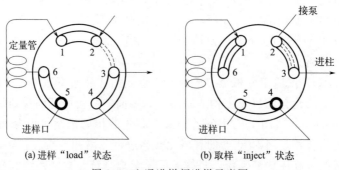

(a) 进样"load"状态　　　　　(b) 取样"inject"状态

图 8-4　六通进样阀进样示意图

目前较先进的仪器带有自动进样装置，其可通过计算机控制程序全部按预定设计自动进样，自动进样的样品量可连续调节，重复性好，适合大量样品分析，节省人力。

(3) 分离系统 色谱柱是高效液相色谱仪的分离系统,由柱管和固定相组成,起着分离的作用。色谱柱的柱管通常为内壁抛光的不锈钢管,几乎全为直型,能承受高压,对流动相呈化学惰性。按主要用途可分为分析型色谱柱和制备型色谱柱。常用分析型色谱柱内径为2～5mm,长为10～30cm。实验室制备型色谱柱的内径为20～40mm,柱长10～30cm。

(4) 检测系统 和气相色谱仪一样,高效液相色谱仪有多种检测器,其通过将组分的量转变成为电信号,用于监测经色谱柱分离后的组分含量的变化,常用的检测器有紫外检测器(UVD)、荧光检测器(FLD)、蒸发光散射检测器(ELSD)和示差折光检测器(RID)等,其中紫外检测器是高效液相色谱仪中使用最广的一种检测器。

【项目实施】

任务 水果蔬菜中乙烯利残留量的测定(气相色谱法)

【任务导入】使用气相色谱法对水果蔬菜中乙烯利残留量的测定。

【任务分析】乙烯利($C_2H_6ClO_3P$),纯品为白色针状结晶,工业品为淡棕色液体,易溶于水、甲醇、丙酮等,微溶于甲苯,不溶于石油醚。乙烯利是优质高效植物生长调节剂,具有促进果实成熟等作用。用甲醇提取样品中乙烯利,经重氮甲烷衍生成二甲基乙烯利后,用带火焰光度检测器(磷滤光片)的气相色谱仪测定,外标法定量。

【任务准备】

(1) 仪器 气相色谱仪并配有火焰光度检测器、超声波清洗器、组织捣碎机、氮气吹干仪。

(2) 试剂 氢氧化钾、盐酸、甲醇、无水乙醚、甲醇-盐酸溶液(90+10)、重氮甲烷溶液、乙烯利标准品(纯度≥95%)。

乙烯利标准溶液:准确称取适量的乙烯利标准品,用甲醇配制成质量浓度为1000mg/L的标准储备液。根据需要再用甲醇稀释标准储备液以制备适当浓度的标准工作液,配制过程需用聚乙烯器皿。

除另有说明,在分析中仅使用色谱纯的试剂,水为GB/T 6682规定的一级水。

(3) 标准规范 GB 23200.16—2016 《食品安全国家标准 水果蔬菜中乙烯利残留量的测定 气相色谱法》。

【任务计划】

1. 试样制备

将蔬菜、水果样品取样部位按GB 2763附录A规定取样,对于个体较小的样品,取样后全部处理;对于个体较大的基本均匀样品,可在对称轴或对称面上分割或切成小块后处理;对于细长、扁平或组分含量在各部分有差异的样品,可在不同部位切取小片或截成小段处理;取后的样品将其切碎,充分混匀,用四分法取样或直接放入组织捣碎机中捣碎成匀浆,放入聚乙烯瓶中于-20～-16℃条件下保存。

2. 提取

称取试样10g(精确至0.01g)于聚乙烯烧杯中,加入0.5mL甲醇-盐酸溶液(90+10)

和 50mL 甲醇，超声振荡提取 5min，过滤于 100mL 的聚乙烯容量瓶中，残渣再用 30mL 甲醇提取一次，合并提取液于聚乙烯容量瓶中，定容至 100mL。

3. 衍生化

准确吸取 10mL 上述定容溶液放入 15mL 聚乙烯离心管中，在干燥氮气流下于 30~35℃ 水浴上浓缩至约 1.5mL，加入 0.5mL 甲醇-盐酸溶液和 8mL 无水乙醚，充分混合，放置 10min，将上清液移入另一聚乙烯离心管中，残留液用 1mL 无水乙醚萃取 2 次，萃取液并入上述清液中，于 30~35℃ 水浴下浓缩至约 1mL。在通风柜内，向浓缩液里滴加重氮甲烷溶液，直至黄色不褪为止。盖严塞子，放置 15min。在氮气流下 30~35℃ 水浴上浓缩至约 1mL，用乙醚稀释到 2.00mL，供气相色谱测定。

4. 标准溶液的衍生化

取适量的乙烯利标准溶液（用甲醇定容 10.0mL），按照样品的提取和衍生步骤进行操作。

5. 气相色谱参考条件

① 色谱柱：FFAP 30m（柱长）×0.32mm（内径）×0.25μm（膜厚），弹性石英毛细管柱或相当极性的色谱柱。

② 载气：氮气，流量 2.5mL/min，纯度≥99.999%。

③ 燃气：氢气，流量 85mL/min，纯度≥99.999%。

④ 助燃气：空气，流量 110mL/min。

⑤ 进样口温度：240℃。

⑥ 升温程序：120℃（1min）$\xrightarrow{40℃/min}$ 230℃（2min）。

⑦ 检测器温度：150℃。

⑧ 检测器：火焰光度检测器（磷滤光片）。

⑨ 进样量：1μL。

6. 色谱分析

分别吸取标准样品和待测样品衍生化后的溶液各 1μL，分别注入色谱仪中，通过待测样品与标准样品衍生化物的峰面积比较，用外标法定量。

7. 空白试验

【任务实施】

【数据处理】

用色谱数据处理机或按下式计算样品中的乙烯利的残留量

$$\omega = \frac{1000 A \rho V_1 V_2}{1000 A_s m V}$$

式中 ω ——样品中乙烯利残留量，mg/kg；

　　　A——样品溶液中二甲基乙烯利的色谱面积；

　　　A_s——标准溶液中二甲基乙烯利的色谱峰面积；

　　　ρ——标准溶液中乙烯利的质量浓度，μg/mL；

　　　V——提取溶剂定容体积，mL；

　　　V_1——分取体积，mL；

　　　V_2——上机液定容体积，mL；

　　　m——称取样品的质量，g。

计算结果应扣除空白值，计算结果以重复性条件下获得的两次独立测定结果的算术平均值表示，保留两位有效数字。

【任务反思】

1. 如何进行气相色谱法实验条件的选择？
2. 气相色谱的谱图如何解析？

【任务评价】

考核点		考核内容	分值	得分
样品预处理(50分)	制样	正确制样；正确使用食品加工器	5	
	提取	天平的正确使用；吸量管的正确使用；漩涡振荡器的正确使用；能够正确过滤；达到熟练程度	15	
	净化	氮吹仪的正确使用；漩涡振荡器的正确使用；吸量管的正确使用；达到熟练操作	20	
	其他操作	规定着装；能够进行正确标识；操作时间控制在规定时间里；注意操作文明；注意操作安全	10	
检测结果(15分)	回收率	统一送检，考查回收率结果	8	
	RSD值	统一送检，考查精密度结果	7	
数据处理(15分)	定性分析	能够正确解读图谱，正确填写数据记录表	5	
	定量分析	有效数字准确；计算公式正确使用；回收率和RSD计算结果准确	10	
软件操作(20分)	方法建立	能够正确建立检测方法，包括进样口、检测器、色谱柱温度、气体流量设置等	10	
	图谱处理	能够对指定图谱积分处理；能够建立标准曲线，并对未知样品进行定性和定量	10	
总得分				

【项目检测】

一、选择题

1. 俄国植物学家 Tswett 用石油醚为冲洗剂，分离植物叶子的色素时是采用（　　）。
A. 液-液色谱法　　B. 液-固色谱法　　C. 凝胶色谱法　　D. 离子交换色谱法

2. 在色谱分析中，可用来定性的色谱参数是（　　）。
   A. 分离度　　　　B. 分配系数　　　C. 保留值　　　　D. 柱的效能
3. 在色谱分析中，可用来定量的色谱参数是（　　）。
   A. 峰面积　　　　B. 峰宽　　　　　C. 保留值　　　　D. 分配系数
4. 某组分在色谱柱中分配到固定相的质量为 m_a，分配到流动相中的质量为 m_b，而该组分在固定相中的浓度为 c_a，在流动相中的浓度为 c_b，则该组分的分配系数为（　　）。
   A. m_a/m_b　　　B. $m_a/(m_a+m_b)$　　C. c_a/c_b　　　D. c_b/c_a
5. 两组分的分离度（R）数值越大，（　　）。
   A. 样品中两组分分离越完全　　　　B. 两组分之间可插入的色谱峰越多
   C. 两组分与其他组分分离越好　　　D. 色谱柱效能越高
6. 薄层色谱中距点样原点最远的组分是（　　）。
   A. 比移值最大的组分　　　　　　　B. 比移值小的组分
   C. 分配系数大的组分　　　　　　　D. 相对挥发性小的组分
7. 常用于评价色谱分离条件选择是否适宜的参数是（　　）。
   A. 理论塔板数　　B. 塔板高度　　　C. 分离度　　　　D. 死时间
8. 气相色谱的核心部件是（　　）。
   A. 载气瓶　　　　B. 进样器　　　　C. 净化器　　　　D. 色谱柱
9. 高效液相色谱法可以分析（　　），可对80%的有机化合物进行分离和分析。
   A. 蒸气压低的样品　　　　　　　　B. 沸点低的样品
   C. 热稳定性好的化合物　　　　　　D. 高沸点、高分子量的稳定或不稳定化合物
10. 色谱峰不属于以下哪种方法？（　　）
    A. 气液色谱　　　B. 液固色谱　　　C. 薄层色谱　　　D. 质谱

二、简答题

1. 简述什么是色谱分析法。
2. 简述什么是薄层色谱法。

三、计算题

化合物 A 在薄层板上从原点迁移 7.6cm，溶剂前沿距原点 12.4cm，计算：

(1) 化合物 A 的 R_f 值；

(2) 在相同的薄层系统中，溶剂前沿距原点 14.3cm，化合物 A 的斑点应在此薄层板上何处？

附录

附录1　常用的量及其单位的名称和符号

量的名称	量的符号	单位名称	单位符号	倍数与分数单位
物质的量	n_B	摩[尔]	mol	mmol 等
质量	m	千克	kg	g、mg、μg 等
体积	V	立方米	m^3	$L(dm^3)$、mL 等
摩尔质量	M_B	千克每摩[尔]	kg/mol	g/mol 等
摩尔体积	V_m	立方米每摩[尔]	m^3/mol	L/mol 等
物质的量的浓度	c_B	摩[尔]每立方米	mol/m^3	mol/L 等
质量分数	ω_B			
质量浓度	ρ_B	千克每立方米	kg/m^3	g/L、g/mL 等
体积分数	φ_B			
滴定度	$T_{s/x}$, T_s	克每毫升	g/mL	
密度		千克每立方米	kg/m^3	g/mL、g/m^3
原子量	A_r			
分子量	M_r			

附录2　常用酸碱试剂的密度和浓度

试剂名称	化学式	分子量	密度 ρ/(g/mL)	质量分数 ω/%	物质的量浓度 c_B/(mol/L)
浓硫酸	H_2SO_4	98.08	1.84	96	18
浓盐酸	HCl	36.46	1.19	37	12
浓硝酸	HNO_3	63.01	1.42	70	16
浓磷酸	H_3PO_4	98.00	1.69	85	15
冰乙酸	CH_3COOH	60.05	1.05	99	17
高氯酸	$HClO_4$	100.46	1.67	70	12
浓氢氧化钠	NaOH	40.00	1.43	40	14
浓氨水	$NH_3 \cdot H_2O$	17.03	0.90	28	15

附录3 原子量表

元素符号	名称	原子量	元素符号	名称	原子量	元素符号	名称	原子量
Ac	锕	[227]	He	氦	4.00260	Rb	铷	85.4678
Ag	银	107.8682	Hf	铪	178.49	Re	铼	186.207
Al	铝	26.98154	Hg	汞	200.59	Rh	铑	102.90550
Am	镅	[243]	Ho	钬	164.93032	Rn	氡	[222]
Ar	氩	39.948	I	碘	126.90447	Ru	钌	101.07
As	砷	74.92159	In	铟	114.82	S	硫	32.066
At	砹	[210]	Ir	铱	192.22	Sb	锑	121.75
Au	金	196.96654	K	钾	39.0983	Sc	钪	44.95591
B	硼	10.811	Kr	氪	83.80	Se	硒	78.96
Ba	钡	137.327	La	镧	138.9055	Si	硅	28.0855
Be	铍	9.01218	Li	锂	6.941	Sm	钐	150.36
Bi	铋	208.98037	Lr	铹	[257]	Sn	锡	118.710
Bk	锫	[247]	Lu	镥	174.967	Sr	锶	87.62
Br	溴	79.904	Md	钔	[256]	Ta	钽	180.9479
C	碳	12.011	Mg	镁	24.3050	Tb	铽	158.92534
Ca	钙	40.078	Mn	锰	54.9380	Tc	锝	98.9062
Cd	镉	112.411	Mo	钼	95.94	Te	碲	127.60
Ce	铈	140.115	N	氮	14.00674	Th	钍	232.0381
Cf	锎	[251]	Na	钠	22.98977	Ti	钛	47.88
Cl	氯	35.4527	Nb	铌	92.90638	Tl	铊	204.3833
Cm	锔	[247]	Nd	钕	144.24	Tm	铥	168.93421
Co	钴	58.93320	Ne	氖	20.1797	U	铀	238.289
Cr	铬	51.9961	Ni	镍	58.69	V	钒	50.9415
Cs	铯	132.90543	No	锘	[254]	W	钨	183.85
Cu	铜	63.546	Np	镎	237.0482	Xe	氙	131.29
Dy	镝	162.50	O	氧	15.9994	Y	钇	88.90585
Er	铒	167.26	Os	锇	190.2	Yb	镱	173.04
Es	锿	[254]	P	磷	30.97376	Zn	锌	65.39
Eu	铕	151.965	Pa	镤	231.03588	Zr	锆	91.224
F	氟	18.99840	Pb	铅	207.2			
Fe	铁	55.847	Pd	钯	106.42			
Fm	镄	[257]	Pm	钷	[145]			
Fr	钫	[223]	Po	钋	[~210]			
Ga	镓	69.723	Pr	镨	140.90765			
Gd	钆	157.25	Pt	铂	195.08			
Ge	锗	72.61	Pu	钚	[244]			
H	氢	1.00794	Ra	镭	226.0254			

附录4 一些化合物的分子量

化合物分子式	化合物分子量	化合物分子式	化合物分子量
$AgBr$	187.78	$C_6H_5 \cdot COOH$	122.12
$AgCl$	143.32	$C_6H_5 \cdot COONa$	144.10
$AgCN$	133.89	$C_6H_4 \cdot COOH \cdot COOK$ (邻苯二甲酸氢钾)	204.22
Ag_2CrO_4	331.73		
AgI	234.77	$CH_3 \cdot COONa$	82.03
$AgNO_3$	169.87	C_6H_5OH	94.11
$AgSCN$	165.95	$(C_9H_7N)_3H_3(PO_4 \cdot 12MoO_2)$ (磷钼酸喹啉)	2212.74
Al_2O_3	101.96		
$Al_2(SO_4)_3$	342.15	$COOH \cdot CH_2 \cdot COOH$(丙二酸)	104.06
As_2O_3	197.84	$COOH \cdot CH_2 \cdot COONa$	126.04
As_2O_5	229.84	CCl_4	153.81
$BaCO_3$	197.34	CO_2	44.01
BaC_2O_4	225.35	Cr_2O_3	151.99
$BaCl_2$	208.23	$Cu(C_2H_3O_2)_2 \cdot 3Cu(AsO_2)_2$	1013.80
$BaCl_2 \cdot 2H_2O$	244.26	CuO	79.54
$BaCrO_4$	253.32	Cu_2O	143.09
BaO	153.33	$CuSCN$	121.63
$Ba(OH)_2$	171.35	$CuSO_4$	159.61
$BaSO_4$	233.39	$CuSO_4 \cdot 5H_2O$	249.69
$CaCO_3$	100.09	$FeCl_3$	162.21
CaC_2O_4	128.10	$FeCl_3 \cdot 6H_2O$	270.30
$CaCl_2$	110.98	FeO	71.85
$CaCl_2 \cdot H_2O$	129.00	Fe_2O_3	159.69
CaF_2	78.07	Fe_3O_4	231.54
$Ca(NO_3)_2$	164.09	$FeSO_4 \cdot H_2O$	169.93
CaO	56.08	$FeSO_4 \cdot 7H_2O$	278.02
$Ca(OH)_2$	74.09	$Fe_2(SO_4)_3$	399.89
$CaSO_4$	136.14	$FeSO_4 \cdot (NH_4)_2SO_4 \cdot 6H_2O$	392.14
$Ca_3(PO_4)_2$	310.18	H_3BO_3	61.83
$Ce(SO_4)_2$	332.24	HBr	80.91
$Ce(SO_4)_2 \cdot 2(NH_4)_2SO_4 \cdot 2H_2O$	632.54	$H_6C_4O_6$(酒石酸)	150.09
CH_3COOH	60.05	HCN	27.03
CH_3OH	32.04	H_2CO_3	62.03

续表

化合物分子式	化合物分子量	化合物分子式	化合物分子量
CH_3COCH_3	58.08	KSCN	97.18
$H_2C_2O_4$	90.04	K_2SO_4	174.26
$H_2C_2O_4 \cdot 2H_2O$	126.07	$MgCO_3$	84.32
HCOOH	46.03	$MgCl_2$	95.21
HCl	36.46	$MgNH_4PO_4$	137.33
$HClO_4$	100.46	MgO	40.31
HF	20.01	$Mg_2P_2O_7$	222.55
HI	127.91	MnO	70.94
HNO_2	47.01	MnO_2	86.94
HNO_3	63.01	$Na_2B_4O_7$	201.22
H_2O	18.02	$Na_2B_4O_7 \cdot 10H_2O$	381.37
H_2O_2	34.02	$NaBiO_3$	279.97
H_3PO_4	98.00	NaBr	102.90
H_2S	34.08	NaCN	49.01
H_2SO_3	82.08	Na_2CO_3	105.99
H_2SO_4	98.08	$Na_2C_2O_4$	134.00
$HgCl_2$	271.50	NaCl	58.44
Hg_2Cl_2	427.09	NaF	41.99
$KAl(SO_4)_2 \cdot 12H_2O$	474.39	$NaHCO_3$	84.01
$KB(C_6H_5)_4$	358.33	NaH_2PO_4	119.98
KBr	119.01	Na_2HPO_4	141.96
$KBrO_3$	167.01	$Na_2H_2Y \cdot 2H_2O$（EDTA 二钠盐）	372.26
KCN	65.12		
K_2CO_3	138.21	NaI	149.89
KCl	74.56	$NaNO_2$	69.00
$KClO_3$	122.55	Na_2O	61.98
$KClO_4$	138.55	NaOH	40.01
K_2CrO_4	194.20	Na_3PO_4	163.94
$K_2Cr_2O_7$	294.19	Na_2S	78.05
$KHC_2O_4 \cdot H_2C_2O_4 \cdot 2H_2O$	254.19	$Na_2S \cdot 9H_2O$	240.18
$KHC_2O_4 \cdot H_2O$	146.14	Na_2SO_3	126.04
KI	166.01	Na_2SO_4	142.04
KIO_3	214.00	$Na_2SO_4 \cdot 10H_2O$	322.20

化合物分子式	化合物分子量	化合物分子式	化合物分子量
KIO$_3$·HIO$_3$	389.92	Na$_2$S$_2$O$_3$	158.11
KMnO$_4$	158.04	Na$_2$S$_2$O$_3$·5H$_2$O	248.19
KNO$_2$	85.10	Na$_2$SiF$_6$	188.06
K$_2$O	94.20	SO$_2$	64.06
KOH	56.11	SO$_3$	80.06
NH$_3$	17.03	Sb$_2$O$_3$	291.50
NH$_4$Cl	53.49	Sb$_2$S$_3$	339.70
(NH$_4$)$_2$C$_2$O$_4$·H$_2$O	142.11	SiF$_4$	104.08
NH$_3$·H$_2$O	35.05	SiO$_2$	60.08
NH$_4$Fe(SO$_4$)$_2$·12H$_2$O	482.20	SnCO$_3$	178.72
(NH$_4$)$_2$HPO$_4$	132.05	SnCl$_2$	189.62
(NH$_4$)$_3$HPO$_4$·12MoO$_3$	1877.35	SnO$_2$	150.71
NH$_4$SCN	76.12	TiO$_2$	79.88
(NH$_4$)$_2$SO$_4$	132.14	WO$_3$	231.83
NiC$_8$H$_{14}$O$_4$N$_4$	288.91	ZnCl$_2$	136.30
P$_2$O$_5$	141.95	ZnO	81.39
PbCrO$_4$	323.18	Zn$_2$P$_2$O$_7$	304.72
PbO	223.19	ZnSO$_4$	161.45
PbO$_2$	239.19		
Pb$_3$O$_4$	685.57		
PbSO$_4$	303.26		

附录5 弱酸、弱碱在水中的离解常数（25℃）

弱酸	分子式	K_a	pK_a
砷酸	H$_3$AsO$_4$	6.3×10^{-3} (K_{a1})	2.20
		1.0×10^{-7} (K_{a2})	7.00
		3.2×10^{-12} (K_{a3})	11.50
亚砷酸	H$_3$AsO$_3$	6.0×10^{-10}	9.22
硼酸	H$_3$BO$_3$	5.8×10^{-10}	9.24
焦硼酸	H$_2$B$_4$O$_7$	1.0×10^{-4} (K_{a1})	4
		1.0×10^{-9} (K_{a2})	9

续表

弱酸	分子式	K_a	pK_a
碳酸	$H_2CO_3(CO_2+H_2O)$	$4.2\times10^{-7}(K_{a1})$ $5.6\times10^{-11}(K_{a2})$	6.38 10.25
氢氰酸	HCN	6.2×10^{-10}	9.21
铬酸	H_2CrO_4	$1.8\times10^{-1}(K_{a1})$ $3.2\times10^{-7}(K_{a2})$	0.74 6.50
氢氟酸	HF	6.6×10^{-4}	3.18
亚硝酸	HNO_2	5.1×10^{-4}	3.29
过氧化氢	H_2O_2	1.8×10^{-12}	11.75
磷酸	H_3PO_4	$7.6\times10^{-3}(K_{a1})$ $6.3\times10^{-18}(K_{a2})$ $4.4\times10^{-13}(K_{a3})$	2.12 7.2 12.36
焦磷酸	$H_4P_2O_7$	$3.0\times10^{-2}(K_{a1})$ $4.4\times10^{-3}(K_{a2})$ $2.5\times10^{-7}(K_{a3})$ $5.6\times10^{-10}(K_{a4})$	1.52 2.36 6.60 9.25
亚磷酸	H_3PO_3	$5.0\times10^{-2}(K_{a1})$ $2.5\times10^{-7}(K_{a2})$	1.30 6.60
氢硫酸	H_2S	$1.3\times10^{-7}(K_{a1})$ $7.1\times10^{-15}(K_{a2})$	6.89 14.15
硫酸	H_2SO_4	$1.0\times10^{-2}(K_{a1})$	2.00
亚硫酸	$H_3SO_3(SO_2+H_2O)$	$1.3\times10^{-2}(K_{a1})$ $6.3\times10^{-8}(K_{a2})$	1.89 7.20
偏硅酸	H_2SiO_3	$1.7\times10^{-10}(K_{a1})$ $1.6\times10^{-12}(K_{a2})$	9.77 11.8
甲酸	HCOOH	1.8×10^{-4}	3.74
乙酸	CH_3COOH	1.8×10^{-5}	4.74
一氯乙酸	$CH_2ClCOOH$	1.4×10^{-3}	2.85
二氯乙酸	$CHCl_2COOH$	5.0×10^{-2}	1.30
三氯乙酸	CCl_3COOH	0.23	0.64
氨基乙酸盐	$^+NH_3CH_2COOH^-$ $^+NH_3CH_2COO^-$	$4.5\times10^{-3}(K_{a1})$ $2.5\times10^{-10}(K_{a2})$	2.35 9.60
乳酸	$CH_3CHOHCOOH$	1.4×10^{-4}	3.85
苯甲酸	C_6H_5COOH	6.2×10^{-5}	4.21
草酸	$H_2C_2O_4$	$5.9\times10^{-2}(K_{a1})$ $6.4\times10^{-5}(K_{a2})$	1.23 4.19
d-酒石酸	CH(OH)COOH | CH(OH)COOH	$9.1\times10^{-4}(K_{a1})$ $4.3\times10^{-5}(K_{a2})$	3.04 4.37

续表

弱酸	分子式	K_a	pK_a
邻苯二甲酸	邻-C$_6$H$_4$(CO$_2$H)$_2$	$1.1\times10^{-3}(K_{a1})$	2.96
		$3.9\times10^{-6}(K_{a2})$	5.41
柠檬酸	CH$_2$COOH—C(OH)COOH—CH$_2$COOH	$7.4\times10^{-4}(K_{a1})$	3.13
		$1.7\times10^{-5}(K_{a2})$	4.77
		$4.0\times10^{-7}(K_{a3})$	6.40
苯酚	C$_6$H$_5$OH	1.1×10^{-10}	9.96
乙二胺四乙酸	H$_6$-EDTA^{2+}	$0.1(K_{a1})$	1.0
	H$_5$-EDTA$^+$	$3\times10^{-2}(K_{a2})$	1.5
	H$_4$-EDTA	$1\times10^{-2}(K_{a3})$	2.0
	H$_3$-EDTA$^-$	$2.1\times10^{-3}(K_{a4})$	2.68
	H$_2$-EDTA^{2-}	$6.9\times10^{-7}(K_{a5})$	6.16
	H-EDTA^{3-}	$5.5\times10^{-11}(K_{a6})$	10.26
氨水	NH$_3$	1.8×10^{-5}	4.74
羟胺	NH$_2$OH	9.1×10^{-9}	8.04
甲胺	CH$_3$NH$_2$	4.2×10^{-4}	3.38
乙胺	C$_2$H$_5$NH$_2$	5.6×10^{-4}	3.25
二甲胺	(CH$_3$)$_2$NH	1.2×10^{-4}	3.93
二乙胺	(C$_2$H$_5$)$_2$NH	1.3×10^{-3}	2.89
乙醇胺	HOCH$_2$CH$_2$NH$_2$	3.2×10^{-5}	4.50
三乙醇胺	(HOCH$_2$CH$_2$)$_3$N	5.8×10^{-7}	6.24
六次甲基四胺	(CH$_2$)$_6$N$_4$	1.4×10^{-9}	8.85
乙二胺	H$_2$NH$_2$CCH$_2$NH$_2$	$8.5\times10^{-5}(K_{b1})$	4.07
		$7.1\times10^{-8}(K_{b2})$	7.15

附录6 金属-无机配位体配合物的稳定常数

配位体	M	配位体数目 n	$\lg\beta_n$	配位体	M	配位体数目 n	$\lg\beta_n$
NH$_3$	Ag$^+$	1,2	3.24,7.05	NH$_3$	Cu^{2+}	1,2,3,4,5	4.31,7.98,11.02, 13.32,12.86
	Au^{3+}	4	10.3		Fe^{2+}	1,2	1.4,2.2
	Cd^{2+}	1,2,3,4,5,6	2.65,4.75,6.19,7.12, 6.80,5.14		Hg^{2+}	1,2,3,4	8.8,17.5,18.5,19.28
	Co^{2+}	1,2,3,4,5,6	2.11,3.74,4.79,5.55, 5.73,5.11		Mn^{2+}	1,2	0.8,1.3
	Co^{3+}	1,2,3,4,5,6	6.7,14.0,20.1,25.7, 30.8,35.2		Ni^{2+}	1,2,3,4,5,6	2.80,5.04,6.77,7.96, 8.71,8.74
	Cu$^+$	1,2	5.93,10.86		Pd^{2+}	1,2,3,4	9.6,18.5,26.0,32.8

续表

配位体	M	配位体数目 n	$\lg\beta_n$	配位体	M	配位体数目 n	$\lg\beta_n$
NH_3	Pt^{2+}	6	35.3		Be^{2+}	1,2,3	9.7,14.0,15.2
	Zn^{2+}	1,2,3,4	2.37,4.81,7.31,9.46		Bi^{3+}	1,2,4	12.7,15.8,35.2
	Ag^+	1,2,4	3.04,5.04,5.30		Ca^{2+}	1	1.3
	Bi^{3+}	1,2,3,4	2.44,4.7,5.0,5.6		Cd^{2+}	1,2,3,4	4.17,8.33,9.02,8.62
	Cd^{2+}	1,2,3,4	1.95,2.50,2.60,2.80		Ce^{3+}	1	4.6
	Co^{3+}	1	1.42		Ce^{4+}	1,2	13.28,26.46
	Cu^+	2,3	5.5,5.7		Co^{2+}	1,2,3,4	4.3,8.4,9.7,10.2
	Cu^{2+}	1,2	0.1,−0.6		Cr^{3+}	1,2,4	10.1,17.8,29.9
	Fe^{2+}	1	1.17		Cu^{2+}	1,2,3,4	7.0,13.68,17.00,18.5
	Fe^{3+}	2	9.8		Fe^{2+}	1,2,3,4	5.56,9.77,9.67,8.58
	Hg^{2+}	1,2,3,4	6.74,13.22,14.07,15.07		Fe^{3+}	1,2,3	11.87,21.17,29.67
Cl^-	In^{3+}	1,2,3,4	1.62,2.44,1.70,1.60		Hg^{2+}	1,2,3	10.6,21.8,20.9
	Pb^{2+}	1,2,3	1.42,2.23,3.23	OH^-	In^{3+}	1,2,3,4	10.0,20.2,29.6,38.9
	Pd^{2+}	1,2,3,4	6.1,10.7,13.1,15.7		Mg^{2+}	1	2.58
	Pt^{2+}	2,3,4	11.5,14.5,16.0		Mn^{2+}	1,3	3.9,8.3
	Sb^{3+}	1,2,3,4	2.26,3.49,4.18,4.72		Ni^{2+}	1,2,3	4.97,8.55,11.33
	Sn^{2+}	1,2,3,4	1.51,2.24,2.03,1.48		Pa^{4+}	1,2,3,4	14.04,27.84,40.7,51.4
	Tl^{3+}	1,2,3,4	8.14,13.60,15.78,18.00		Pb^{2+}	1,2,3	7.82,10.85,14.58
	Th^{4+}	1,2	1.38,0.38		Pd^{2+}	1,2	13.0,25.8
	Zn^{2+}	1,2,3,4	0.43,0.61,0.53,0.20		Sb^{3+}	2,3,4	24.3,36.7,38.3
	Zr^{4+}	1,2,3,4	0.9,1.3,1.5,1.2		Sc^{3+}	1	8.9
	Ag^+	1,2,3	6.58,11.74,13.68		Sn^{2+}	1	10.4
	Bi^{3+}	1,4,5,6	3.63,14.95,16.80,18.80		Th^{3+}	1,2	12.86,25.37
	Cd^{2+}	1,2,3,4	2.10,3.43,4.49,5.41		Ti^{3+}	1	12.71
	Cu^+	2	8.85		Zn^{2+}	1,2,3,4	4.40,11.30,14.14,17.66
	Fe^{3+}	1	1.88		Zr^{4+}	1,2,3,4	14.3,28.3,41.9,55.3
I^-	Hg^{2+}	1,2,3,4	12.87,23.82,27.60,29.83		Ag^+	1,2,3,4	4.6,7.57,9.08,10.08
	Pb^{2+}	1,2,3,4	2.00,3.15,3.92,4.47		Bi^{3+}	1,2,3,4,5,6	1.67,3.00,4.00,4.80,5.50,6.10
	Pd^{2+}	4	24.5		Cd^{2+}	1,2,3,4	1.39,1.98,2.58,3.6
	Tl^+	1,2,3	0.72,0.90,1.08		Cr^{3+}	1,2	1.87,2.98
	Tl^{3+}	1,2,3,4	11.41,20.88,27.60,31.82		Cu^+	1,2	12.11,5.18
	Ag^+	1,2	2.0,3.99	SCN^-	Cu^{2+}	1,2	1.90,3.00
OH^-	Al^{3+}	1,4	9.27,33.03		Fe^{3+}	1,2,3,4,5,6	2.21,3.64,5.00,6.30,6.20,6.10
	As^{3+}	1,2,3,4	14.33,18.73,20.60,21.20		Hg^{2+}	1,2,3,4	9.08,16.86,19.70,21.70
					Ni^{2+}	1,2,3	1.18,1.64,1.81
					Pb^{2+}	1,2,3	0.78,0.99,1.00

续表

配位体	M	配位体数目 n	$\lg \beta_n$	配位体	M	配位体数目 n	$\lg \beta_n$
SCN$^-$	Sn^{2+}	1,2,3	1.17,1.77,1.74		Cu^{2+}	1	0.9
	Th^{4+}	1,2	1.08,1.78		Fe^{2+}	1	0.8
	Zn^{2+}	1,2,3,4	1.33,1.91,2.00,1.60		Fe^{3+}	1,2,3,5	5.28,9.30,12.06,15.77
Br$^-$	Ag$^+$	1,2,3,4	4.38,7.33,8.00,8.73		Ga^{3+}	1,2,3	4.49,8.00,10.50
	Bi^{3+}	1,2,3,4,5,6	2.37,4.20,5.90,7.30,8.20,8.30		Hf^{4+}	1,2,3,4,5,6	9.0,16.5,23.1,28.8,34.0,38.0
	Cd^{2+}	1,2,3,4	1.75,2.34,3.32,3.70		Hg^{2+}	1	1.03
	Ce^{3+}	1	0.42		In^{3+}	1,2,3,4	3.70,6.40,8.60,9.80
	Cu$^+$	2	5.89		Mg^{2+}	1	1.30
	Cu^{2+}	1	0.30	F$^-$	Mn^{2+}	1	5.48
	Hg^{2+}	1,2,3,4	9.05,17.32,19.74,21.00		Ni^{2+}	1	0.50
	In^{3+}	1,2	1.30,1.88		Pb^{2+}	1,2	1.44,2.54
	Pb^{2+}	1,2,3,4	1.77,2.60,3.00,2.30		Sb^{3+}	1,2,3,4	3.0,5.7,8.3,10.9
	Pd^{2+}	1,2,3,4	5.17,9.42,12.70,14.90		Sn^{2+}	1,2,3	4.08,6.68,9.50
	Rh^{3+}	2,3,4,5,6	14.3,16.3,17.6,18.4,17.2		Th^{4+}	1,2,3,4	8.44,15.08,19.80,23.20
	Sc^{3+}	1,2	2.08,3.08		TiO^{2+}	1,2,3,4	5.4,9.8,13.7,18.0
	Sn^{2+}	1,2,3	1.11,1.81,1.46		Zn^{2+}	1	0.78
	Tl^{3+}	1,2,3,4,5,6	9.7,16.6,21.2,23.9,29.2,31.6		Zr^{4+}	1,2,3,4,5,6	9.4,17.2,23.7,29.5,33.5,38.3
	U^{4+}	1	0.18		Ba^{2+}	1	0.92
	Y^{3+}	1	1.32		Bi^{3+}	1	1.26
CN$^-$	Ag$^+$	2,3,4	21.1,21.7,20.6		Ca^{2+}	1	0.28
	Au$^+$	2	38.3		Cd^{2+}	1	0.40
	Cd^{2+}	1,2,3,4	5.48,10.60,15.23,18.78	NO$_3^-$	Fe^{3+}	1	1.0
	Cu$^+$	2,3,4	24.0,28.59,30.30		Hg^{2+}	1	0.35
	Fe^{2+}	6	35.0		Pb^{2+}	1	1.18
	Fe^{3+}	6	42.0		Tl$^+$	1	0.33
	Hg^{2+}	4	41.4		Tl^{3+}	1	0.92
	Ni^{2+}	4	31.3		Ba^{2+}	1	4.6
	Zn^{2+}	1,2,3,4	5.3,11.70,16.70,21.60		Ca^{2+}	1	4.6
F$^-$	Al^{3+}	1,2,3,4,5,6	6.11,11.12,15.00,18.00,19.40,19.80		Cd^{3+}	1	5.6
	Be^{2+}	1,2,3,4	4.99,8.80,11.60,13.10	P$_2$O$_7^{4-}$	Co^{2+}	1	6.1
	Bi^{3+}	1	1.42		Cu^{2+}	1,2	6.7,9.0
	Co^{2+}	1	0.4		Hg^{2+}	2	12.38
	Cr^{3+}	1,2,3	4.36,8.70,11.20		Mg^{2+}	1	5.7
					Ni^{2+}	1,2	5.8,7.4
					Pb^{2+}	1,2	7.3,10.15
					Zn^{2+}	1,2	8.7,11.0

续表

配位体	M	配位体数目 n	$\lg\beta_n$	配位体	M	配位体数目 n	$\lg\beta_n$
$S_2O_3^{2-}$	Ag^+	1,2	8.82,13.46	SO_4^{2-}	Fe^{3+}	1,2	4.04,5.38
	Cd^{2+}	1,2	3.92,6.44		Hg^{2+}	1,2	1.34,2.40
	Cu^+	1,2,3	10.27,12.22,13.84		In^{3+}	1,2,3	1.78,1.88,2.36
	Fe^{3+}	1	2.10		Ni^{2+}	1	2.4
	Hg^{2+}	2,3,4	29.44,31.90,33.24		Pb^{2+}	1	2.75
	Pb^{2+}	2,3	5.13,6.35		Pr^{3+}	1,2	3.62,4.92
SO_4^{2-}	Ag^+	1	1.3		Th^{4+}	1,2	3.32,5.50
	Ba^{2+}	1	2.7		Zr^{4+}	1,2,3	3.79,6.64,7.77
	Bi^{3+}	1,2,3,4,5	1.98,3.41,4.08,4.34,4.60				

附录7 标准电极电势

半反应	$\varphi^{\ominus}$(伏)	半反应	$\varphi^{\ominus}$(伏)
$F_2(气)+2H^++2e\Longrightarrow 2HF$	3.06	$HClO+H^++2e\Longrightarrow Cl^-+H_2O$	1.49
$O_3+2H^++2e\Longrightarrow O_2+H_2O$	2.07	$ClO_3^-+6H^++5e\Longrightarrow 1/2Cl_2+3H_2O$	1.47
$S_2O_8^{2-}+2e\Longrightarrow 2SO_4^{2-}$	2.01	$PbO_2(固)+4H^++2e\Longrightarrow Pb^{2+}+2H_2O$	1.455
$H_2O_2+2H^++2e\Longrightarrow 2H_2O$	1.77	$HIO+H^++e\Longrightarrow 1/2I_2+H_2O$	1.45
$MnO_4^-+4H^++3e\Longrightarrow MnO_2(固)+2H_2O$	1.695	$ClO_3^-+6H^++6e\Longrightarrow Cl^-+3H_2O$	1.45
$PbO_2(固)+SO_4^{2-}+4H^++2e\Longrightarrow PbSO_4(固)+2H_2O$	1.685	$BrO_3^-+6H^++6e\Longrightarrow Br^-+3H_2O$	1.44
$HClO_2+2H^++2e\Longrightarrow HClO+H_2O$	1.64	$Au(Ⅲ)+2e\Longrightarrow Au(Ⅰ)$	1.41
$HClO+H^++e\Longrightarrow 1/2Cl_2+H_2O$	1.63	$Cl_2(气)+2e\Longrightarrow 2Cl^-$	1.3595
$Ce^{4+}+e\Longrightarrow Ce^{3+}$	1.61	$ClO_4^-+8H^++7e\Longrightarrow 1/2Cl_2+4H_2O$	1.34
$H_5IO_6+H^++2e\Longrightarrow IO_3^-+3H_2O$	1.60	$Cr_2O_7^{2-}+14H^++6e\Longrightarrow 2Cr^{3+}+7H_2O$	1.33
$HBrO+H^++e\Longrightarrow 1/2Br_2+H_2O$	1.59	$MnO_2(固)+4H^++2e\Longrightarrow Mn^{2+}+2H_2O$	1.23
$BrO_3^-+6H^++5e\Longrightarrow 1/2Br_2+3H_2O$	1.52	$O_2(气)+4H^++4e\Longrightarrow 2H_2O$	1.229
$MnO_4^-+8H^++5e\Longrightarrow Mn^{2+}+4H_2O$	1.51	$IO_3^-+6H^++5e\Longrightarrow 1/2I_2+3H_2O$	1.20
$Au(Ⅲ)+3e\Longrightarrow Au$	1.50	$ClO_4^-+2H^++2e\Longrightarrow ClO_3^-+H_2O$	1.19
$Fe^{3+}+e\Longrightarrow Fe^{2+}$	0.771	$2SO_2(水)+2H^++4e\Longrightarrow S_2O_3^{2-}+H_2O$	0.40
$BrO^-+H_2O+2e\Longrightarrow Br^-+2OH^-$	0.76	$Fe(CN)_6^{3-}+e\Longrightarrow Fe(CN)_6^{4-}$	0.36
$O_2(气)+2H^++2e\Longrightarrow H_2O_2$	0.682	$Cu^{2+}+2e\Longrightarrow Cu$	0.337
$AsO_2^-+2H_2O+3e\Longrightarrow As+4OH^-$	0.68	$VO^{2+}+2H^++e\Longrightarrow V^{3+}+H_2O$	0.337

续表

半反应	$\varphi^{\ominus}$(伏)	半反应	$\varphi^{\ominus}$(伏)
$2HgCl_2 + 2e = Hg_2Cl_2(固) + 2Cl^-$	0.63	$BiO^+ + 2H^+ + 3e = Bi + H_2O$	0.32
$Hg_2SO_4(固) + 2e = 2Hg + SO_4^{2-}$	0.6151	$Hg_2Cl_2(固) + 2e = 2Hg + 2Cl^-$	0.2676
$MnO_4^- + 2H_2O + 3e = MnO_2 + 4OH^-$	0.588	$HAsO_2 + 3H^+ + 3e = As + 2H_2O$	0.248
$MnO_4^- + e = MnO_4^{2-}$	0.564	$AgCl(固) + e = Ag + Cl^-$	0.2223
$H_3AsO_4 + 2H^+ + 2e = HAsO_2 + 2H_2O$	0.559	$SbO^+ + 2H^+ + 3e = Sb + H_2O$	0.212
$I_3^- + 2e = 3I^-$	0.545	$SO_4^{2-} + 4H^+ + 2e = SO_2(水) + 2H_2O$	0.17
$I_2(固) + 2e = 2I^-$	0.5345	$Cu^{2+} + e = Cu^-$	0.519
$Mo(Ⅵ) + e = Mo(Ⅴ)$	0.53	$Sn^{4+} + 2e = Sn^{2+}$	0.154
$Cu^+ + e = Cu$	0.52	$S + 2H^+ + 2e = H_2S(气)$	0.141
$4SO_2(水) + 4H^+ + 6e = S_4O_6^{2-} + 2H_2O$	0.51	$Hg_2Br_2 + 2e = 2Hg + 2Br^-$	0.1395
$HgCl_4^{2-} + 2e = Hg + 4Cl^-$	0.48	$TiO^{2+} + 2H^+ + e = Ti^{3+} + H_2O$	0.1
$As + 3H^+ + 3e = AsH_3$	−0.38	$Ag_2S(固) + 2e = 2Ag + S^{2-}$	−0.69
$Se + 2H^+ + 2e = H_2Se$	−0.40	$Zn^{2+} + 2e = Zn$	−0.763
$Cd^{2+} + 2e = Cd$	−0.403	$2H_2O + 2e = H_2 + 2OH^-$	−8.28
$Cr^{3+} + e = Cr^{2+}$	−0.41	$Cr^{2+} + 2e = Cr$	0.91
$Fe^{2+} + 2e = Fe$	−0.440	$Se + 2e = Se^{2-}$	−0.92
$S + 2e = S^{2-}$	−0.48	$Sn(OH)_6^{2-} + 2e = HSnO_2^- + H_2O + 3OH^-$	−0.93
$2CO_2 + 2H^+ + 2e = H_2C_2O_4$	−0.49	$CNO^- + H_2O + 2e = CN^- + 2OH^-$	−0.97
$H_3PO_3 + 2H^+ + 2e = H_3PO_2 + H_2O$	−0.50	$Mn^{2+} + 2e = Mn$	−1.182
$Sb + 3H^+ + 3e = SbH_3$	−0.51	$ZnO_2^{2-} + 2H_2O + 2e = Zn + 4OH^-$	−1.216
$HPbO_2^- + H_2O + 2e = Pb + 3OH^-$	−0.54	$Al^{3+} + 3e = Al$	−1.66
$Ga^{3+} + 3e = Ga$	−0.56	$H_2AlO_3^- + H_2O + 3e = Al + 4OH^-$	−2.35
$TeO_3^{2-} + 3H_2O + 4e = Te + 6OH^-$	−0.57	$Mg^{2+} + 2e = Mg$	−2.37
$2SO_3^{2-} + 3H_2O + 4e = S_2O_3^{2-} + 6OH^-$	−0.58	$Na^+ + e = Na$	−2.71
$SO_3^{2-} + 3H_2O + 4e = S + 6OH^-$	−0.66	$Ca^{2+} + 2e = Ca$	−2.87
$AsO_4^{3-} + 2H_2O + 2e = AsO_2^- + 4OH^-$	−0.67	$Hg^{2+} + 2e = Hg$	0.845
$Br_2(水) + 2e = 2Br^-$	1.087	$NO_3^- + 2H^+ + e = NO_2 + H_2O$	0.80
$NO_2 + H^+ + e = HNO_2$	1.07	$Ag^+ + e = Ag$	0.7995
$Br_3^- + 2e = 3Br^-$	1.05	$Hg_2^{2+} + 2e = 2Hg$	0.793
$HNO_2 + H^+ + e = NO(气) + H_2O$	1.00	$S_4O_6^{2-} + 2e = 2S_2O_3^{2-}$	0.08

续表

半反应	$\varphi^{\ominus}$(伏)	半反应	$\varphi^{\ominus}$(伏)
$VO_2^+ + 2H^+ + e \Longrightarrow VO^{2+} + H_2O$	1.00	$AgBr(固) + e \Longrightarrow Ag + Br^-$	0.071
$HIO + H^+ + 2e \Longrightarrow I^- + H_2O$	0.99	$2H^+ + 2e \Longrightarrow H_2$	0.000
$NO_3^- + 3H^+ + 2e \Longrightarrow HNO_2 + H_2O$	0.94	$O_2 + H_2O + 2e \Longrightarrow HO_2^- + OH^-$	−0.067
$ClO^- + H_2O + 2e \Longrightarrow Cl^- + 2OH^-$	0.89	$TiOCl^+ + 2H^+ + 3Cl^- + e \Longrightarrow TiCl_4^- + H_2O$	−0.09
$H_2O_2 + 2e \Longrightarrow 2OH^-$	0.88	$Pb^{2+} + 2e \Longrightarrow Pb$	−0.126
$Cu^{2+} + I^- + e \Longrightarrow CuI(固)$	0.86	$Sn^{2+} + 2e \Longrightarrow Sn$	−0.136
$AgI(固) + e \Longrightarrow Ag + I^-$	−0.152	$PbSO_4(固) + 2e \Longrightarrow Pb + SO_4^{2-}$	0.3553
$Ni^{2+} + 2e \Longrightarrow Ni$	−0.246	$SeO_3^{2-} + 3H_2O + 4e \Longrightarrow Se + 6OH^-$	−0.366
$H_3PO_4 + 2H^+ + 2e \Longrightarrow H_3PO_3 + H_2O$	−0.276	$Sr^{2+} + 2e \Longrightarrow Sr$	−2.89
$Co^{2+} + 2e \Longrightarrow Co$	−0.277	$Ba^{2+} + 2e \Longrightarrow Ba$	−2.90
$Tl^+ + e \Longrightarrow Tl$	−0.336	$K^+ + e \Longrightarrow K$	−2.925
$In^{3+} + 3e \Longrightarrow In$	−0.345	$Li^+ + e \Longrightarrow Li$	−3.042

附录8 不同温度下标准滴定溶液的体积的补正值（GB/T 601—2016）

[1000mL 溶液由 t℃换为 20℃时的补正值/(mL/L)]

温度/℃	水和0.05mol/L以下的各种水溶液	0.1mol/L和0.2mol/L各种水溶液	盐酸溶液 $[c(HCl)=0.5mol/L]$	盐酸溶液 $[c(HCl)=1mol/L]$	硫酸溶液 $[c(1/2H_2SO_4)=0.5mol/L]$、氢氧化钠溶液 $[c(NaOH)=0.5mol/L]$	硫酸溶液 $[c(1/2H_2SO_4)=1mol/L]$、氢氧化钠溶液 $[c(NaOH)=1mol/L]$	碳酸钠溶液 $[c(1/2Na_2CO_3)=1mol/L]$	氢氧化钾-乙醇溶液 $[c(KOH)=0.1mol/L]$
10	+1.23	+1.5	+1.6	+1.9	+2.0	+2.5	+2.4	+10.8
11	+1.17	+1.4	+1.5	+1.8	+1.8	+2.3	+2.2	+9.6
12	+1.10	+1.3	+1.4	+1.6	+1.7	+2.0	+2.0	+8.5
13	+0.99	+1.1	+1.2	+1.4	+1.5	+1.8	+1.8	+7.4
14	+0.88	+1.0	+1.1	+1.2	+1.3	+1.6	+1.5	+6.5
15	+0.77	+0.9	+0.9	+1.0	+1.1	+1.3	+1.3	+5.2
16	+0.64	+0.7	+0.8	+0.8	+0.9	+1.1	+1.1	+4.2
17	+0.50	+0.6	+0.6	+0.6	+0.7	+0.8	+0.8	+3.1
18	+0.34	+0.4	+0.4	+0.4	+0.5	+0.6	+0.6	+2.1

续表

温度/℃	水和0.05mol/L以下的各种水溶液	0.1mol/L和0.2mol/L各种水溶液	盐酸溶液 [c(HCl)=0.5mol/L]	盐酸溶液 [c(HCl)=1mol/L]	硫酸溶液 [c(1/2H_2SO_4)=0.5mol/L]、氢氧化钠溶液[c(NaOH)=0.5mol/L]	硫酸溶液 [c(1/2H_2SO_4)=1mol/L]、氢氧化钠溶液[c(NaOH)=1mol/L]	碳酸钠溶液 [c(1/2Na_2CO_3)=1mol/L]	氢氧化钾-乙醇溶液 [c(KOH)=0.1mol/L]
19	+0.18	+0.2	+0.2	+0.2	+0.2	+0.3	+0.3	+1.0
20	0.00	0.00	0.00	0.0	0.0	0.0	0.0	0.0
21	−0.18	−0.2	−0.2	−0.2	−0.2	−0.3	−0.3	−1.1
22	−0.38	−0.4	−0.4	−0.5	−0.5	−0.6	−0.6	−2.2

注：1. 本表数值是以20℃为标准温度以实测法测出的。
2. 表中带有"+""−"号的数值是以20℃为分界。室温低于20℃的补正值为"+"，高于20℃的补正值为"−"。
3. 本表的用法，如1L硫酸溶液[c(1/2H_2SO_4)=1mol/L]由25℃换算为20℃时，其体积补正值为−1.5mL，故40.00mL换算为20℃时的体积为：

$$V_{20}=40.00-\frac{1.5}{1000}\times 40.00=39.94(\text{mL})$$

参 考 文 献

[1] 王文渊,黄锁义,邢占芬. 分析化学. 2版. 北京:化学工业出版社,2018.
[2] 于晓萍. 仪器分析. 北京:化学工业出版社,2017.
[3] 姜洪文. 化工分析. 北京:化学工业出版社,2019.
[4] 黄一石,黄一波,乔子荣. 定量化学分析. 北京:化学工业出版社,2022.
[5] 周心如,杨俊佼,柯以侃. 化验员读本化学分析. 北京:化学工业出版社,2017.
[6] 苗向阳,顾准. 化学品分析与检验. 北京:化学工业出版社,2011.
[7] 王新. 化学分析技术. 北京:化学工业出版社,2012.
[8] 于世林,苗凤琴. 分析化学. 北京:化学工业出版社,2022.
[9] 王建梅,曾莉. 化验员实用操作指南. 北京:化学工业出版社,2019.
[10] 武汉大学. 分析化学. 6版. 北京:高等教育出版社,2020.
[11] 国家药典委员会. 中华人民共和国药典. 北京:中国医药科技出版社,2020.